16G101-1 平法原创解评

陈青来 著

中国建筑工业出版社

图书在版编目（CIP）数据

16G101-1平法原创解评/陈青来著．—北京：中国建筑工业出版社，2019.3

ISBN 978-7-112-23228-4

Ⅰ.①1…　Ⅱ.①陈…　Ⅲ.①钢筋混凝土结构-建筑制图　Ⅳ.①TU375.04

中国版本图书馆CIP数据核字（2019）第018372号

本书为平法创建者山东大学陈青来教授对16G101-1标准设计进行的原创解评。

全书包括：制图规则解评，综合构造、框架柱、剪力墙、梁和板的构造等共十部分的解评。

本书基于结构科学理论和国家规范，对16G101-1在科学概念上进行了深度分析和梳理。阅读本书，可加深理解平法设计的理论依据，显著提高鉴别构造谬误的能力，更为熟练地应用平法构造并升级自身技术水平。此外，将书中提及的科学用钢概念直接用于施工实践，可直接获得相应的经济效益。

本书可供建筑结构设计、施工、造价、监理等专业人员阅读及在具体工程项目中应用，并可供土木工程专业本科生和研究生学习参考。

责任编辑：范业庶　万李

责任校对：李欣慰

16G101-1平法原创解评

陈青来　著

*

中国建筑工业出版社出版、发行（北京海淀三里河路9号）

各地新华书店、建筑书店经销

北京红光制版公司制版

北京京华铭诚工贸有限公司印刷

*

开本：787×1092毫米　横1/16　印张：14¾　字数：274千字

2019年5月第一版　　2019年5月第一次印刷

定价：**45.00**元

ISBN 978-7-112-23228-4

（33515）

前　　言

“平法”是本书作者的科技成果“建筑结构平面整体设计方法”的简称。

平法成果1995年荣获山东省科技进步奖、1997年荣获建设部科技进步奖并由国家科委列为《“九五”国家级科技成果重点推广计划》项目、由建设部列为一九九六年科技成果重点推广项目。

自1996年至2009年，作者陆续完成了G101系列平法建筑标准设计的全部创作。该系列于1999年荣获建设部全国工程建设标准设计金奖，2008年荣获建设部全国优秀工程设计金奖，并在2009年荣获全国工程勘察设计行业国庆六十周年作用显著标准设计项目大奖。自1991年底首次推出平法，历经二十多年的持续研究和推广，平法已在全国建筑结构工程界全面普及。

平法的成功推广与可持续发展，应当感谢建筑结构界的众多专家学者和广大技术人员。[1]

1994年9月，经机械工业部设计研究总院邓潘荣教授大力推荐，由该院总工程师周廷垣教授鼎力支持，邀请本人进京为该院组织的七所兄弟大院首次举办平法讲座；1994年10月，由中国科学院建筑设计研究院总工程师盛远猷教授推荐、中国建筑学会结构分会和中国土木工程学会共同组织，邀请本人在北京市建筑设计研究院报告厅，为在京的百所中央、部队和地方大型设计院的同行做平法讲座；两次发生在我国政治、文化、科技中心的重大学术活动，正式启动了平法向全国工程界的推广进程。

1995年5月，浙江大学时任副校长唐景春教授邀请本人初下江南，在浙江大学邵逸夫科学馆做平法讲座，为平法将来进入教育界先落一子。1995年8月，中国建筑标准设计研究院时任总工程师陈幼璠教授，以其远见卓识、鼎力推荐平法编制为G101系列国家建筑标准设计，促动平法科技成果直接进入结构设计界和施工界，缩短转化时间，以期迅速解放生产力。

1995～1999年，是平法向全国推广的重要基础阶段。在此阶段，建设部前设计司吴亦良司长和郑春源副司长、原国家计委前设计局左焕黔副局长、中国建筑设计研究院原总工程师暨国务院参事吴学敏教授、前中国建筑标准设计研究所陈重所长、山东省建筑设计研究院薛一琴前院长等数位大师级、学者型官员，在平法列为建设部科技成果重点推广项目、列入国家级科技成果重点推广计划、荣获建设部科技进步奖和创作G101系列国家建筑标准设计等重大事项上，发挥了重要的行政作用。

在平法十几年的发展过程中，有众多专家学者直接或间接地发挥了重要作用。本人在此真诚感谢邓潘荣、周廷垣、盛远猷、唐景春、吴学敏、陈幼璠、刘其祥教授，真诚感谢成文山、乐荷卿、沈蒲生教授，真诚感谢陈健、陈远椿、侯光瑜、程懋堃、姜学诗、徐有邻、张幼启教授，真诚感谢曾经参加平法系列国家建

[1] 本段及其后五段所有文字摘自作者本人著作《钢筋混凝土结构平法设计与施工规则》序言。北京：中国建筑工业出版社，2007.

筑标准设计技术审查会和校审平法系列图集的所有专家、学者和教授。

在此，还应真诚感谢工作在结构设计、建造、造价和监理第一线，曾经参加本人平法讲座的十余万名土建技术人员和管理人员。是他们将实践中发现的实际问题与本人交流，不仅使平法研究目标落到实处，而且始终未偏离存在决定意识的哲学思路。

我国正在进行伟大的改革开放事业，激励平法研究坚持科学发展观“与时俱进”，在科学认识上不断深入。

在世界各国设计领域，通常有相应专业技术的“设计标准[1]”，但并无“标准设计”。在满足同一设计标准的原则下，同一设计目标可以多种设计形式实现同样功能。平法 G101 系列虽获成功，但若长期缺乏竞争会形成垄断技术平台，从而妨碍技术创新。平法研制者坚持以求真务实的诚实劳动持续研究平法，坚持技术创新，坚持不懈地促进我国建筑结构领域的技术进步。

自 16G101-1 图集出版后，业界通过各种方式向原创平法图集作者本人对其内容提出诸多疑问。本着科学、严谨、务实的观念，作者推出原创解评。

本原创解评将对 16G101-1 图集中的制图规则、综合构造，柱和剪力墙、梁与板的具体构造等，从概念到方法做科学解评。较系统地解析结构技术新概念，供建筑结构设计、施工、监理、造价等人员阅读应用，也可作为高等院校土木工程专业学生与研究人员的专业参考资料。在具体工程的平法图集应用过程中，读者可对照解评内容明晰概念，鉴别真伪，有利于提高自身结构技术水平。

本书的显著特色，是以科学认识的两个维度研讨科技问题。学习科学技术的实质，是对科技事物的认识过程；科技认识的第一维度，为理解、吸收、掌握、遵循以学以致用；科技认识的第二维度，为质疑、反思、剖析、否定以致创新。在科技认识的两个维度中，第二维度至关重要。因为，科学技术总在否定中创新升级换代，在肯定中静止降级落伍。可以说，不持有科学认识的第二维度，便不可能创建出平法，更不可能保持平法的持续创新活力。

欢迎业界学风端正、诚实敬业人士对本书内容批评指正。联系邮箱：qlchen@sdu. edu. cn。

2018 年 7 月

作者声明

作者坚信党和国家“加强知识产权运用和保护，健全技术创新激励机制”的最新司法改革举措，能够大幅净化学术环境，激励诚实创作活力，推动科技进步。平法原创作品受《中华人民共和国著作权法》保护，未经作者正式许可，任何单位和个人对平法原创作品施行违反著作权法的侵权行为，终将承担相应的法律责任。

[1] 我国建筑结构领域的设计标准为代号开头为 GB 的各类设计、施工规范。

目　　录

第六部分　综合通用构造疑难问题解评

第七部分　柱构造疑难问题解评

第八部分　墙构造疑难问题解评

第一部分
平法施工图制图规则总则疑难问题解评

平面整体表示方法制图规则

1 总则

1.0.1 为了规范使用建筑结构施工图平面整体设计方法，保证按平法设计绘制的结构施工图实现全国统一，确保设计、施工质量，特制定本制图规则。

1.0.2 本图集制图规则适用于基础顶面以上各种现浇混凝土结构的框架、剪力墙、梁、板（有梁楼盖和无梁楼盖）等构件的结构施工图设计。

1.0.3 当采用本制图规则时，除遵守本图集有关规定外，还应符合国家现行有关标准。

1.0.4 按平法设计绘制的施工图，一般是由各类结构构件的平法施工图和标准构造详图两大部分构成，但对于复杂的工业与民用建筑，尚需增加模板、开洞和预埋件等平面图。只有在特殊情况下才需增加剖面配筋图。

1.0.5 按平法设计绘制结构施工图时，必须根据具体工程设计，按照各类构件的平法制图规则，在按结构（标准）层绘制的平面布置图上直接表示各构件的尺寸、配筋。出图时，宜按基础、柱、剪力墙、梁、板、楼梯及其他构件的顺序排列。

1.0.6 在平面布置图上表示各构件尺寸和配筋的方式，分平面注写方式、列表注写方式和截面注写方式三种。

1.0.7 按平法设计绘制结构施工图时，应将所有柱、剪力墙、梁和板等构件进行编号，编号中含有类型代号和序号等。其中，类型代号的主要作用是指明所选用的标准构造详图；在标准构造详图上，已经按其所属构件类型注明代号，以明确该详图与平法施工图中该类型构件的互补关系，使两者结合构成完整的结构设计图。

1.0.8 按平法设计绘制结构施工图时，应当用表格或其他方式注明包括地下和地上各层的结构层楼（地）面标高、结构层高及相应的结构层号。

其结构层楼面标高和结构层高在单项工程中必须统一，以保证基础、柱与墙、梁、板、楼梯等用同一标准竖向定位。为施工方便，应将统一的结构层楼面标高和结构层高分别放在柱、墙、梁等各类构件的平法施工图中。

注：结构层楼面标高系指将建筑图中的各层地面和楼面标高值扣除建筑面层及垫层做法厚度后的标高，结构层号应与建筑楼层号对应一致。

1.0.9 为了确保施工人员准确无误地按平法施工图进行施工，**在具体工程施工图中必须写明以下与平法施工图密切相关的内容：**

（注：本页虚线框内为16G101-1第6页全文，文中实线框之外的内容基本为03G101-1的文字）

1. 注明所选用平法标准图的图集号（如本图集号为16G101-1），以免图集升版后在施工中用错版本。

2. 写明混凝土结构的设计使用年限。

3. 应写明抗震设防烈度及抗震等级，以明确选用相应抗震等级的标准构造详图。

4. 写明各类构件在不同部位所选用的混凝土的强度等级和钢筋级别，以确定相应纵向受拉钢筋的最小锚固长度及最小搭接长度等。

当采用机械锚固形式时，设计者应指定机械锚固的具体形式、必要的构件尺寸以及质量要求。

5. 当标准构造详图有多种可选择的构造做法时写明在何部位选用何种构造做法。当未写明时，则为设计人员自动授权施工人员可以任选一种构造做法进行施工。例如：框架顶层端节点配筋构造（本图集第67页）、复合箍中拉筋弯钩做法（本图集第62页）、无支承板端部封边构造（本图集第103页）等。

某些节点要求设计者必须写明在何部位选用何种构造做法，例如：板的上部纵向钢筋在端支座的构造（本图集第99、100、105、106页）、地下室外墙与顶板的连接（本图集第82页）、剪力墙上柱QZ纵筋构造方式（本图集第65页）等、剪力墙水平分布钢筋是否计入约束边缘构件体积配箍率计算（计入时，本图集第76页）、非底部加强部位剪力墙构造边缘构件是否设置外圈封闭箍筋（本图集第77页）等。

6. 写明柱（包括墙柱）纵筋、墙身分布筋、梁上部贯通筋等在具体工程中需接长时所采用的连接形式及有关要求。必要时，尚应注明对接头的性能要求。

轴心受拉及小偏心受拉构件的纵向受力钢筋不得采用绑扎搭接，设计者应在平法施工图中注明其平面位置及层数。

7. 写明结构不同部位所处的环境类别。

8. 注明上部结构的嵌固部位位置；框架柱嵌固部位不在地下室顶板，但仍需考虑地下室顶板对上部结构实际存在嵌固作用时，也应注明。

9. 设置后浇带时，注明后浇带的位置、浇筑时间和后浇混凝土的强度等级以及其他特殊要求。

10. 当柱、墙或梁与填充墙需要拉结时，其构造详图应由设计者根据墙体材料和规范要求选用相关国家建筑标准设计图集或自行绘制。

11. 当具体工程需要对本图集的标准构造详图做局部变更时，应注明变更的具体内容。

12. 当具体工程中有特殊要求时，应在施工图中另加说明。

1.0.10 对钢筋的混凝土保护层厚度、钢筋搭接和锚固长度，除在结构施工图中另有注明者外，均需按本图集标准构造详图中的有关构造规定执行。

（注：本页虚线框内为16G101-1第7页全文，文中实线框之外的内容基本为03G101-1的文字）

平法施工图制图规则总则解评

平法施工图制图规则总则解评内容包括两类，一类与16G101-1中的03G101-1原创内容相关，另一类与16G101-1新增或改动的内容相关。解评中将16G101-1图文置于虚线框内并将其新增或改动的部分内容用实线框起，以示与03G101-1图文的区别。

【解评1.1】应准确理解总则第一条中“为了规范使用建筑结构施工图平面整体设计方法”的含义

总则第一条中提到的“规范使用”平法，系为提醒非平法研究者不应随意改动规则和构造设计，以免掺杂入与平法研究成果无关的传统技术思路的内容，避免导致平法整合系统的各级子系统发生纵向或横向矛盾，影响设计与施工质量。在此尚应特别强调，“规范使用”平法并不意味平法具有规范作用。

平法是科学技术领域中的一门实用技术，同任何一门科学技术一样，平法不具有规范性质。

规范是工程技术界的技术约定，是具有推荐性质的参考标准。规范在计划经济体制下具有强制性，但在市场经济体制下仅具有推荐性。在市场经济体制下，有关当局通常将与社会公众生命财产安全密切相关的技术行为定性为需要遵守的强制性技术要求，进而将强制性技术要求升级为法律。

我们平时所讲的技术法规包括法律与规范两种内容，其中法律高于规范。我国在由计划经济向市场经济的转型过程中，相应技术法律的制定尚在起步阶段，基本法律业已建立。中国在1997年开始实施，并于2011年进行修订，由全国人大常委会颁布的《中华人民共和国建筑法》和国务院于2000年颁布的《建设工程勘察设计管理条例》，是我国建筑业的两部重要法律。

在结构专业方面，目前尚无专门的法律文本，当前采取的措施是，将对结构安全有重要作用的关键要素定性为强制性规定，并将这类强制性规定在以GB代号打头的技术规范中采用黑体字表示。

【解评1.2】标准设计与平法的关系

标准设计是计划经济时期的产物，是在计划经济环境中应用的技术模式。在我国由计划经济向市场经济转型初期，标准设计在转型过程中仍可发挥一定积极作用。考虑到这一点，本书作者将列为国家和建设部两级科技成果重点推广项目的科研成果中的平法通用设计暂时编作标准设计，以满足结构界的大规模建设需求。

应当强调的是，在科学技术领域，只有设计标准[1]，不存在标准设计。我国在计划经济体制下从前苏联引进了具有重复性辅助设计功能的标准设计，但仅用于成批预制的简单构件，比较复

[1] 我国建筑工程界的设计标准为各类专业规范和规程。规范均冠以“GB”打头的代号（GB为“国标”两字汉语拼音“Guo Biao”的首字母）。

杂的构件和构造设计，并未纳入标准设计范畴。

设计是一种创造性劳动，只要满足国家规范规定的安全性、耐久性和适用性标准，同一种构件和构造可有多种不同的设计。构件与构造设计具有创新属性，不同的设计相互竞争，能有效促进技术进步。

但是，如果将构件或构造设计大规模标准化，将会压制不同的设计，限制、约束、窒息设计思想，固化、僵化创造性劳动，阻碍科技进步，背离在市场经济中要求不断创新的技术原则。

随着改革开放的深入进行，我国已陆续制定了适合市场经济体制的建筑法律法规，如《中华人民共和国建筑法》和《建设工程勘察设计管理条例》，应特别注意的是，在两部法律中没有一处文字提到标准设计。

《中华人民共和国建筑法》和《建设工程勘察设计管理条例》两部法律法规均明文规定设计项目完全由设计承担者负责，项目的任何部分均不允许转包。当设计者选用某种标准设计或通用设计时，所选用的文本可替代设计者的一部分劳动，由于法律不允许设计转包，故按法律规定整个设计项目仍然由具体设计者负责，标准设计或通用设计并不承担法律责任。

由于标准设计在两部建筑业法律法规中没有法律地位，在计划经济体制下作为政府直属事业单位的标准设计编制单位，自然不再具备作为事业单位存在的条件(21世纪初标准设计编制单位已改制为普通的公司企业)。

平法是本书作者在中国进行市场经济改革中研制成功的科技成果，是一种市场经济体制下在建筑结构工程界应用的实用技术，强化计划经济体制下的标准设计，不是平法的功能。

【解评 1.3】16G101-1 总则第 1.0.2 条存在的问题：

1.0.2 本图集制图规则适用于基础顶面以上各种现浇混凝土结构的框架、剪力墙、梁、板（有梁楼盖和无梁楼盖）等构件的结构施工图设计。

原创 03G101-3 总则中，该条为：“本图集制图规则适用于各种混凝土结构的柱、剪力墙、梁等构件的结构施工图设计。”16G101-1 在“适用于”后面增加了“基础顶面以上”、且将“柱”改为“框架”、增加了“板（有梁楼盖和无梁楼盖）”等词句。这样改的问题是：

1. 增添“基础顶面以上”限定句欠严谨

原创 03G101-1 适用于混凝土主体结构和主体结构承载的非框架梁构件。主体结构通常定义为地面以上的结构，不包括其下方的基础结构和地下室结构，仅当结构采用浅基础时，主体结构底层柱和墙向下延伸至浅基础顶面。因此，03G101-1 不需要书写“基础顶面以上”的限定句。

16G101-1中不仅有原创03G101-1中的主要内容，而且有原创08G101-5中的部分内容及04G101-4中的大部分内容。由于08G101-5适用于箱形基础和地下室结构，其归属于基础结构和地下室结构而有别于主体结构，为此，需要限定一下图集构件的适用范围，但在总则中添加“基础顶面以上”的限定范围则存在问题。

“基础顶面以上”的结构肯定包括地下室结构，但不包括箱形基础。由于箱形基础刚度大，故在科学概念上将箱形基础整体定义为一种基础类型。16G101-1既然有08G101-5中适用于箱形基础的构造，便不应加注“基础顶面以上”的限定范围，此限定把具有严谨科学概念的平法搞混了。

2009年荣获国庆60周年作用显著的标准设计大奖的原创平法系列，分别将主体结构创作为03G101-1、将箱形基础和地下室结构创作为08G101-5，系经过缜密思考，有充分科学依据。如果将地上和地下结构混编在一起，不仅混淆了主体结构与基础结构和地下室结构的区别，而且混淆了抗震构件与非抗震构件的区别。

例如，剪力墙（亦称为抗震墙）是主要的抗震构件，根据剪力墙在地面以上的工作状态，规定剪力墙的水平长度限制在8倍墙厚至8m的范围。短于8倍墙厚则不属于剪力墙而定义为短肢剪力墙（短肢剪力墙的配筋率和构造与剪力墙不同），长于8m的墙体则在地面以上抗震工作状态下容易发生平面外失稳则不允许。

地面以上的剪力墙主要依靠自身强度与刚度抵抗地震作用，为避免墙体失稳故将其水平长度限制在8m以内。如果剪力墙向下延伸至地面以下，则定义为地下室结构或基础结构的钢筋混凝土墙而不再定义为剪力墙。

由于地面以下部分在横向地震作用下的变形受土层嵌固约束，大部分地震作用被土层耗散，地面以下钢筋混凝土墙的内力与变形显著小于地面以上部分，故墙体在地下部分的水平长度不受最长不超过8m的限制。

例如，地下室的内墙和外墙可长达数十米，且其自身可不考虑抗震。在地下室结构的内墙和外墙上，可承载多片水平长度在8倍墙厚至8m范围的抗震剪力墙。如果将剪力墙与地下结构或地下室结构的钢筋混凝土混淆不清，将产生连锁性的构造错误。

显然，16G101-1中简单、笼统地添加“基础顶面以上”的限定句，不具有科学依据。

2. 将03G101-1中的“柱”一字改为“框架”一词有误。

在平法科学理论体系中，其基础理论为创新建立的“解构原理”。根据解构原理，平法制图规则将结构分解为独立的构件进行表述，如将框架分解为框架柱与框架梁，在规则中将各独立构件并列表述为“柱、剪力墙、梁”等。

16G101-1把属构件的“柱”改为属结构的“框架”，并将“框架”与剪力墙、梁构件并列表述，既不符合语法，也产生与梁构件的重复性赘述（框架中已包括梁）。

平法解构原理对杆系结构按杆状构件进行分解，如将框架分解为框架柱和框架梁；对非杆系结构如剪力墙，则先分解为连梁和剪力墙，再将剪力墙中的其他构造分解为边缘加强构造（暗柱或端柱）、水平加强构造（暗梁或边框梁）、非边缘墙身构造、等等。

由于我国设计规范对剪力墙边缘部位的加强构造已称为“边缘构件[1]”，为了保持一致，平法也将剪力墙边缘加强构造称为构件，但会附加说明其为“非独立构件”，避免在构造原理与构造方式上与独立构件发生混淆。

3. 总则第1.0.2条中“各种混凝土”的用词有误

在分类学中，“种”和“类”不属同一等级，严谨的科技文本不会混用。该条中的“各种现浇混凝土”用词不严谨。

“各种现浇混凝土”通常指普通混凝土、预应力混凝土、钢纤维混凝土等，16G101-1中应用的只有现浇普通混凝土一种，不存在各种。

基础结构中可能使用的防水混凝土，其为经调整混凝土的固体颗粒级配使其具有抗渗功能，但因各种混凝土均可实现抗渗功能，故防水混凝土亦不属于“种”而为某种混凝土中的“类”，“类”与“种”分属不同等级。

[1] 构件的英文为 structural components，structural members 等，其主干词 component、member 均在结构中相对独立。由于剪力墙中的边缘部位及墙内的任何部位实际与剪力墙为一整体，各部位不可能独立工作，所以将边缘加强构造称为边缘构件，易与独立构件的构造方式发生混淆。

此外，普通混凝土可有各种强度等级，各种强度等级的混凝土系为同种混凝土的材料配比不同，因此也不是各种混凝土。

【解评1.4】16G101-1第1.0.3条将原创03G101-1同条中“国家现行规范、规程和标准”删去了“规范、规程”两词，仅保留“标准”一词，改动有误。

1.0.3 当采用本制图规则时，除遵守本图集有关规定外，还应符合国家现行有关标准。

建筑工程界常用的“标准、规范和规程”三术语的定义不同，不应用“标准”一词笼统代表规范和规程。

国际标准化组织ISO及我国2002年颁布的GB/T 20000.1—2002对“标准”一词均有明确定义，且“标准、规范、规程”三术语有不同层次定义。16G101-1将“标准、规范、规程”统称为“标准”，混淆了三术语的科学定义。

【解评1.5】16G101-1下款中增添的“施工图”一词与前半句中的“施工图”一词重复，此处添加的改动没有意义。

1.0.9 为了确保施工人员准确无误地按平法施工图进行施工，在具体工程施工图中必须写明以下与平法施工图密切相关的内容：

【解评1.6】16G101-1下款将03G101-1同款中的“写明柱、

墙、梁各类构件在其所在部位”改为“写明各类构件在不同部位”，其语言不通。因各类构件肯定在不同部位勿需赘述，而本款特指在其所在部位。

4. 写明各类构件在不同部位所选用的混凝土的强度等级和钢筋级别，以确定相应纵向受拉钢筋的最小锚固长度及最小搭接长度等。

【解评 1.7】16G101-1 在下款中增加的内容，不适于写在总则中。总则主要为总的原则，是纲领性的内容，针对特定构件特定部位的具体内容，应写入相应构件的制图规则中。

5. 当标准构造详图有多种可选择的构造做法时写明在何部位选用何种构造做法。当未写明时，则为设计人员自动授权施工人员可以任选一种构造做法进行施工。例如：框架顶层端节点配筋构造（本图集第 67 页）、复合箍中拉筋弯钩做法（本图集第 62 页）、无支承板端部封边构造（本图集第 103 页）等。

某些节点要求设计者必须写明在何部位选用何种构造做法，例如：板的上部纵向钢筋在端支座的构造（本图集第 99、100、105、106 页）、地下室外墙与顶板的连接（本图集第 82 页）、剪力墙上柱 QZ 纵筋构造方式（本图集第 65 页）等、剪力墙水平分布钢筋是否计入约束边缘构件体积配箍率计算（计入时，本图集第 76 页）、非底部加强部位剪力墙构造边

诸如下面的文字显然不应写入总则，而应写入通用综合构造分则中，否则，所有各类构件的分则都可以写成总则，如此则乱了语法中的章法。

轴心受拉及小偏心受拉构件的纵向受力钢筋不得采用绑扎搭接，设计者应在平法施工图中注明其平面位置及层数。

应注意的是上面增加的文字在力学概念上有遗漏，详见本部分解评 1.9。

【解评 1.8】16G101-1 在总则中增加的该款内容有误，如下：

6. 注明上部结构的嵌固部位位置；框架柱嵌固部位不在地下室顶板，但仍需考虑地下室顶板对上部结构实际存在嵌固作用时，也应注明。

上部结构的嵌固位置肯定在地下室顶板，而不可能“不在地下室顶板”。换言之，地下室顶板位置对上部结构的嵌固作用最大，是结构中首要的嵌固部位。

结构在承受地震作用和非地震作用时，上部结构在空气中横向振动（横向摆动），而地下结构或地下室结构受土层嵌固，地震和非地震作用力大部分被周围的土层吸收、耗散，地下结构或地下室结构自身的地震和非地震作用远小于上部结构，其横向振动的振幅亦远小于在空气中振动的上部结构。

有一种特殊情况是，当不满足《建筑抗震设计规范》GB 50010—2010第6.1.14条的规定时，上部结构的嵌固端应下移至一层地下室地面。但应注意的是，此种情况下的嵌固部位的定义，是上部结构的“计算嵌固端”，而不是必然的嵌固部位。

当按《建筑抗震设计规范》第6.1.14条确定上部结构嵌固在“计算嵌固端”时，虽然结构计算高度增高一层，但在《建筑抗震设计规范》第6章第6.1.1条关于“现浇钢筋混凝土房屋适用的最大高度”规定中明确注明“房屋高度指室外地面到主要屋面板板顶的高度”（对房屋高度的定义仅此一处），表明土层表面对结构整体起主要约束作用。

为此，本书作者在创作适用于“箱形基础和地下室结构”的08G101-5时，因上部框架柱的嵌固端，且其抗震构造与楼层不同（如嵌固端部位的抗震箍筋加密高度为1/3柱净高），故必须对下移到地下室地面的“计算嵌固端”的构造做出相应规定。当时有两个选择方案：方案一，箍筋加密高度在地下室顶板位置柱下端取1/3柱净高，而在计算嵌固端采用楼层柱端加密高度；方案二，箍筋加密高度在地下室顶板位置柱下端和地下室地面的计算嵌固端均取1/3柱净高。

两个方案的共同特点，是构造加强的首选位置在地下室顶板，次选位置为计算嵌固端。其科学依据是，无论嵌固位置在地下室顶板还是地下室地面的计算嵌固，地震时产生的横向剪力通常在出地面首层根部最大，而地下室地面的横向剪力总是小于地面首层。

16G101-1在总则中增加的第8款内容，颠倒了构造加强的首选与次选位置，可能导致漏掉本应首选的地面首层加强而将加强构造设在次选的地下室地面，造成不必要的误判。

【解评1.9】16G101-1在总则中增加的下述文字存在遗漏：

> 轴心受拉及小偏心受拉构件的纵向受力钢筋不得采用绑扎搭接，设计者应在平法施工图中注明其平面位置及层数。

构件偏心受拉计算的主要目标为构件两侧的受力纵筋。当（偏心）轴向拉力的作用位置在两侧纵筋合力点之间时，为小偏心受拉；当（偏心）轴向拉力的作用位置不在两侧纵筋的合力点之间时，为大偏心受压。

根据我国规范的极限状态设计原则，无论构件为小偏心受拉还是大偏心受拉，当按通常采用的对称配筋时，至少构件一侧的受拉纵筋将达到极限强度（即应力达钢筋的屈服强度）。

我国传统采用的纵向钢筋接触性绑扎搭接方式，完全不能实现足强度传力，最多仅能传递钢筋屈服强度约60%，因此，无论轴心受拉、小偏心受拉还是大偏心受拉，均不应采用绑扎搭接。16G101-1增加的文字，漏掉了“大偏心受拉”。

第二部分
柱平法施工图制图规则疑难问题解评

2 柱平法施工图制图规则

2.1 柱平法施工图的表示方法

2.1.1 柱平法施工图系在柱平面布置图上采用**列表注写方式**或**截面注写方式**表达。

2.1.2 柱平面布置图，可采用适当比例单独绘制，也可与剪力墙平面布置图合并绘制（剪力墙结构施工图制图规则见第3章）。

2.1.3 在柱平法施工图中，应按本规则第1.0.8条的规定注明**各结构层的楼面标高、结构层高及相应的结构层号**，尚应注明上部结构嵌固部位位置。

2.1.4 上部结构嵌固部位的注写

1 框架柱嵌固部位在基础顶面时，无需注明。

2 框架柱嵌固部位不在基础顶面时，在层高表嵌固部位标高下使用双细线注明，并在层高表下注明上部结构嵌固部位标高。

3 框架柱嵌固部位不在地下室顶板，但仍需考虑地下室顶板对上部结构实际存在嵌固作用时，可在层高表地下室顶板标高下使用双虚线注明，此时首层柱端箍筋加密区长度范围及纵筋连接位置均按嵌固部位要求设置。

2.2 列表注写方式

2.2.1 列表注写方式，系在柱平面布置图上（一般只需采用适当比例绘制一张柱平面布置图，包括框架柱、框支柱、梁上柱和剪力墙上柱），分别在同一编号的柱中选择一个（有时需要选择几个）截面标注几何参数代号；在**柱表**中注写柱编号、柱段起止标高、几何尺寸（含柱截面对轴线的偏心情况）与配筋的具体数值，并配以各种柱截面形状及其箍筋类型图的方式，来表达柱平法施工图（如本图集第11页图所示）。

2.2.2 柱表注写内容规定如下：

1. 注写柱编号，柱编号由类型代号和序号组成，应符合表2.2.2的规定。

表 2.2.2 柱编号

柱类型	代号	序号
框架柱	KZ	××
转换柱	ZHZ	××
芯柱	XZ	××
梁上柱	LZ	××
剪力墙上柱	QZ	××

注：编号时，当柱的总高、分段截面尺寸和配筋均对应相同，仅截面与轴线的关系不同时，仍可将其编为同一柱号，但应在图中注明截面与轴线的关系。

2. 注写各段柱的起止标高，自柱根部往上以变截面位置或截面未变但配筋改变处为界分段注写。框架柱和转换柱的根

（注：本页虚线框内为16G101-1第8页全文，文中实线框之外的文字和图表基本为03G101-1中的内容）

部标高系指基础顶面标高；芯柱的根部标高系指根据结构实际需要而定的起始位置标高；梁上柱的根部标高系指梁顶面标高；剪力墙上柱的根部标高为墙顶面标高。

注：对剪力墙上柱 QZ 本图集提供了“柱纵筋锚固在墙顶部”、“柱与墙重叠一层”两种构造做法（见第 65 页），设计人员应注明选用哪种做法。当选用“柱纵筋锚固在墙顶部”做法时，剪力墙平面外方向应设梁。

3. 对于矩形柱，注写柱截面尺寸 $b \times h$ 及与轴线关系的几何参数代号 b_1、b_2 和 h_1、h_2 的具体数值，需对应于各段柱分别注写。其中 $b=b_1+b_2$，$h=h_1+h_2$。当截面的某一边收缩变化至与轴线重合或偏到轴线的另一侧时，b_1、b_2、h_1、h_2 中的某项为零或为负值。

对于圆柱，表中 $b \times h$ 一栏改用在圆柱直径数字前加 d 表示。为表达简单，圆柱截面与轴线的关系也用 b_1、b_2 和 h_1、h_2 表示，并使 $d=b_1+b_2=h_1+h_2$。

对于芯柱，根据结构需要，可以在某些框架柱的一定高度范围内，在其内部的中心位置设置（分别引注其柱编号）。芯柱中心应与柱中心重合，并标注其截面尺寸，按本图集标准构造详图施工；当设计者采用与本构造详图不同的做法时，应另行注明。芯柱定位随框架柱，不需要注写其与轴线的几何关系。

4. 注写柱纵筋。当柱纵筋直径相同，各边根数也相同时（包括矩形柱、圆柱和芯柱），将纵筋注写在“全部纵筋”一栏中；除此之外，柱纵筋分角筋、截面 b 边中部筋和 h 边中部筋三项分别注写（对于采用对称配筋的矩形截面柱，可仅注写一侧中部筋，对称边省略不注；对于采用非对称配筋的矩形截面柱，必须每侧均注写中部筋）。

5. 注写箍筋类型号及箍筋肢数，在箍筋类型栏内注写按本规则第 2.2.3 条规定的箍筋类型号与肢数。

6. 注写柱箍筋，包括钢筋级别、直径与间距。

用斜线“/”区分柱端箍筋加密区与柱身非加密区长度范围内箍筋的不同间距。施工人员需根据标准构造详图的规定，在规定的几种长度值中取其最大者作为加密区长度。当框架节点核心区内箍筋与柱端箍筋设置不同时，应在括号中注明核心区箍筋直径及间距。

【例】 Φ10@100/200，表示箍筋为 HPB300 级钢筋，直径为 10，加密区间距为 100，非加密区间距为 200。

Φ10@100/200（Φ12@100），表示柱中箍筋为 HPB300 级钢筋，直径为 10，加密区间距为 100，非加密区间距为 200。框架节点核心区箍筋为 HPB300 级钢筋，直径为 12，间距为 100。

当箍筋沿柱全高为一种间距时，则不使用“/”线。

【例】 Φ10@100，表示沿柱全高范围内箍筋均为 HPB300，钢筋直径为 10，间距为 100。

（注：本页虚线框内为 16G101-1 第 9 页全文，文中实线框之外的文字和图表基本为 03G101-1 中的内容）

当圆柱采用螺旋箍筋时，需在箍筋前加“L”。

【例】LΦ10@100/200，表示采用螺旋箍筋，HPB300，钢筋直径为10，加密区间距为100，非加密区间距为200。

2.2.3 具体工程所设计的各种箍筋类型图以及箍筋复合的具体方式，需画在表的上部或图中的适当位置，并在其上标注与表中相对应的 b、h 和类型号。

注：确定箍筋肢数时要满足对柱纵筋“隔一拉一”以及箍筋肢距的要求。

2.2.4 采用列表注写方式表达的柱平法施工图示例见本图集第11页图。

2.3 截面注写方式

2.3.1 截面注写方式，系在柱平面布置图的柱截面上，分别在同一编号的柱中选择一个截面，以直接注写截面尺寸和配筋具体数值的方式来表达柱平法施工图。

2.3.2 对除芯柱之外的所有柱截面按本规则第2.2.2条第1款的规定进行编号，从相同编号的柱中选择一个截面，按另一种比例原位放大绘制柱截面配筋图，并在各配筋图上继其编号后再注写截面尺寸 $b \times h$、角筋或全部纵筋（当纵筋采用一种直径且能够图示清楚时）、箍筋的具体数值（箍筋的注写方式同本规则第2.2.2条第6款），以及在柱截面配筋图上标注柱截面与轴线关系 b_1、b_2、h_1、h_2的具体数值。

当纵筋采用两种直径时，需再注写截面各边中部筋的具体数值（对于采用对称配筋的矩形截面柱，可仅在一侧注写中部筋，对称边省略不注）。

当在某些框架柱的一定高度范围内，在其内部的中心位设置芯柱时，首先按照本规则第2.2.2条第1款的规定进行编号，继其编号之后注写芯柱的起止标高、全部纵筋及箍筋的具体数值（箍筋的注写方式同本规则第2.2.2条第6款），芯柱截面尺寸按构造确定，并按标准构造详图施工，设计不注；当设计者采用与本构造详图不同的做法时，应另行注明。芯柱定位随框架柱，不需要注写其与轴线的几何关系。

2.3.3 在截面注写方式中，如柱的分段截面尺寸和配筋均相同，仅截面与轴线的关系不同时，可将其编为同一柱号。但此时应在未画配筋的柱截面上注写该柱截面与轴线关系的具体尺寸。

2.3.4 采用截面注写方式表达的柱平法施工图示例见本图集第12页。

2.4 其他

2.4.1 当按本规则第2.1.2条的规定绘制柱平面布置图时，如果局部区域发生重叠、过挤现象，可在该区域采用另外一种比例绘制予以消除。

（注：本页虚线框内为16G101-1第10页全文，文中实线框之外的文字和图表基本为03G101-1中的内容）

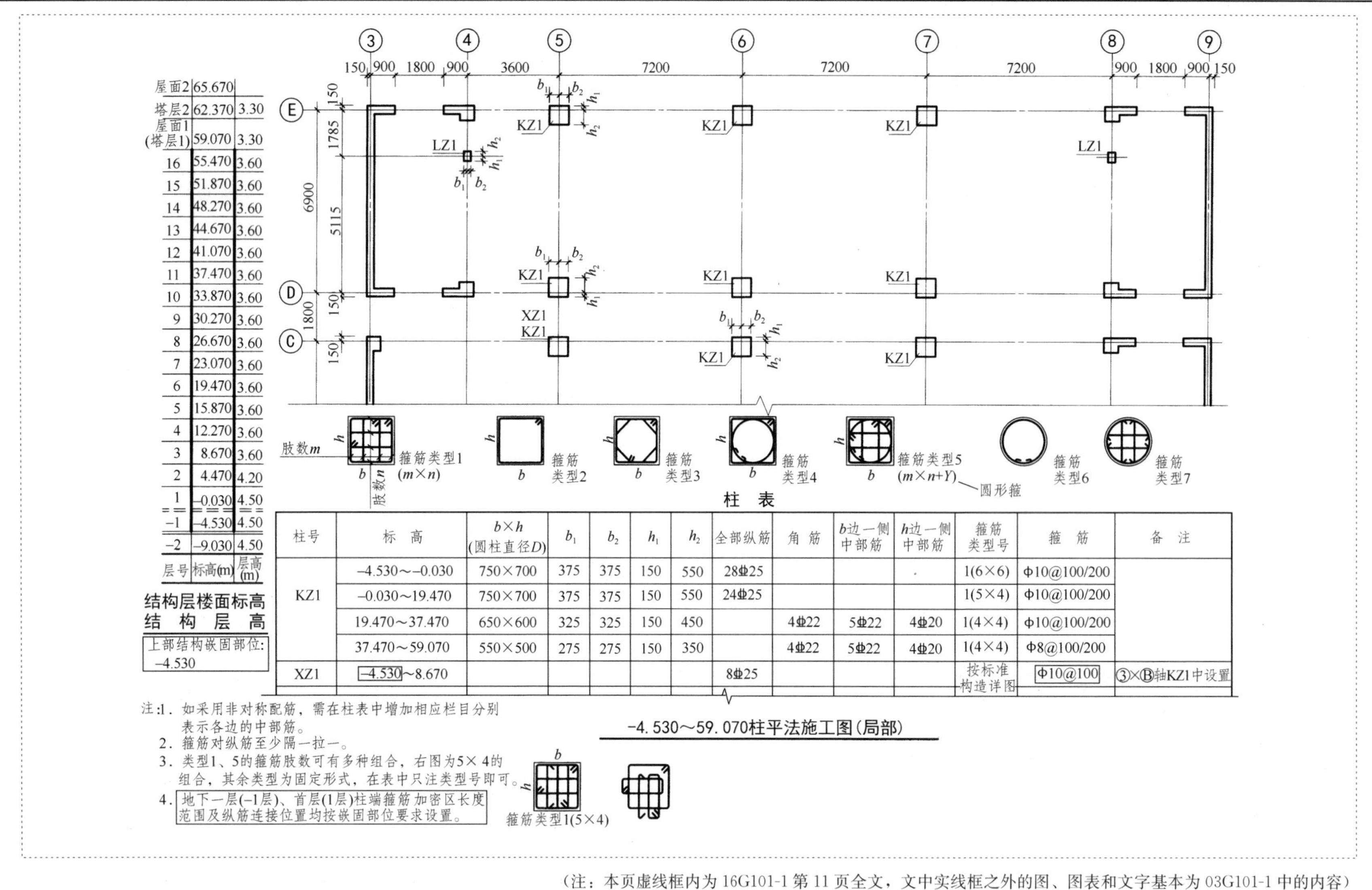

层号	标高(m)	层高(m)
屋面2	65.670	
塔层2	62.370	3.30
屋面1 (塔层1)	59.070	3.30
16	55.470	3.60
15	51.870	3.60
14	48.270	3.60
13	44.670	3.60
12	41.070	3.60
11	37.470	3.60
10	33.870	3.60
9	30.270	3.60
8	26.670	3.60
7	23.070	3.60
6	19.470	3.60
5	15.870	3.60
4	12.270	3.60
3	8.670	3.60
2	4.470	4.20
1	-0.030	4.50
-1	-4.530	4.50
-2	-9.030	4.50

结构层楼面标高
结构层高

上部结构嵌固部位:
-4.530

柱 表

柱号	标高	$b\times h$ (圆柱直径D)	b_1	b_2	h_1	h_2	全部纵筋	角筋	b边一侧中部筋	h边一侧中部筋	箍筋类型号	箍筋	备注
KZ1	-4.530～-0.030	750×700	375	375	150	550	28⏀25				1(6×6)	Φ10@100/200	
	-0.030～19.470	750×700	375	375	150	550	24⏀25				1(5×4)	Φ10@100/200	
	19.470～37.470	650×600	325	325	150	450		4⏀22	5⏀22	4⏀20	1(4×4)	Φ10@100/200	
	37.470～59.070	550×500	275	275	150	350		4⏀22	5⏀22	4⏀20	1(4×4)	Φ8@100/200	
XZ1	-4.530～8.670						8⏀25				按标准构造详图	Φ10@100	③×Ⓑ轴KZ1中设置

注:1. 如采用非对称配筋，需在柱表中增加相应栏目分别表示各边的中部筋。
2. 箍筋对纵筋至少隔一拉一。
3. 类型1、5的箍筋肢数可有多种组合，右图为5×4的组合，其余类型为固定形式，在表中只注类型号即可。
4. 地下一层(-1层)、首层(1层)柱端箍筋加密区长度范围及纵筋连接位置均按嵌固部位要求设置。

-4.530～59.070柱平法施工图(局部)

（注：本页虚线框内为16G101-1第11页全文，文中实线框之外的图、图表和文字基本为03G101-1中的内容）

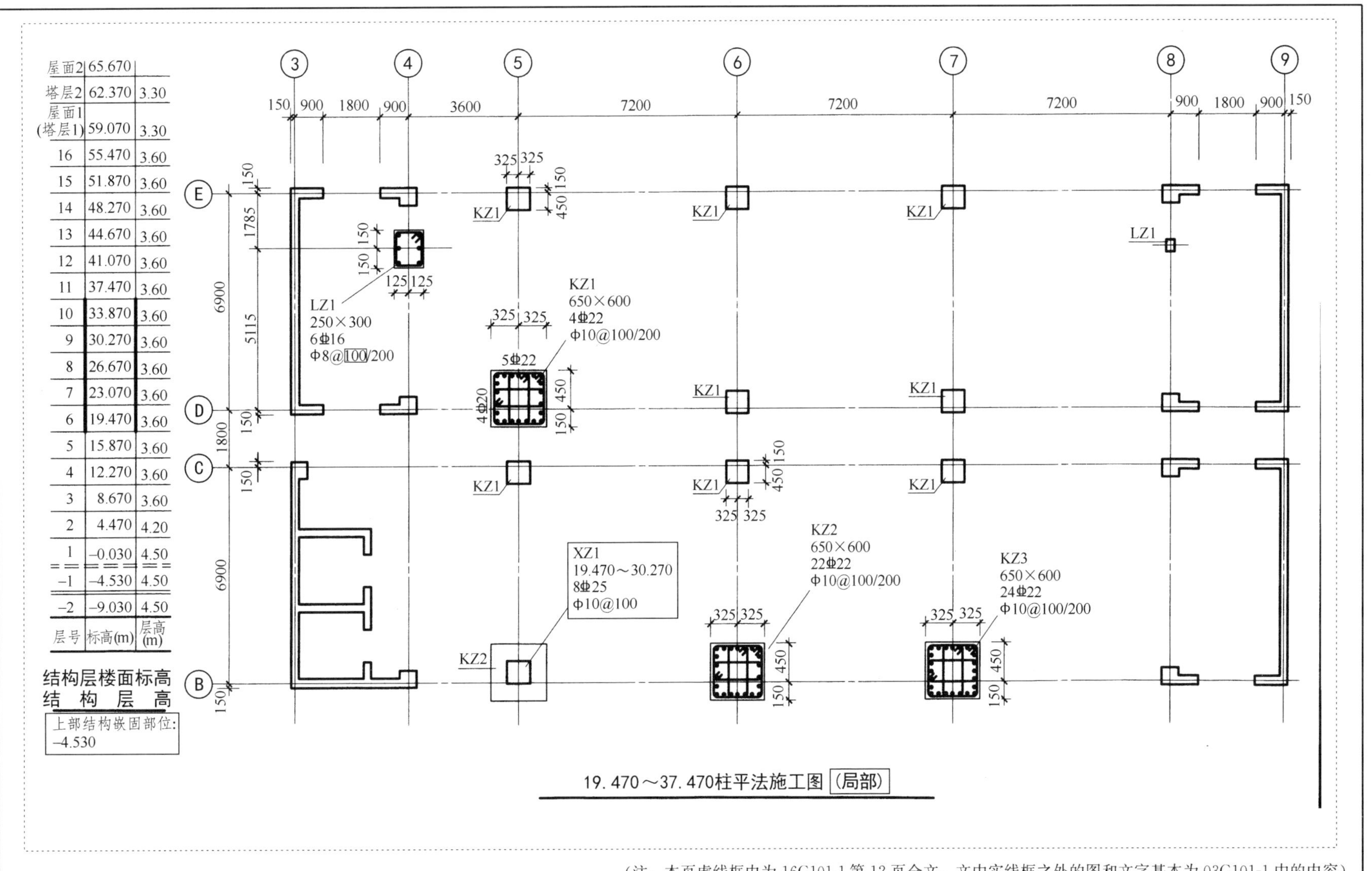

19.470～37.470柱平法施工图（局部）

（注：本页虚线框内为16G101-1第12页全文，文中实线框之外的图和文字基本为03G101-1中的内容）

柱平法施工图制图规则解评

柱平法施工图制图规则解评内容包括两类，一类与16G101-1中的03G101-1原创图文相关，另一类与16G101-1新增或改动的部分内容相关。

解评中将16G101-1图文置于虚线框内并将其改动的部分内容用实线框框起，以示区别。

【解评2.1】16G101-1增加的第2.1.4条第3款上部结构嵌固端在地下室顶板与不在地下室顶板面的陈述，颠倒了主次关系。

2.1.4 上部结构嵌固部位的注写

1 框架柱嵌固部位在基础顶面时，无需注明。

2 框架柱嵌固部位不在基础顶面时，在层高表嵌固部位标高下使用双细线注明，并在层高表下注明上部结构嵌固部位标高。

3 框架柱嵌固部位不在地下室顶板，但仍需考虑地下室顶板对上部结构实际存在嵌固作用时，可在层高表地下室顶板标高下使用双虚线注明，此时首层柱端箍筋加密区长度范围及纵筋连接位置均按嵌固部位要求设置。

地震作用对房屋建筑的影响，通常是地表岩土层的横向震动带动岩土层所承载的房屋建筑产生横向运动。

房屋建筑由横向静止状态，到地震发生时的横向运动状态，必须有能量传播才能发生。地震时从震源激发的能量迅即转化为地面运动，并以P波和S波两种主要振动方式向外传递能量。对房屋建筑破坏性较大的是S波。

S波对建筑结构的作用，可用加速度和速度两种方式描述。目前我国抗震规范提供的地震计算理论公式，系以地面运动加速度为基本计算参数，导出用于底部剪力计算法的结构底部等效加速度，或用于振型分解反应谱法的结构各层的等效地震加速度。根据牛顿力学第二定律，将加速度与楼房整体或各层相应的等效质量相乘，便计算出相应地震力。

应着重指出，地震地面运动导致结构横向晃动时，地面以上的主体结构在空气中横向晃动且高度越高对地面加速度的放大倍数越高，由此相应产生的横向地震力全靠主体结构自身的强度与刚度来抵抗。地震产生的最大横向剪力通常位于地面以上首层框架柱的根部，因此，地下室顶板是上部结构主要的嵌固部位，该部位必须采用加强的抗震构造。

当地下室结构的侧向刚度与地面首层侧向刚度的比值达不到规范相应规定的倍数时，规范要求将主体结构的嵌固部位下移至地下室地面（上部主体结构的计算层数亦相应增加一层），此种情况下的嵌固部位的准确定义为“结构计算嵌固端”。因地下室结构受土层的嵌固，地震对结构计算嵌固端产生的横向剪力，通常小于地下室顶板位置，所以结构计算嵌固端不是首要嵌固部位。在“平法施工图制图规则总则”的【解评 1.8】中，已阐明了地下室顶板位置是上部结构首要嵌固部位的科学道理。

据对曾发生地震灾害地区倒塌房屋的观察，几乎所有倒塌的楼房均自底层倒塌，未见从地下室倒塌的实例。实际上，地下室周围被土层嵌固无处倒塌，仅可被上部倒塌的构件压塌。因此，采用抗震加强构造的柱下端嵌固部位，地下室顶板位置为必选项，地下室地面的“结构计算嵌固端”为可选项。16G101-1 增加的第 2.1.4 条第 3 款，仅简单地凭“嵌固部位”一词，未经科学分析便将必选项与可选项颠倒错位。

尚应着重指出，在结构设计领域只有设计标准，没有标准设计；设计标准为代号以 GB 打头的国家规范，所谓的标准设计应为通用设计，通用设计肯定需要遵守国家规范的相应规定。在《混凝土结构设计规范》GB 50010—2010 第 11 章“混凝土结构构件抗震设计”的 11.4 节“框架柱及框支柱”中的 11.4.2 条规定的注中明确规定：“注：底层指无地下室的基础以上或地下室以上的首层。”并在 11.4.14 关于框架柱的箍筋加密区长度中明确规定“……底层柱根箍筋加密区长度应取不小于该层柱净高的 1/3；……”，规范对底层柱根部位明确规定了加密区长度，没有提到结构计算嵌固端。

【解评 2.2】16G101-1 表 2.2.2 将原创 03G101-1 同编号表中的框支柱错误地改为转换柱。

表 2.2.2 柱编号

柱类型	代号	序号
框架柱	KZ	××
转换柱	ZHZ	××
芯　柱	XZ	××
梁上柱	LZ	××
剪力墙上柱	QZ	××

平法制图规则中的构件编号，系依据平法解构原理，具体到特指某种类型构件而不是泛指某类构件。例如，梁为泛指的某类构件，该类构件中有框架梁、屋面框架梁、非框架梁、井字梁等特指类型。平法制图规则系分别赋予各特指类型的梁的类型代号。如框架梁 KL，屋面框架梁 WKL，非框架梁 L，井字梁 JZL 等。

关于构件类型代号，在 03G101-1 平法图集第 1 章总则第 1.0.7 条明确规定：“类型代号的主要作用，是指明所选用的标准构造详图；在标准构造详图上，已经按其所属构件类型注明代号，以明确该详图与平法施工图中相同构件的互补关系，使两者结合构成完整的结构设计图。”

由此可见，构件代号作为构建特定信息通道的纽带，在平法体系中具有非常重要的连接功能，为此，原创平法非常重视构件代号的制定，并力臻科学严谨。

16G101-1 表 2.2.2 将 03G101-1 同编号表中的框支柱改为转换柱，属严重错误。这是因为从严谨的科学概念分析，竖向构件的主要功能是对结构提供竖向支承，但不存在转换功能。结构中存在转换功能的构件是水平构件，如转换梁、转换空间桁架、转换板等。因此，结构通常仅存在转换梁，不存在转换柱。

转换的概念，系将一种结构体系转换成另一种结构体系。框支柱的功能，是在剪力墙体系中支起少部分不落地的剪力墙，这类柱并未形成一种结构体系，不存在不同体系间的转换，将其命名为框支柱虽欠严谨（因不存在框架），但在实践中并无大碍，只是将连带命名的框支梁导致业界产生一定程度的概念混乱[1]。若将框支柱改称转换柱，那么，墙上起柱岂不也成了转换柱，或支承墙上柱的剪力墙岂不成了转换墙，这样一来，原本清晰简明的平法编号体系被搞混了。

总之，转换概念通常特指水平转换层，是两种结构体系在某一楼层高度位置的水平界面，竖向支承构件不定义为转换构件。

【解评 2.3】16G101-1 芯柱规则中添加了要求设计者标注芯柱截面尺寸的规定，属无必要规定。

对于芯柱，根据结构需要，可以在某些框架柱的一定高度范围内，在其内部的中心位置设置（分别引注其柱编号）。芯柱中心应与柱中心重合，并标注其截面尺寸，按本图集标

如上文，其添加的“芯柱中心应与柱中心重合，并标注其截面尺寸”一句，前半句是废话，因芯柱定义本来就是位于柱截面中心；后半句多余，因规范明确规定了芯柱截面构造尺寸不大于相应柱截面边长的 1/3。

芯柱严谨的科学定义应属构造而非构件。16G101-1 既然将其列为构件，在芯柱注写示例中则应有所表示，但柱平法施工图对芯柱的列表注写和截面注写均未注写芯柱截面尺寸，如下图；在列表注写方式示例图表中，芯柱一栏在编号及高度后面的截面尺寸为空，在截面注写方式示例图芯柱的注写也没有芯柱截面尺寸，下图在 03G101-1 的原图中增加了引注，却将芯柱设在不需要设置的高度。

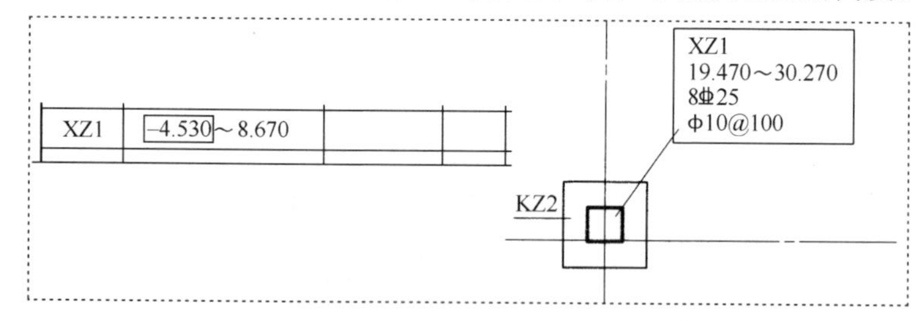

【解评 2.4】关于芯柱的科学概念

抗震设计中，为了使结构能更多地消耗地震能量，必须严格限制框架柱的轴压比，以便使框架柱具有适当的横向摆动幅度，确保框架柱的（横向）延性。

[1] 梁是受弯同时受剪的构件，框支梁既不受弯也不受剪而偏心受拉，其本身是不落地剪力墙的底部边缘，是底部边缘构造而不是构件，与受弯且受剪的梁类无任何关系。

柱轴压比受到严格限制，必然使高层和超限高层的底层柱截面尺寸过大。为减小过大的柱截面，可在柱截面核心配置直径较大的钢筋构成芯柱承载轴向压力。由于钢材的抗压强度高达混凝土抗压强度的十数倍，故设置芯柱能在满足柱轴压比的同时，有效减小底部框架柱的截面尺寸。

芯柱的特殊功能，决定了仅需在框架柱的底部若干层设置。但 16G101-1 图集把芯柱设置到根本不需要芯柱的结构顶部几层，显然是不合理的。

自 1996 年起，原创平法图集以其严谨的科学性方在全国建筑工程界建立起较高的技术威望，业界信任平法故在全国应用长达 20 年以上。此例表明，保持平法的科学严谨性并取得可持续发展任重道远。

【解评 2.5】已做出明确规定的，不需要再重复。

一栏中；除此之外，柱纵筋分角筋、截面 b 边中部筋和 h 边中部筋三项分别注写（对于采用对称配筋的矩形截面柱，可仅注写一侧中部筋，对称边省略不注；对于采用非对称配筋的矩形截面柱，必须每侧均注写中部筋）。

原创柱平法施工图制图规则中已明确规定标注截面 b 边中部筋和 h 边中部筋，考虑到抗震设计时几乎所有框架柱均采用对称配筋，故对这一普遍情况在括号内做出省略性规定，且该规定是每侧均注写中部筋的特案。任何柱截面都有两侧 b 边和两侧 h 边，如果采用非对称配筋，任何一位设计者注写时都不会漏掉一侧中部筋。规则语言必须简练，16G101-1 在该款后面添加的词句，系无必要性重复。

【解评 2.6】03G101-1 中的梁上起柱 LZ，是普通梁上所起的小截面柱，不是转换大梁支承的框架柱，即在平法 G101-1 图集的创作规划中未列入转换层的构造。16G101-1 把“柱平法施工图截面注写方式示例”中示意的支承梯梁的普通梁上起柱的箍筋配置改成了框架柱的配置方式，不仅无此必要，还可能混淆抗震构造与非抗震构造。

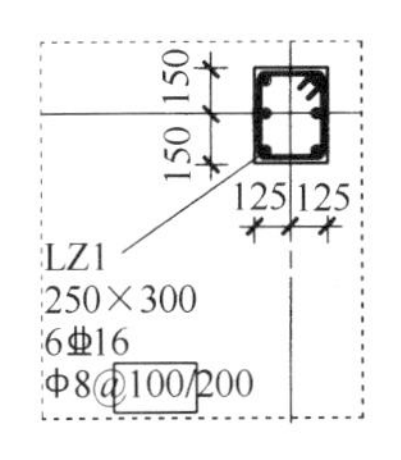

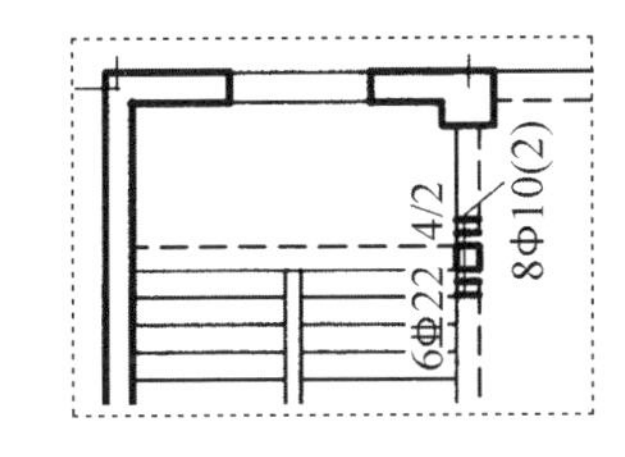

上面左图中实线框起的“100/”是 16G101-1 中的改动，将误导设计施工人员把不需考虑抗震构造的构件盲目加码。应当注意的是 16G101-1 既然将普通梁上起柱改成了抗震框架柱的构造方式，那与其相连接的框架梁也应采用框架梁的抗震构造方式，即

将支承梁上起柱的柱两侧的梁也按抗震梁端箍筋加密区构造，但在“梁平法施工图注写方式示例”中却没有相应改变（见上面右图，仍为几道附加箍筋）。

结构设计必须明确构件与构件的支承关系，应明确框架结构体系是框架柱支承框架梁，在抵抗地震作用时框架柱为直接抗震构件，框架梁为间接消耗地震能量的非直接抗震构件；而梁上起柱时梁支承柱且这类小柱与结构体系中的框架柱相比，其刚度很小，所以无十分必要采用抗震构造。当然，此处分析不适用于特殊设计的结构转换层所承载的框架柱。

【解评 2.7】在“柱平法施工图截面注写方式示例”中的图名尾部添加“（局部）”一词有误，见下图：

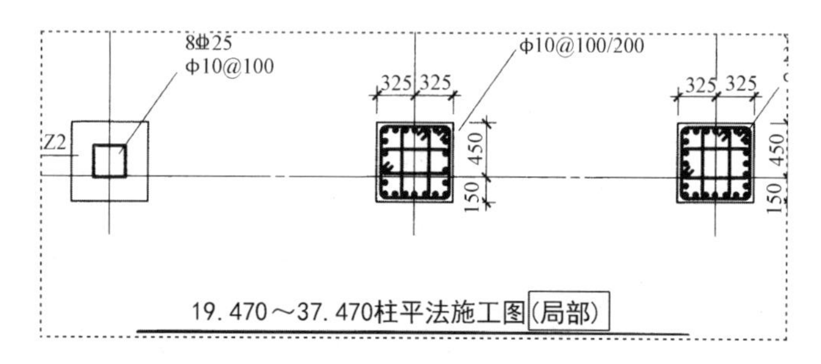

但凡做过实际设计者均知，结构施工图均采用按标准层表达的方式，在图名上应注明本图表达内容的竖向范围。

03G101-1 的“柱平法施工图截面注写方式示例”中的图名中，已清楚写明此图表达标高“19.470～37.470”高度范围的全部柱构件，注意是全部，不是局部，在一张图上表达指定高度范围的全部平法施工图设计，正是平法最显著的功能。

第三部分
墙平法施工图制图规则疑难问题解评

3　剪力墙平法施工图制图规则

3.1　剪力墙平法施工图的表示方法

3.1.1　剪力墙平法施工图系在剪力墙平面布置图上采用**列表注写方式**或**截面注写方式**表达。

3.1.2　剪力墙平面布置图可采用适当比例单独绘制，也可与柱或梁平面布置图合并绘制。当剪力墙较复杂或采用截面注写方式时，应按标准层分别绘制剪力墙平面布置图。

3.1.3　在剪力墙平法施工图中，应按本规则第1.0.8条的规定注明**各结构层的楼面标高、结构层高及相应的结构层号**，尚应注明**上部结构嵌固部位位置**。

3.1.4　对于轴线未居中的剪力墙（包括端柱），应标注其偏心定位尺寸。

3.2　列表注写方式

3.2.1　为表达清楚、简便，剪力墙可视为由**剪力墙柱**、**剪力墙身**和**剪力墙梁**三类构件构成。

列表注写方式，系分别在**剪力墙柱表、剪力墙身表和剪力墙梁表**中，对应于剪力墙平面布置图上的编号，用绘制截面配筋图并注写几何尺寸与配筋具体数值的方式，来表达剪力墙平法施工图（见本图集第22、23页图）。

3.2.2　编号规定：将剪力墙按剪力墙柱、剪力墙身、剪力墙梁（简称为墙柱、墙身、墙梁）三类构件分别编号。

1. 墙柱编号，由墙柱类型代号和序号组成，表达形式应符合表3.2.2-1的规定。

表3.2.2-1　墙柱编号

墙柱类型	代号	序号
约束边缘构件	YBZ	××
构造边缘构件	GBZ	××
非边缘暗柱	AZ	××
扶壁柱	FBZ	××

注：约束边缘构件包括约束边缘暗柱、约束边缘端柱、约束边缘翼墙、约束边缘转角墙四种（见图3.2.2-1）。构造边缘构件包括构造边缘暗柱、构造边缘端柱、构造边缘翼墙、构造边缘转角墙四种（见图3.2.2-2）。

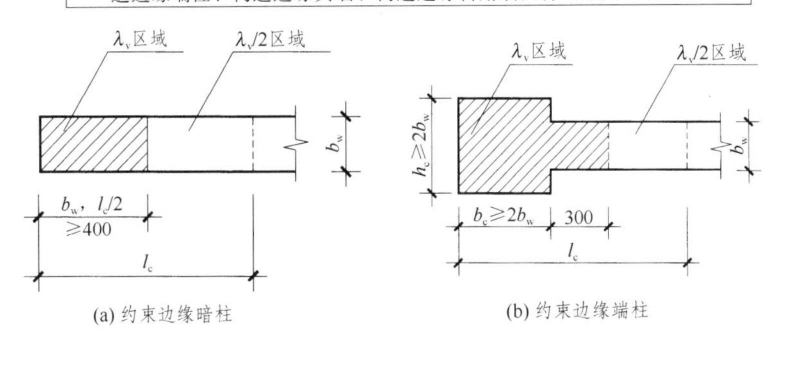

(a) 约束边缘暗柱　　(b) 约束边缘端柱

（注：本页虚线框内为16G101-1第13页全文，文中实线框之外的文字与图形基本为03G101-1和08G101-5中的内容）

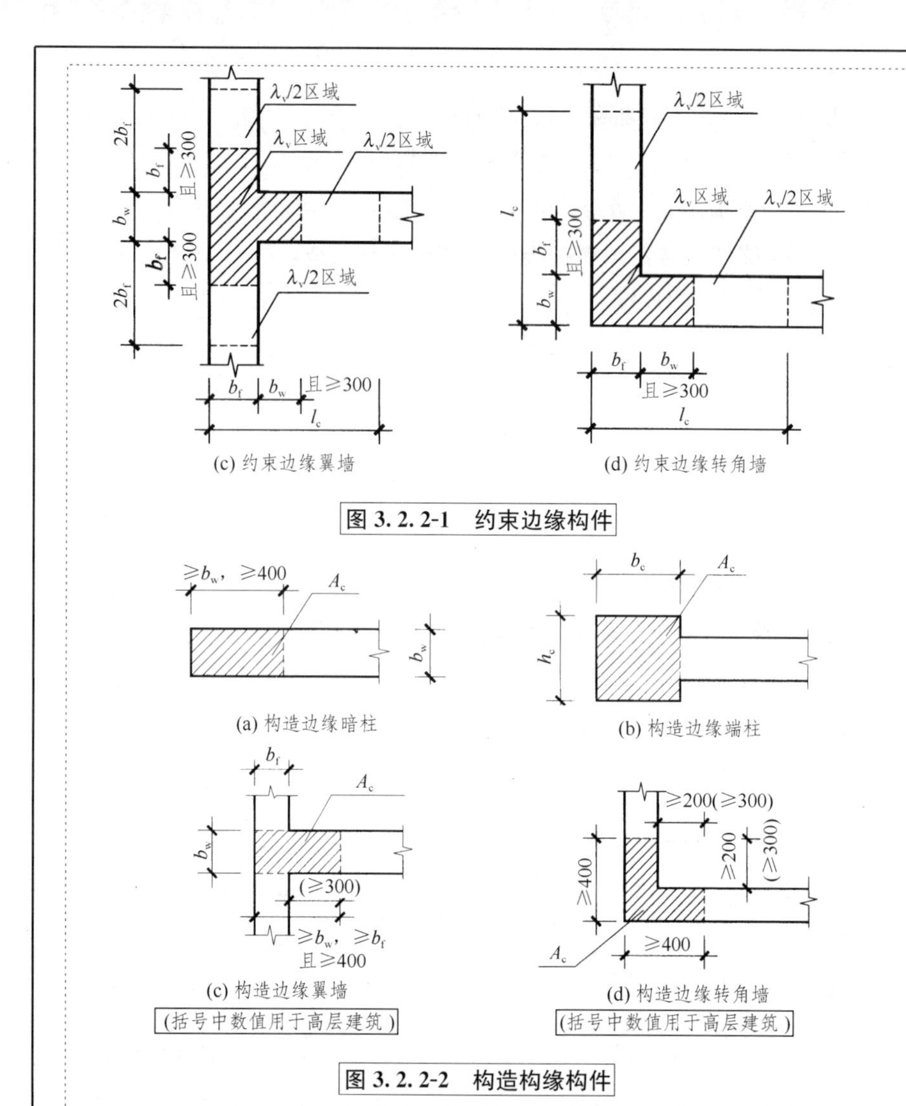

(c) 约束边缘翼墙

(d) 约束边缘转角墙

图 3.2.2-1 约束边缘构件

(a) 构造边缘暗柱

(b) 构造边缘端柱

(c) 构造边缘翼墙

(括号中数值用于高层建筑)

(d) 构造边缘转角墙

(括号中数值用于高层建筑)

图 3.2.2-2 构造构缘构件

2. 墙身编号，由墙身代号、序号以及墙身所配置的水平与竖向分布钢筋的排数组成，其中排数注写在括号内。表达形式为：

Q××（××排）

注：1. 在编号中：如若干墙柱的截面尺寸与配筋均相同，仅截面与轴线的关系不同时，可将其编为同一墙柱号；又如若干墙身的厚度尺寸和配筋均相同，仅墙厚与轴线的关系不同或墙身长度不同时，也可将其编为同一墙身号，但应在图中注明与轴线的几何关系。

2. 当墙身所设置的水平与竖向分布钢筋的排数为 2 时可不注。

3. 对于分布钢筋网的排数规定：当剪力墙厚度不大于 400 时，应配置双排；当剪力墙厚度大于 400，但不大于 700 时，宜配置三排；当剪力墙厚度大于 700 时，宜配置四排。

各排水平分布钢筋和竖向分布钢筋的直径与间距宜保持一致。

当剪力墙配置的分布钢筋多于两排时，剪力墙拉筋两端应同时勾住外排水平纵筋和竖向纵筋，还应与剪力墙内排水平纵筋和竖向纵筋绑扎在一起。

3. 墙梁编号，由墙梁类型代号和序号组成，表达形式应符合表 3.2.2-2 的规定。

（注：本页虚线框内为 16G101-1 第 14 页全文，文中实线框之外的文字与图形基本为 03G101-1 和 08G101-5 中的内容）

表 3.2.2-2　墙梁编号

墙梁类型	代号	序号
连梁	LL	××
连梁（对角暗撑配筋）	LL（JC）	××
连梁（交叉斜筋配筋）	LL（JX）	××
连梁（集中对角斜筋配筋）	LL（DX）	××
连梁（跨高比不小于5）	LLk	××
暗　梁	AL	××
边框梁	BKL	××

注：1. 在具体工程中，当某些墙身需设置暗梁或边框梁时，宜在剪力墙平法施工图中绘制暗梁或边框梁的平面布置图并编号，以明确其具体位置。

2. 跨高比不小于5的连梁按框架梁设计时，代号为LLk。

3.2.3　在剪力墙柱表中表达的内容，规定如下：

1. 注写墙柱编号（见表3.2.2-1），绘制该墙柱的截面配筋图，标注墙柱几何尺寸。

（1）约束边缘构件（见图3.2.2-1）需注明阴影部分尺寸。

注：剪力墙平面布置图中应注明约束边缘构件沿墙肢长度 l_c（约束边缘翼墙中沿墙肢长度尺寸为 $2b_f$ 时可不注）。

（2）构造边缘构件（见图3.2.2-2）需注明阴影部分尺寸。

（3）扶壁柱及非边缘暗柱需标注几何尺寸。

2. 注写各段墙柱的起止标高，自墙柱根部往上以变截面位置或截面未变但配筋改变处为界分段注写。墙柱根部标高一般指基础顶面标高（部分框支剪力墙结构则为框支梁顶面标高）。

3. 注写各段墙柱的纵向钢筋和箍筋，注写值应与在表中绘制的截面配筋图对应一致。纵向钢筋注总配筋值；墙柱箍筋的注写方式与柱箍筋相同。

设计施工时应注意：

Ⅰ. 在剪力墙平面布置图中需注写约束边缘构件非阴影区内布置的拉筋或箍筋直径，与阴影区箍筋直径相同时，可不注。

Ⅱ. 当约束边缘构件体积配箍率计算中计入墙身水平分布钢筋时，设计者应注明。施工时，墙身水平分布钢筋应注意采用相应的构造做法。

Ⅲ. 本图集约束边缘构件非阴影区拉筋是沿剪力墙竖向分布钢筋逐根设置。施工时应注意，非阴影区外圈设置箍筋时，箍筋应包住阴影区内第二列竖向纵筋（见本图集第75页图）。当设计采用与本构造详图不同的做法时，应另行注明。

Ⅳ. 当非底部加强部位构造边缘构件不设置外圈封闭箍筋时，设计者应注明。施工时，墙身水平分布钢筋应注意采用相应的构造做法。

3.2.4　在剪力墙身表中表达的内容，规定如下：

（注：本页虚线框内为16G101-1第15页全文，文中实线框之外的文字基本为03G101-1和08G101-5中的内容）

1. 注写墙身编号（含水平与竖向分布钢筋的排数），见本规则第 3.2.2 条第 2 款。

2. 注写各段墙身起止标高，自墙身根部往上以变截面位置或截面未变但配筋改变处为界分段注写。墙身根部标高一般指基础顶面标高（部分框支剪力墙结构则为框支梁的顶面标高）。

3. 注写水平分布钢筋、竖向分布钢筋和拉结筋的具体数值。注写数值为一排水平分布钢筋和竖向分布钢筋的规格与间距，具体设置几排已经在墙身编号后面表达。

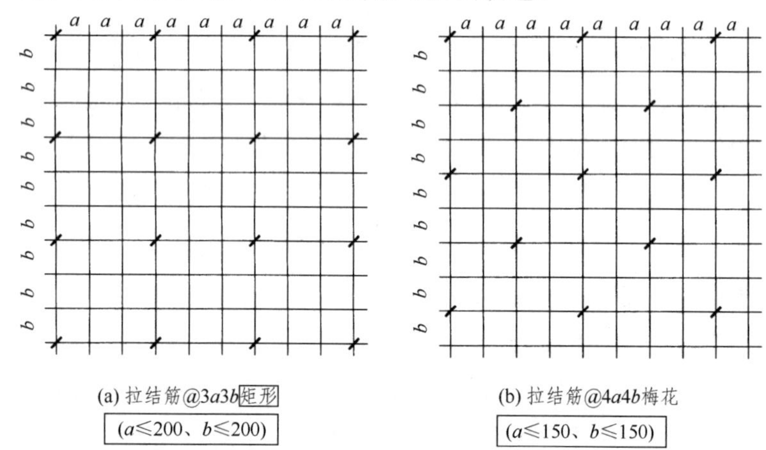

(a) 拉结筋@3a3b矩形
(a≤200、b≤200)

(b) 拉结筋@4a4b梅花
(a≤150、b≤150)

图 3.2.4　拉结筋设置示意

拉结筋应注明布置方式“矩形”或“梅花”布置，用于剪力墙分布钢筋的拉结，见图 3.2.4（图中 a 为竖向分布钢筋间距，b 为水平分布钢筋间距）。

3.2.5　在剪力墙梁表中表达的内容，规定如下：

1. 注写墙梁编号，见本规则表 3.2.2-2。

2. 注写墙梁所在楼层号。

3. 注写墙梁顶面标高高差，系指相对于墙梁所在结构层楼面标高的高差值。高于者为正值，低于者为负值，当无高差时不注。

4. 注写墙梁截面尺寸 $b\times h$，上部纵筋、下部纵筋和箍筋的具体数值。

5. 当连梁设有对角暗撑时[代号为 LL(JC)××]，注写暗撑的截面尺寸(箍筋外皮尺寸)；注写一根暗撑的全部纵筋，并标注×2 表明有两根暗撑相互交叉；注写暗撑箍筋的具体数值。

6. 当连梁设有交叉斜筋时[代号为 LL（JX）××]，注写连梁一侧对角斜筋的配筋值，并标注×2表明对称设置；注写对角斜筋在连梁端部设置的拉筋根数、强度级别及直径，并标注×4 表示四个角都设置；注写连梁一侧折线筋配筋值，并标注×2 表明对称设置。

7. 当连梁设有集中对角斜筋时［代号为 LL（DX）××］，注写一条对角线上的对角斜筋，并标注×2 表明对称设置。

（注：本页虚线框内为 16G101-1 第 16 页全文，文中实线框之外的图形和文字基本为 03G101-1 和 08G101-5 中的内容）

8. 跨高比不小于5的连梁，按框架梁设计时（代号为LLk××），采用平面注写方式，注写规则同框架梁，可采用适当比例单独绘制，也可与剪力墙平法施工图合并绘制。

墙梁侧面纵筋的配置，当墙身水平分布钢筋满足连梁、暗梁及边框梁的梁侧面纵向构造钢筋的要求时，该筋配置同墙身水平分布钢筋，表中不注，施工按标准构造详图的要求即可。当墙身水平分布钢筋不满足连梁、暗梁及边框梁的梁侧面纵向构造钢筋的要求时，应在表中补充注明梁侧面纵筋的具体数值；当为LLk时，平面注写方式以大写字母“N”打头。梁侧面纵向钢筋在支座内锚固要求同连梁中受力钢筋。

3.2.6 采用列表注写方式分别表达剪力墙墙梁、墙身和墙柱的平法施工图示例见本图集第22、23页图。

3.3 截面注写方式

3.3.1 截面注写方式，系在分标准层绘制的剪力墙平面布置图上，以直接在墙柱、墙身、墙梁上注写截面尺寸和配筋具体数值的方式来表达剪力墙平法施工图（见本图集第24页图）

3.3.2 选用适当比例原位放大绘制剪力墙平面布置图，其中对墙柱绘制配筋截面图；对所有墙柱、墙身、墙梁分别按本规则第3.2.2第1～3款的规定进行编号，并分别在相同编号的墙柱、墙身、墙梁中选择一根墙柱、一道墙身、一根墙梁进行注写，其注写方式按以下规定进行。

1. 从相同编号的墙柱中选择一个截面，注明几何尺寸，标注全部纵筋及箍筋的具体数值（其箍筋的表达方式同本规则第3.2.3条第3款）。

注：约束边缘构件（见图3.2.2-1）除需注明阴影部分具体尺寸外，尚需注明约束边缘构件沿墙肢长度 l_c，约束边缘翼墙中沿墙肢长度尺寸为 $2b_f$ 时可不注。

2. 从相同编号的墙身中选择一道墙身，按顺序引注的内容为：墙身编号（应包括注写在括号内墙身所配置的水平与竖向分布钢筋的排数）、墙厚尺寸，水平分布钢筋、竖向分布钢筋和拉筋的具体数值。

3. 从相同编号的墙梁中选择一根墙梁，按顺序引注的内容为：

（1）注写墙梁编号、墙梁截面尺寸 $b \times h$、墙梁箍筋、上部纵筋、下部纵筋和墙梁顶面标高高差的具体数值。其中，墙梁顶面标高高差的注写规定同第3.2.5条第3款。

（2）当连梁设有对角暗撑时［代号为LL（JC）××］，注写规定同本规则第3.2.5条第5款。

（3）当连梁设有交叉斜筋时［代号为LL（JX）××］，注写规定同本规则第3.2.5条第6款。

（4）当连梁设有集中对角斜筋时［代号为LL（DX）××］，

（注：本页虚线框内为16G101-1第17页全文，文中实线框之外的文字基本为03G101-1中的内容）

注写规定同本规则第3.2.5条第7款。

（5）跨高比不小于5的连梁，按框架梁设计时（代号为LLk××），注写规则同本规则第3.2.5条第8款。

当墙身水平分布钢筋不能满足连梁、暗梁及边框梁的梁侧面纵向构造钢筋的要求时，应补充注明梁侧面纵筋的具体数值；注写时，以大写字母N打头，接续注写直径与间距。其在支座内的锚固要求同连梁中受力钢筋。

【例】N⏀10@150，表示墙梁两个侧面纵筋对称配置，强度级别为HRB400，钢筋直径为10，间距为150。

3.3.3 采用截面注写方式表达的剪力墙平法施工图示例见本图集第24页图。

3.4 剪力墙洞口的表示方法

3.4.1 无论采用列表注写方式还是截面注写方式，剪力墙上的洞口均可在剪力墙平面布置图上原位表达（见本图集第22、24页图）。

3.4.2 洞口的具体表示方法：

1. 在剪力墙平面布置图上绘制洞口示意，并标注洞口中心的平面定位尺寸。

2. 在洞口中心位置引注：①洞口编号，②洞口几何尺寸，③洞口中心相对标高，④洞口每边补强钢筋，共四项内容。具体规定如下：

（1）洞口编号：矩形洞口为JD××（××为序号），圆形洞口为YD××（××为序号）。

（2）洞口几何尺寸：矩形洞口为洞宽×洞高（$b \times h$），圆形洞口为洞口直径D。

（3）洞口中心相对标高，系相对于结构层楼（地）面标高的洞口中心高度。当其高于结构层楼面时为正值，低于结构层楼面时为负值。

（4）洞口每边补强钢筋，分以下几种不同情况：

1）当矩形洞口的洞宽、洞高均不大于800时，此项注写为洞口每边补强钢筋的具体数值。当洞宽、洞高方向补强钢筋不一致时，分别注写洞宽方向、洞高方向补强钢筋，以“/”分隔。

【例】JD2 400×300＋3.100 3⏀14，表示2号矩形洞口，洞宽400、洞高300，洞口中心距本结构层楼面3100，洞口每边补强钢筋为3⏀14。

【例】JD3 400×300＋3.100，表示3号矩形洞口，洞宽400、洞高300，洞口中心距本结构层楼面3100，洞口每边补强钢筋按构造配置。

【例】JD4 800×300＋3.100 3⏀18/3⏀14，表示4号矩形洞口，洞宽800、洞高300，洞口中心距本结构层楼面3100，洞宽方向补强钢筋为3⏀18，洞高方向补强钢筋为3⏀14。

2）当矩形或圆形洞口的洞宽或直径大于800时，在洞口的上、下需设置补强暗梁，此项注写为洞口上、下每边暗梁的纵筋与箍筋的具体数值(在标准构造详图中，补强暗梁梁高一律

（注：本页虚线框内为16G101-1第18页全文，文中实线框之外的文字基本为03G101-1中的内容）

定为400，施工时按标准构造详图取值，设计不注。当设计者采用与该构造详图不同的做法时，应另行注明），圆形洞口时尚需注明环向加强钢筋的具体数值；当洞口上、下边为剪力墙连梁时，此项免注；洞口竖向两侧设置边缘构件时，亦不在此项表达（当洞口两侧不设置边缘构件时，设计者应给出具体做法）。

【例】JD5 1000×900+1.400 6⌀20 Φ8@150，表示5号矩形洞口，洞宽1000、洞高900，洞口中心距本结构层楼面1400，洞口上下设补强暗梁，每边暗梁纵筋为6⌀20，箍筋为Φ8@150。

【例】YD5 1000+1.800 6⌀20 Φ8@150 2⌀16，表示5号圆形洞口，直径1000，洞口中心距本结构层楼面1800，洞口上下设补强暗梁，每边暗梁纵筋为6⌀20，箍筋为Φ8@150，环向加强钢筋2⌀16。

3）当圆形洞口设置在连梁中部1/3范围（且圆洞直径不应大于1/3梁高）时，需注写在圆洞上下水平设置的每边补强纵筋与箍筋。

4）当圆形洞口设置在墙身或暗梁、边框梁位置，且洞口直径不大于300时，此项注写为洞口上下左右每边布置的补强纵筋的具体数值。

5）当圆形洞口直径大于300，但不大于800时，此项注写为洞口上下左右每边布置的补强纵筋的具体数值，以及环向加强钢筋的具体数值。

【例】YD5 600+1.800 2⌀20 2⌀16，表示5号圆形洞口，直径600，洞口中心距本结构层楼面1800，洞口每边补强钢筋为2⌀20，环向加强钢筋2⌀16。

3.5 地下室外墙的表示方法

3.5.1 本节地下室外墙仅适用于起挡土作用的地下室外围护墙。地下室外墙中墙柱、连梁及洞口等的表示方法同地上剪力墙。

3.5.2 地下室外墙编号，由墙身代号、序号组成。表达为DWQ××。

3.5.3 地下室外墙平面注写方式，包括**集中标注**墙体编号、厚度、贯通筋、拉筋等和**原位标注**附加非贯通筋等两部分内容。当仅设置贯通筋，未设置附加非贯通筋时，则仅做集中标注。

3.5.4 地下室外墙的**集中标注**，规定如下：

1. 注写地下室外墙**编号**，包括代号、序号、墙身长度（注为××～××轴）。

2. 注写地下室外墙**厚度** b_w=×××。

3. 注写地下室外墙的**外侧、内侧贯通筋和拉筋。**

（1）以OS代表外墙外侧贯通筋。其中，外侧水平贯通筋以H打头注写，外侧竖向贯通筋以V打头注写。

（2）以IS代表外墙内侧贯通筋。其中，内侧水平贯通筋以H打头注写，内侧竖向贯通筋以V打头注写。

（注：本页虚线框内为16G101-1第19页全文，文中实线框之外的文字基本为03G101-1和08G101-5中的内容）

(3) 以 tb 打头注写拉结筋直径、强度等级及间距，并注明“矩形”或“梅花”(见本规则第 3.2.4 条第 3 款)。

【例】D WQ2 (①～⑥)，b_w＝300

OS：H⌀18@200，V⌀20@200

IS：H⌀16@200，V⌀18@200

tb Φ6@400@400 矩形

表示 2 号外墙，长度范围为①～⑥之间，墙厚为 300；外侧水平贯通筋为⌀18@200，竖向贯通筋为⌀20@200；内侧水平贯通筋为⌀16@200，竖向贯通筋为⌀18@200；拉结筋为Φ6，矩形布置，水平间距为 400，竖向间距为 400。

3.5.5 地下室外墙的**原位标注**，主要表示在外墙外侧配置的水平非贯通筋或竖向非贯通筋。

当配置水平非贯通筋时，在地下室墙体平面图上原位标注。在地下室外墙外侧绘制粗实线段代表水平非贯通筋，在其上注写钢筋编号并以 H 打头注写钢筋强度等级、直径、分布间距，以及自支座中线向两边跨内的伸出长度值。当自支座中线向两侧对称伸出时，可仅在单侧标注跨内伸出长度，另一侧不注，此种情况下非贯通筋总长度为标注长度的 2 倍。边支座处非贯通钢筋的伸出长度值从支座外边缘算起。

地下室外墙外侧非贯通筋通常采用“隔一布一”方式与集中标注的贯通筋间隔布置，其标注间距应与贯通筋相同，两者组合后的实际分布间距为各自标注间距的 1/2。

当在地下室外墙外侧底部、顶部、中层楼板位置配置竖向非贯通筋时，应补充绘制地下室外墙竖向剖面图并在其上原位标注。表示方法为在地下室外墙竖向剖面图外侧绘制粗实线段代表竖向非贯通筋，在其上注写钢筋编号并以 V 打头注写钢筋强度等级、直径、分布间距，以及向上（下）层的伸出长度值，并在外墙竖向剖面图名下注明分布范围（××～××轴）。

注：竖向非贯通筋向层内的伸出长度值注写方式：
1. 地下室外墙底部非贯通钢筋向层内的伸出长度值从基础底板顶面算起。
2. 地下室外墙顶部非贯通钢筋向层内的伸出长度值从顶板底面算起。
3. 中层楼板处非贯通钢筋向层内的伸出长度值从板中间算起，当上下两侧伸出长度值相同时可仅注写一侧。

地下室外墙外侧水平、竖向非贯通筋配置相同者，可仅选择一处注写，其他可仅注写编号。

当在地下室外墙顶部设置水平通长加强钢筋时应注明。

设计时应注意：

Ⅰ. 设计者应根据具体情况判定扶壁柱或内墙是否作为墙身水平方向的支座，以选择合理的配筋方式。

Ⅱ. 本图集提供了“顶板作为外墙的简支支承”、“顶板作为外墙的弹性嵌固支承(墙外侧竖向钢筋与板上部纵向受力钢

（注：本页虚线框内为 16G101-1 第 20 页全文，文中实线框之外的文字基本为 03G101-1 和 08G101-5 中的内容）

筋搭接连接)”两种做法，设计者应在施工图中指定选用何种做法。

3.5.6　采用平面注写方式表达的地下室剪力墙平法施工图示例见本图集第25页图。

3.6　其他

3.6.1　在剪力墙平法施工图中应注明底部加强部位高度范围，以便使施工人员明确在该范围内应按照加强部位的构造要求进行施工。

3.6.2　当剪力墙中有偏心受拉墙肢时，无论采用何种直径的竖向钢筋，均应采用机械连接或焊接接长，设计者应在剪力墙平法施工图中加以注明。

3.6.3　抗震等级为一级的剪力墙，水平施工缝处需设置附加竖向插筋时，设计应注明构件位置，并注写附加竖向插筋规格、数量及间距。竖向插筋沿墙身均匀布置。

（注：本页虚线框内为16G101-1第21页全文，文中实线框之外的文字基本为03G101-1中的内容）

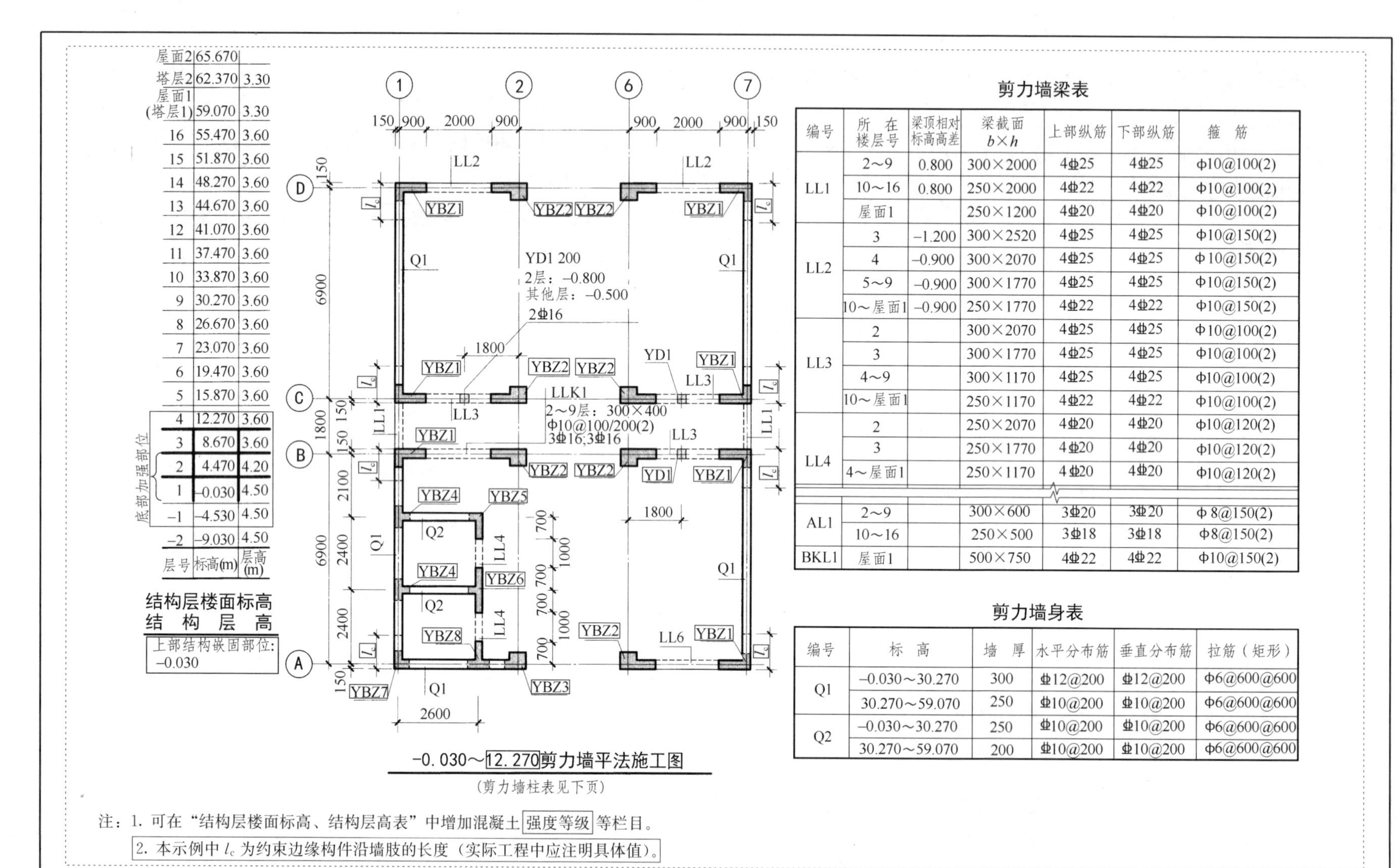

层号	标高(m)	层高(m)
屋面2	65.670	
塔层2	62.370	3.30
屋面1(塔层1)	59.070	3.30
16	55.470	3.60
15	51.870	3.60
14	48.270	3.60
13	44.670	3.60
12	41.070	3.60
11	37.470	3.60
10	33.870	3.60
9	30.270	3.60
8	26.670	3.60
7	23.070	3.60
6	19.470	3.60
5	15.870	3.60
4	12.270	3.60
3	8.670	3.60
2	4.470	4.20
1	-0.030	4.50
-1	-4.530	4.50
-2	-9.030	4.50

底部加强部位

结构层楼面标高
结构层高

上部结构嵌固部位：
-0.030

-0.030～12.270剪力墙平法施工图

（剪力墙柱表见下页）

剪力墙梁表

编号	所在楼层号	梁顶相对标高高差	梁截面 $b \times h$	上部纵筋	下部纵筋	箍筋
LL1	2～9	0.800	300×2000	4⌀25	4⌀25	Φ10@100(2)
	10～16	0.800	250×2000	4⌀22	4⌀22	Φ10@100(2)
	屋面1		250×1200	4⌀20	4⌀20	Φ10@100(2)
LL2	3	-1.200	300×2520	4⌀25	4⌀25	Φ10@150(2)
	4	-0.900	300×2070	4⌀25	4⌀25	Φ10@150(2)
	5～9	-0.900	300×1770	4⌀25	4⌀25	Φ10@150(2)
	10～屋面1	-0.900	250×1770	4⌀22	4⌀22	Φ10@150(2)
LL3	2		300×2070	4⌀25	4⌀25	Φ10@100(2)
	3		300×1770	4⌀25	4⌀25	Φ10@100(2)
	4～9		300×1170	4⌀25	4⌀25	Φ10@100(2)
	10～屋面1		250×1170	4⌀22	4⌀22	Φ10@100(2)
LL4	2		250×2070	4⌀20	4⌀20	Φ10@120(2)
	3		250×1770	4⌀20	4⌀20	Φ10@120(2)
	4～屋面1		250×1170	4⌀20	4⌀20	Φ10@120(2)
AL1	2～9		300×600	3⌀20	3⌀20	Φ8@150(2)
	10～16		250×500	3⌀18	3⌀18	Φ8@150(2)
BKL1	屋面1		500×750	4⌀22	4⌀22	Φ10@150(2)

剪力墙身表

编号	标高	墙厚	水平分布筋	垂直分布筋	拉筋（矩形）
Q1	-0.030～30.270	300	⌀12@200	⌀12@200	Φ6@600@600
	30.270～59.070	250	⌀10@200	⌀10@200	Φ6@600@600
Q2	-0.030～30.270	250	⌀10@200	⌀10@200	Φ6@600@600
	30.270～59.070	200	⌀10@200	⌀10@200	Φ6@600@600

注：1. 可在“结构层楼面标高、结构层高表”中增加混凝土强度等级等栏目。

2. 本示例中 l_c 为约束边缘构件沿墙肢的长度（实际工程中应注明具体值）。

（注：本页虚线框内为16G101-1第22页全文，文中实线框之外的图、表、文字基本为03G101-1中的内容）

剪力墙柱表

层号	标高(m)	层高(m)
屋面2	65.670	
塔层2	62.370	3.30
屋面1(塔层1)	59.070	3.30
16	55.470	3.60
15	51.870	3.60
14	48.270	3.60
13	44.670	3.60
12	41.070	3.60
11	37.470	3.60
10	33.870	3.60
9	30.270	3.60
8	26.670	3.60
7	23.070	3.60
6	19.470	3.60
5	15.870	3.60
4	12.270	3.60
3	8.670	3.60
2	4.470	4.20
1	-0.030	4.50
-1	-4.530	4.50
-2	-9.030	4.50

底部加强部位

结构层楼面标高
结构层高

上部结构嵌固部位：
-0.030

截面	1050，300，300，300	1200，300，600，600	900，300，600，600	300，250，300，300，300
编号	YBZ1	YBZ2	YBZ3	YBZ4
标高	-0.030～12.270	-0.030～12.270	-0.030～12.270	-0.030～12.270
纵筋	24Φ20	22Φ20	18Φ22	20Φ20
箍筋	Φ10@100	Φ10@100	Φ10@100	Φ10@100

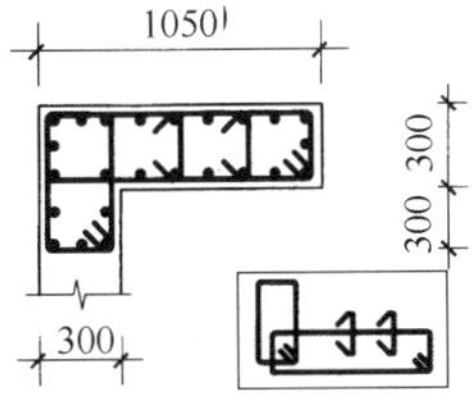

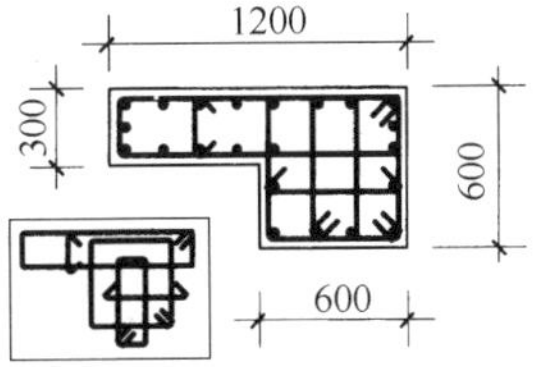

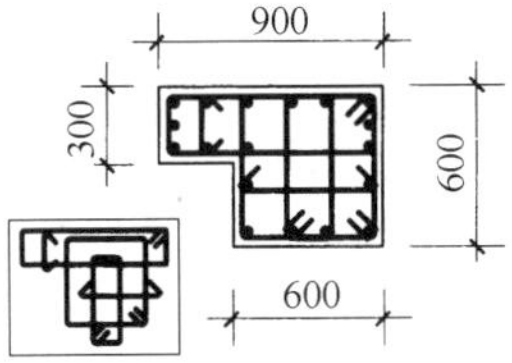

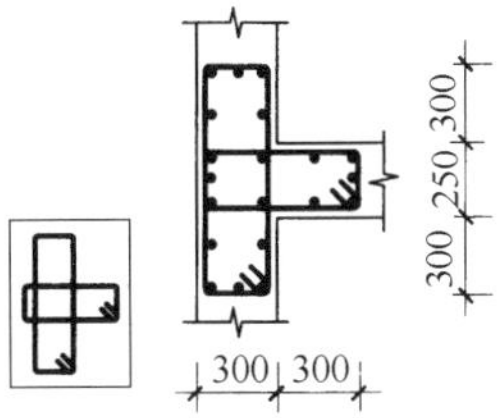

截面	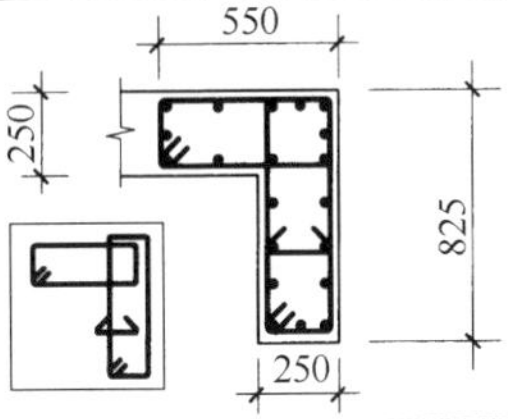 550，250，825，250	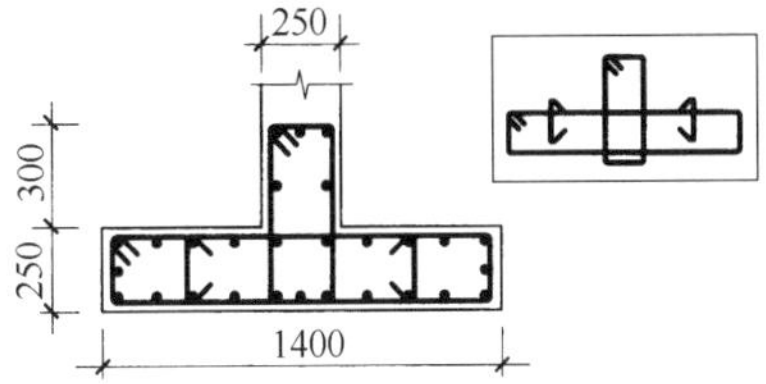 250，300，250，1400	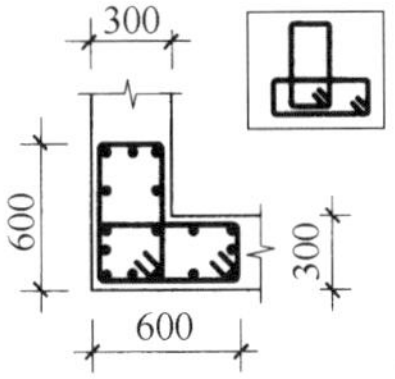 300，600，300，600
编号	YBZ5	YBZ6	YBZ7
标高	-0.030～12.270	-0.030～12.270	-0.030～12.270
纵筋	20Φ20	28Φ20	16Φ20
箍筋	Φ10@100	Φ10@100	Φ10@100

-0.030～12.270剪力墙平法施工图（部分剪力墙柱表）

（注：本页虚线框内为16G101-1第23页全文，文中实线框之外的图、表、文字基本为03G101-1中的内容）

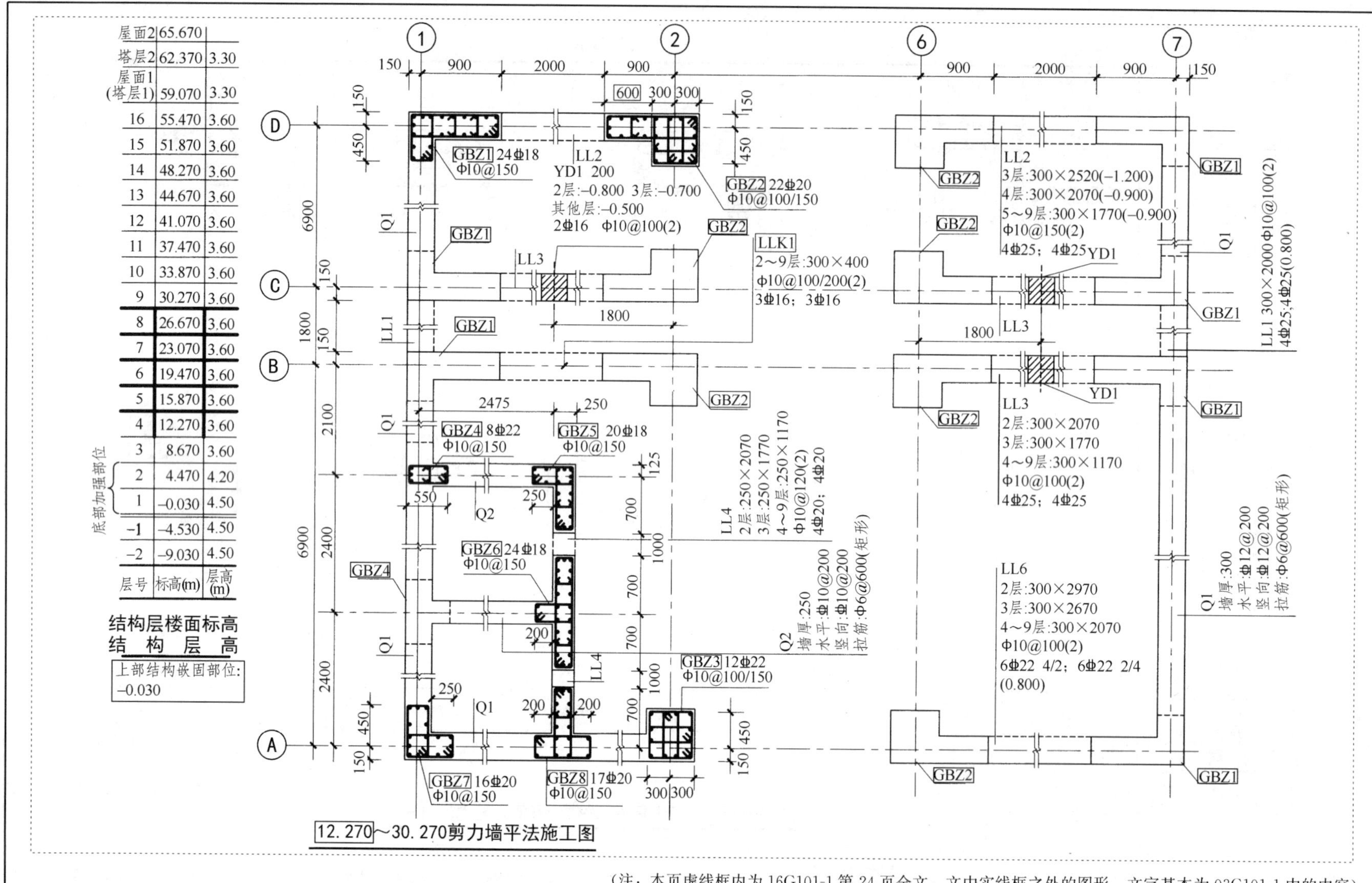

层号	标高(m)	层高(m)
屋面2	65.670	
塔层2	62.370	3.30
屋面1(塔层1)	59.070	3.30
16	55.470	3.60
15	51.870	3.60
14	48.270	3.60
13	44.670	3.60
12	41.070	3.60
11	37.470	3.60
10	33.870	3.60
9	30.270	3.60
8	26.670	3.60
7	23.070	3.60
6	19.470	3.60
5	15.870	3.60
4	12.270	3.60
3	8.670	3.60
2	4.470	4.20
1	-0.030	4.50
-1	-4.530	4.50
-2	-9.030	4.50

（注：本页虚线框内为16G101-1第24页全文，文中实线框之外的图形、文字基本为03G101-1中的内容）

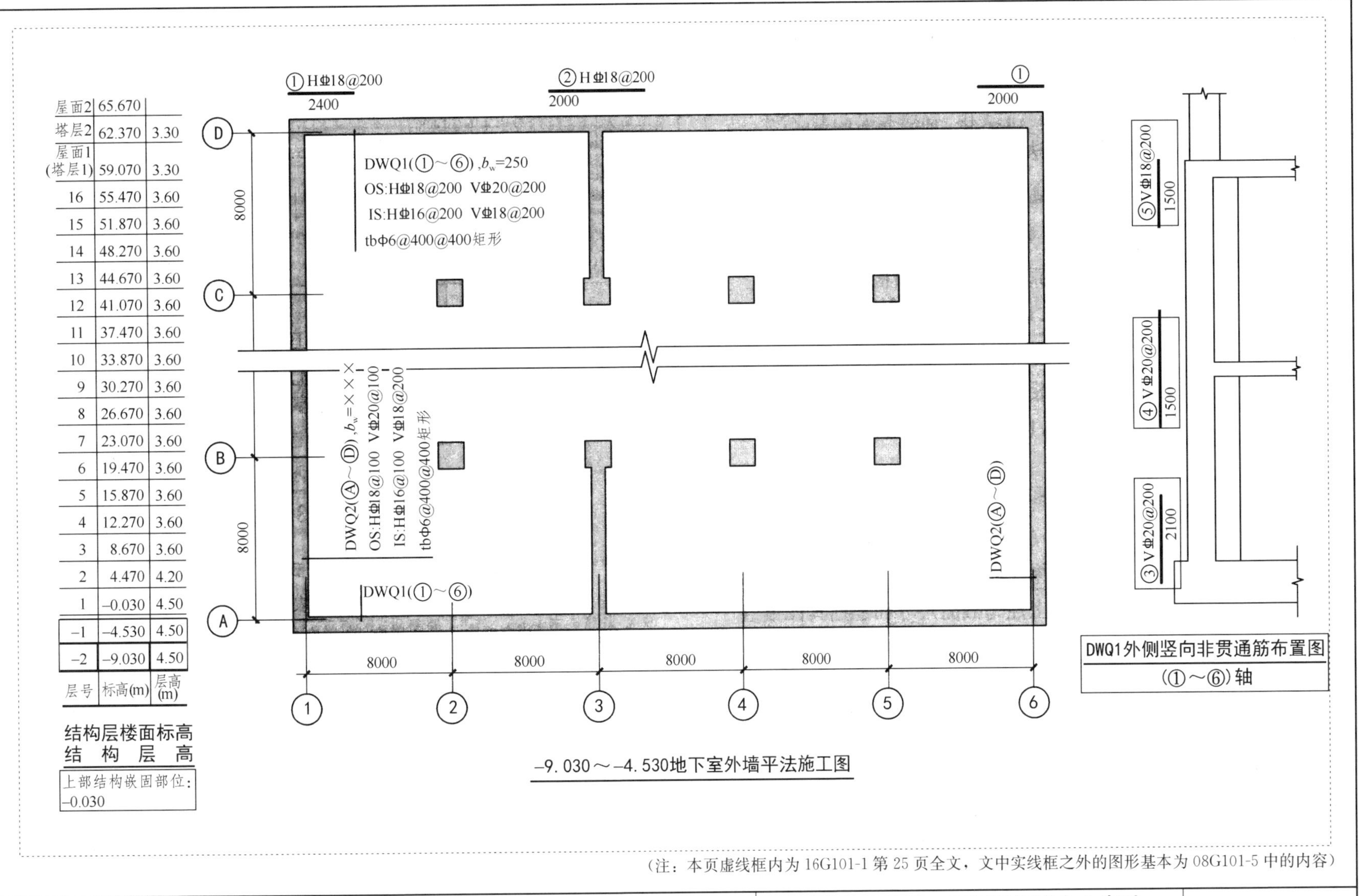

层号	标高(m)	层高(m)
屋面2	65.670	
塔层2	62.370	3.30
屋面1(塔层1)	59.070	3.30
16	55.470	3.60
15	51.870	3.60
14	48.270	3.60
13	44.670	3.60
12	41.070	3.60
11	37.470	3.60
10	33.870	3.60
9	30.270	3.60
8	26.670	3.60
7	23.070	3.60
6	19.470	3.60
5	15.870	3.60
4	12.270	3.60
3	8.670	3.60
2	4.470	4.20
1	-0.030	4.50
-1	-4.530	4.50
-2	-9.030	4.50

结构层楼面标高
结构层高

上部结构嵌固部位:
-0.030

（注：本页虚线框内为16G101-1第25页全文，文中实线框之外的图形基本为08G101-5中的内容）

墙平法施工图制图规则解评

墙平法施工图制图规则解评内容包括两类，一类与16G101-1中的03G101-1、08G101-5原创图文相关，另一类与16G101-1新增或改动的部分内容相关。

解评中将16G101-1图文置于虚线框内并将其改动的部分内容用实线框框起，以示区别。

【解评3.1】关于剪力墙概念

剪力墙术语，系根据地震作用下钢筋混凝土墙体必然产生相应横向剪力的显著受力特征而定。

当地震发生时，剪力墙结构的变形状态为第一振型，即便是短肢剪力墙结构亦不会出现第二振型，此变形状态称为“弯曲型变形”。明晰剪力墙为弯曲型变形这一科学概念非常重要，其重要性在于明确剪力墙结构第一振型的弯曲型变形与框架结构具有高次振型的剪切型变形是剪力墙结构与框架结构的主要区别，以避免发生将适用于框架结构的构造错误地移植在剪力墙上。

为使剪力墙在抗震时处于安全可靠的工作状态，经抗震结构科学理论分析和科学试验研究，2010年以前的我国《混凝土结构设计规范》规定剪力墙的合理水平长度不短于8倍墙厚且不长于8m。即将水平长度在8倍墙厚至8m的钢筋混凝土墙定义为剪力墙。当剪力墙水平长度短于8倍墙厚，且不短于4倍墙厚时，则定义为短肢剪力墙。又当剪力墙的水平长度短于4倍墙厚时，规定宜将其按框架柱对待。

地面以上剪力墙的水平长度严格限定在不长于8m，系因水平长度超过8m的剪力墙当在地震发生时抵抗地震作用，在空气中剧烈晃动时，墙体易发生平面外失稳破坏。地下室结构中的内墙和外墙均不受墙水平长度不应超过8m的限制，系因当地震发生时，嵌于土层之中的地下室结构随大地横向运动基本同步，大部分地震作用被地下室周围的土层吸收耗散，因此，即使墙体长达几十米也不会发生平面外失稳破坏。于是一道长达十几米甚至几十米的地下室内墙或外墙，可支承数片地上主体结构的剪力墙。

在2010年以后实施的《混凝土结构设计规范》GB 50010—2010和《建筑抗震设计规范》GB 50011－2010，在墙的术语上，《混凝土结构设计规范》仍称抗震剪力墙，《建筑抗震设计规范》则称为抗震墙。两本规范均未提对墙肢水平长度的限制范围，也未见剪力墙与短肢剪力墙的相应区分。

关于墙体水平长度，《建筑抗震设计规范》GB 50011—2010第6.1.9条第2款规定：“较长的抗震墙宜设置跨高比大于6的连梁形成洞口，将一道抗震墙分成长度较均匀的若干墙段，各墙段的高宽比不易小于3。”规定具有明显的模糊性，因“较长”是不定量词，“较长的抗震墙”为不确定性量化语言，在具体设计中易产生争议，且争议的裁定在现行规范中找不到具体标准。

将一道较长的抗震墙分成长度较均匀的若干墙段，显然这个“较长的”长度应为墙肢的水平长度。但如此后面词句里的“各墙段的高宽比”中的“高”是指墙体竖向高度还是墙肢水平截面高度、以及“宽”是指墙肢水平截面高度还是墙厚就又出现了模糊性，因“高宽比”既可为墙体竖向高度与墙肢水平截面高度之比，也可为墙肢水平截面高度与墙厚之比。

《建筑抗震设计规范》GB 50011—2010 第 6.4.6 条规定：“抗震墙的墙肢长度不大于墙厚的 3 倍时，应按柱的有关要求进行设计；矩形墙的厚度不大于 300mm 时，尚宜全高加密箍筋。”该条规定显然是明确的量化标准。

以上所述的规范两条规定，一条模糊一条明确，对抗震墙肢水平截面长度上限的规定是模糊的，但对抗震墙肢水平截面长度下限的规定是明确的（最短不应小于墙厚的 3 倍）。

规范中关于抗震墙肢水平截面长度下限不应小于墙厚 3 倍的明确规定，在实施时，易连带发生与剪力墙边缘构件截面长度相关的两个问题。如：当墙肢水平截面长度与墙厚比值大于 3 但小于 8 时，若按照规范要求的剪力墙（或抗震墙）约束边缘构件与构造边缘构件固定的构造尺寸施工，可出现墙肢两侧的边缘构件核心部位发生重叠的奇怪现象，以及边缘构件的水平截面高度大于剪力墙肢水平截面高度 1/4 的“弱化边缘效应”现象[1]。对此问题，本书将在后续部分的剪力墙具体构造解评中继续讨论。

【解评 3.2】制定“墙柱编号”时，“约束边缘构件”和“构造边缘构件”不应作为平法构件编号的直接目标。

表 3.2.2-1　墙柱编号

墙柱类型	代　号	序　号
约束边缘构件	YBZ	××
构造边缘构件	GBZ	××
非边缘暗柱	AZ	××
扶壁柱	FBZ	××

注：约束边缘构件包括约束边缘暗柱、约束边缘端柱、约束边缘翼墙、约束边缘转角墙四种（见图 3.2.2-1）。构造边缘构件包括构造边缘暗柱、构造边缘端柱、构造边缘翼墙、构造边缘转角墙四种（见图 3.2.2-2）。

上面截图显示，16G101-1 把不作为平法编号目标的“约束边缘构件”和“构造边缘构件”编上了 YBZ 和 GBZ 代号，完全违背了平法编号原则，且如此编号在平法施工图中形同虚设。

平法施工图的突出特征，是将构造设计从传统施工图中分离出

[1] 剪力墙边缘概念，应为自剪力墙最外缘保护层内的外侧纵筋合力中心起，最大至墙肢水平截面高度的 1/4，超过 1/4 则完全超出边缘进入墙体范围。从抗力角度分析，边缘越窄，边缘构件纵筋合力中心的抵抗力臂越大，相应的抵抗力矩越大，抗力越高；边缘越宽，边缘构件纵筋合力中心的抵抗力臂越小，相应的抵抗力矩越小，抗力越小。因此，过宽的边缘构件属不合理构造。

来，集中编制为通用构造设计[1]。由于设计工程师完成的平法施工图中不包括通用构造设计，需要平法施工图与构造设计两者合并构成完整的结构设计，故必须在平法施工图和通用构造详图上对所有构件进行编号，编号包括构件代号和序号，而构件编号是极其重要的信息纽带，代号将不含构造内容的平法构件设计与对应于该构件构造详图精准连接在一起，构成该构件完整的结构设计。

应当严肃指出的是，"约束边缘构件"和"构造边缘构件"均不代表具体的边缘构件形式，而分别是若干不同边缘构件的组合，这类不同的边缘构件包括：端柱、暗柱、翼墙柱、转角墙柱四种，每一种均有约束边缘和构造边缘两种构造方式。

按照平法理论的解构原理，对剪力墙结构进行分解时，剪力墙端柱、暗柱、翼墙柱、转角墙柱是剪力墙边缘构件的末端分解结果，平法对构件的编号原则，是对末端分解结果赋予代号，而不是对其组合类别赋予代号。

将具有各种不同截面构造方式的约束边缘构件和构造边缘构件，笼统地赋予代号 YBZ 和 GBZ；如同不分各种剪力墙连梁不同的构造方式，笼统地赋予一个代号 LL，亦如同不分框架柱各种不同的柱截面构造方式，将矩形截面、圆形截面、多边形截面的框架柱笼统地赋予一个代号 KZ，诸如此类简单粗糙处理，完全违反了平法必须遵循的逻辑原则、功能原则、易用性原则。这类构件编号无法为施工中非常重要的钢筋备料、钢筋翻样、材料预算和精算提供准确依据，施工单位仍需按 03G101-1 平法图集中准确的代号对其重新编号，见如下所示 03G101-1 表 3.2.2a：

墙柱编号 **表 3.2.2a**

墙柱类型	代号	序号
约束边缘暗柱	YAZ	××
约束边缘端柱	YDZ	××
约束边缘翼墙（柱）	YYZ	××
约束边缘转角墙（柱）	YJZ	××
构造边缘端柱	GDZ	××
构造边缘暗柱	GAZ	××
构造边缘翼墙（柱）	GYZ	××
构造边缘转角墙（柱）	GJZ	××
非边缘暗柱	AZ	××
扶壁柱	FBZ	××

各类墙柱的截面形状与几何尺寸等见 03G101-1 第 18 页图 3.2.2。

[1] 平法科技成果中只有通用构造设计概念而无标准设计概念。因市场经济体制下的技术界只有"设计标准"即代号为 GB 打头的国家规范，没有"标准设计"。标准设计是计划经济时期落后的技术模式。

【解评 3.3】原创平法图集十分注重对业界先进科学设计方法的引导，16G101-1 在墙梁编号中未按《建筑抗震设计规范》GB 50011 设置科学合理的双连梁及多连梁代号。

表 3.2.2-2　墙梁编号

墙梁类型	代号	序号
连梁	LL	××
连梁（对角暗撑配筋）	LL（JC）	××
连梁（交叉斜筋配筋）	LL（JX）	××
连梁（集中对角斜筋配筋）	LL（DX）	××
连梁（跨高比不小于 5）	LLk	××
暗梁	AL	××
边框梁	BKL	××

注：1. 在具体工程中，当某些墙身需设置暗梁或边框梁时，宜在剪力墙平法施工图中绘制暗梁或边框梁的平面布置图并编号，以明确其具体位置。

2. 跨高比不小于 5 的连梁按框架梁设计时，代号为 LLk。

16G101-1 表 3.2.2-2 墙梁编号表中列出了 5 种连梁代号，其中跨高比在 2.5 至 5 之间的第 1 种连梁 LL 的构造方式最简单，而跨高比不大于 2.5 的第 2、3、4 种连梁的构造方式非常复杂，尤其是“连梁（对角暗撑配筋）LL（JC）”的构造最复杂，只要有相应设计和施工经验的工程师，均曾体会到这几种连梁不仅设计计算非常复杂，而且施工非常困难，难以保证质量。

更科学的设计方式，是将跨高比不大于 2.5 的高连梁设计为上下两道（或多道）跨高比在 2.5 至 5 之间的连梁。

我国《建筑抗震设计规范》GB 50011—2010 第 6.4.7 条中有明确规定：“6.4.7 跨高比较小的高连梁，可设水平缝形成双连梁、多连梁或采取其他加强受剪承载力的构造。”

标准设计应遵守国家现行规范，尤其应及时反映规范中实用价值较高、易用性强，技术比较先进的规定。

【解评 3.4】平法制图规则的用语，应在表达清晰的前提下尽可能简明扼要，忌拖泥带水。例如在规则中已经讲明的规定，则勿需重复。

16G101-1 的下款说明就增加了重复语言。例如：

1. 注写墙柱编号（见表 3.2.2-1），绘制该墙柱的截面配筋图，标注墙柱几何尺寸。

(1) 约束边缘构件（见图 3.2.2-1）需注明阴影部分尺寸。

注：剪力墙平面布置图中应注明约束边缘构件沿墙肢长度 l_c（约束边缘翼墙中沿墙肢长度尺寸为 $2b_f$ 时可不注）。

(2) 构造边缘构件（见图 3.2.2-2）需注明阴影部分尺寸。

(3) 扶壁柱及非边缘暗柱需标注几何尺寸。

已经在第 1 款的句末写明“标注墙柱几何尺寸”且已有相应标注尺寸的图示，就完全无必要补充重复性的 3 条说明。对某一规定在设计图纸上多处重复，是初涉结构设计人的缺点之一，这种做法在修改时一处改动需处处改动，往往导致某一重复处漏改产生重复不一致错误。

再如，16G101-1 表 3.2.2-2 墙梁编号表中，已明确列出“连梁（跨高比不小于 5)”，代号为 LLK，完全没有必要在表注第 2 条再重复说“跨高比不小于 5 的连梁按框架梁设计时，代号为 LLK。”。

对跨高比不小于 5 的连梁设计，应明确其基本属性。

各类构件在结构体系中的存在，顺应明确的支承规律。据此可分为支承构件、被支承构件、无支承关系构件等。连梁由剪力墙支承，是非常明确的被支承构件。

构件的构造，分为构件本体构造和连接节点构造；连接节点构造，分为节点主体构造和节点客体构造；节点主体构造为支承构件在节点内的构造，节点客体构造为被支承构件在节点内的构造（主要为钢筋锚固或贯通构造）。

被支承构件的钢筋锚固方式，并不由其自身决定，而由对其提供支承的构件类型决定，且以支承构件常规支承组合的常规被支承构件的锚固方式为准。

支承构件与被支承构件的常规组合有：框架柱与框架梁常规组合，剪力墙与连梁常规组合，主梁与次梁常规组合，等等。节点构造详图表示的锚固方式，为常规组合的被支承构件的锚固构造。

当构件与构件的组合为非常规组合时，称为跨界节点。跨界节点的被支承构件的钢筋锚固方式由支承构件决定的情况有：当非框架梁跨界支承于框架柱时，应按框架梁锚固方式在柱支座锚固；当框架梁跨界支承于主梁时，应按非框架梁锚固方式在主梁支座锚固；当连梁跨界支承于框架柱时，应按框架梁锚固方式在柱支座锚固；当框架梁跨界支承于剪力墙时，应按连梁锚固方式在剪力墙支座锚固。

上述平法解构原理表明，对按框架梁设计的跨高比大于 5 的连梁，其本体构造按框架梁，但因支承该梁的为剪力墙而非框架柱，故该梁应按连梁锚固方式在剪力墙支座锚固。

【解评 3.5】“拉结筋”用词不规范，且在配筋中不存在“矩形”拉结筋。

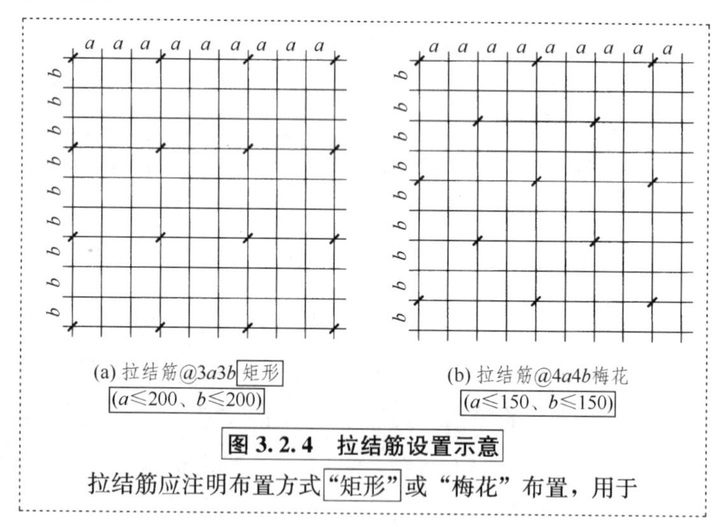

(a) 拉结筋@3a3b矩形 ($a\leq200$、$b\leq200$)　(b) 拉结筋@4a4b梅花 ($a\leq150$、$b\leq150$)

图 3.2.4　拉结筋设置示意

拉结筋应注明布置方式“矩形”或“梅花”布置，用于

我国现行《混凝土结构设计规范》GB50010-2010和《建

筑抗震设计规范》GB 50011—2010 所用的结构专业术语，有“拉筋”术语，没有“拉结筋”术语，平法制图规则中所采用的业界通用的专业术语，既应与规范用词保持一致，也应保持自身用词的一致。在剪力墙规则中，此处为“拉结筋”，彼处又成了“拉筋”，改动的随意性过大。

此外，墙身拉筋有“双向”和“梅花双向”两种布置方式，且当梅花双向拉筋间距为墙身水平分布筋及竖向分布筋配置间距的奇数倍时为“偏心梅花双向”布置方式。双向为从任何一个拉筋设置点延伸的横向、竖向以标注的间距分布的拉筋，梅花双向的实质为“交错重叠双向”，两种拉筋的定义清晰严谨。而墙身设计和施工并无设置“矩形拉结筋”的说法，拉筋基本形状为S形，从未见过像梁、柱箍筋矩形状的拉筋。即便用不规则的通俗语言形容拉筋点的分布，也只能是“网状”分布而非“矩形”分布。

【解评 3.6】连梁是梁，暗梁及边框梁不是梁，是剪力墙身中的水平加强构造，将三者并列并暗示均有梁侧面纵向钢筋配置要求，属于严重概念错误。

即可。当墙身水平分布钢筋不满足连梁、暗梁及边框梁的梁侧面纵向构造钢筋的要求时，应在表中补充注明梁侧面纵筋的具体数值；当为LLk时，平面注写方式以大写字母“N”打头。梁侧面纵向钢筋在支座内锚固要求同连梁中受力钢筋。

必须明确的概念是，剪力墙中设置的暗梁、边框梁不是科学概念上的梁，而是墙身水平加强构造。暗梁、边框梁与受弯且受剪具有严格科学定义的梁没有任何关系，仅其钢筋绑扎的形状与梁近似而已。

暗梁和边框梁在剪力墙中的主要受力状态，既不受弯，也不受剪，在结构计算上也算不出其所受内力。暗梁和边框梁的设置系为了实现两个功能。

功能一，对框架—剪力墙结构的变形协调提供加强构造。

众所周知，框架结构主要为具有高次振型的剪切型变形，剪力墙结构主要为仅有第一振型的弯曲型变形，当将两种结构混做在一起共同工作时，将产生变形不协调的主要矛盾。由于在框架—剪力墙结构中，框架与剪力墙通过横向构件刚性连接在一起，故解决变形不协调矛盾的唯一结果，是框架与剪力墙通过相互制约、相互妥协，使两者变形保持同步[1]。

具有两种不同变形构件的混合结构是一个整体，当整体同步变形时，由于框架结构以层为荷载重心呈现规律性变形，而剪力墙虽然承载楼面荷载但其变形不受层的约束，此时的相互制约，框架部分便通过水平构件向剪力墙相应层的位置施加变形作用，对这种作

[1] 框架—剪力墙结构中两种不同变形构件共同工作，通过横向构件将两者刚性连接实现同步变形但达不到变形一致的水准，系因横向构件为弹性材料，在制约框架与剪力墙不同变形时，以自身的弹性变形吸收了部分变形能量。

用的安全性采取的措施，为在剪力墙楼层位置设置暗梁或边框梁。

功能二，阻止剪力墙的竖向劈裂破坏。

当剪力墙抵抗地震作用时，在其平面内左右晃动，墙两侧边缘部位交替承受拉力与压力，为保证剪力墙边缘部位既不被拉坏也不被压坏，我们设置了边缘构件加强边缘部位的强度和刚度。但是，地震作用可能引发剪力墙出现竖向劈裂。

剪力墙一旦出现竖向开裂，裂缝尖端效应将致使裂缝快速向下或向上扩展，若不采取构造加强措施，剪力墙可能发生竖向劈裂破坏致使结构倒塌。

在剪力墙中设置水平走向的暗梁或边框梁，形成剪力墙中的水平加强带。当墙身竖向开裂至暗梁或边框梁时，由于暗梁或边框梁纵筋直径较大，抗拉与抗剪能力数倍高于墙身水平分布筋，从而可有效阻止竖向裂缝的延伸，避免剪力墙发生竖向劈裂破坏。

设置暗梁与设置边框梁，在阻止剪力墙竖向劈裂破坏的功能相同，但两者为剪力墙平面外构件提供的支承条件有所不同。当支承在剪力墙平面外即侧面的梁支座设计为铰接时，可采用暗梁；当梁支座设计为刚接时，则宜采用边框梁（也可采用墙体局部加厚构造），以便满足梁纵筋刚性弯折锚固水平锚固段所需的深度。

综上所述，暗梁和边框梁系由所配置大直径纵筋完成其主要功能，而侧面筋的设置与其主要功能无关，且与科学定义上的受弯同时受剪的梁侧面筋的抗裂与构造抗扭功能亦无关。因此，16G101-1 增加的文字（见上页截图），属严重概念错误。这种概念错误会误导施工在钢筋设置上张冠李戴，造成钢材浪费。

【解评 3.7】在结构施工图设计中主要采用截面图，建筑施工图设计中通常采用“剖面图”。

> 当在地下室外墙外侧底部、顶部、中层楼板位置配置竖向非贯通筋时，应补充绘制地下室外墙竖向剖面图并在其上原位标注。表示方法为在地下室外墙竖向剖面图外侧绘制粗实线段代表竖向非贯通筋，在其上注写钢筋编号并以 V 打头注写钢筋强度等级、直径、分布间距，以及向上（下）层的伸出长度值，并在外墙竖向剖面图名下注明分布范围（××～××轴）

上面截图显示，16G101-1 把 08G101-5 中的“截面图”一词统统改成了“剖面图”，不清楚截面图与剖面图的区别通常是设计新手的通病。

剖面图的定义，是绘制从剖切部位切开并按观看方向看到的建筑线条，剖面图中既有被切开部位断面的轮廓线，又有切开部位以外的建筑线条。剖面图是建筑师绘制建筑施工图设计时采用的表达方式，但建筑师通常不绘制显示钢筋的截面图。

截面图的定义，是绘制构件被切开的断面内容，不表达断面以外的内容。截面图是结构工程师绘制结构施工图设计时采用的表达方式。

结构专业的截面图与建筑学专业的剖面图系不同专业的术语，应将其区分开来，不应随意混用。

【解评 3.8】16G101-1 对 08G101-5 中地下结构外墙注写方式的改动，违反了平法的科学逻辑原则。

> 注：竖向非贯通筋向层内的伸出长度值注写方式：
> 1. 地下室外墙底部非贯通钢筋向层内的伸出长度值从基础底板顶面算起。
> 2. 地下室外墙顶部非贯通钢筋向层内的伸出长度值从顶板底面算起。
> 3. 中层楼板处非贯通钢筋向层内的伸出长度值从板中间算起，当上下两侧伸出长度值相同时可仅注写一侧。

上面截图显示 16G101-1 对地下室外墙竖向非贯通筋向层内延伸长度所作的错误改动。

现代科学技术的基础理论是科学逻辑。所有成功的科学技术均与严格符合科学逻辑有关，所有失败的科学技术均与不符合科学逻辑有关。平法原创科技成果中的所有制图规则和构造设计，均经过逻辑论证，其科学性获得业界同行认可，并能在全国普及应用，有力证明了科学逻辑的正确性。

平法解构原理要求制图规则中的所有规定，必须符合逻辑学基本原理。逻辑学基本原理包括“同一律，排中律，矛盾律，充足理由律”，16G101-1 对地下室外墙非贯通筋制图规则的改动，违反了逻辑同一律。

外墙竖向非贯通筋向层内的延伸长度，要求由设计者注写具体尺寸，这就需要规定一个科学合理的参照位置。地下室结构具有底板、顶板和若干地下楼层板，可供选择的参照位置有板顶面、板底面、板中线三处，何处最科学合理，需经逻辑分析确定。

首先必须符合逻辑同一率，即无论地下室结构的顶板、底板、楼层板，参照位置或全为板顶面，或全为板底面，或全为板中线。各种板的参照位置相同，既方便结构设计，也方便结构施工。

平法制图规则总则第 1.0.8 条明确规定：“按平法设计绘制结构施工图时，应当用表格或其他方式注明包括地下和地上各层的结构楼（地）面标高、结构层高及相应的结构层号。”由此可见，设计工程师已经掌握并熟悉了板顶位置的标高。根据平法的“易用性原则”，将板面位置定为外墙竖向非贯通筋延伸长度的参照位置起点，既方便设计也方便施工。因此，08G101-5 平法图集中规定无论是地下室顶板、底板，还是中层楼板，地下室外墙竖向非贯通筋延伸长度，均从板面位置算起。符合逻辑同一率的规定，非常容易记忆和操作。

16G101-1 将 08G101-5 中的规定改为竖向非贯通筋的延伸，顶板从底面，中层楼板从板中线，底板从板面算起，把本来简单的规定随意复杂化了。如此这般将使设计与施工人员需要从已知地下和地上各层的结构楼（地）面标高分别推算，多一遍工序就多一次麻烦，也多一次出错机会。

此外，对地下室外墙竖向非贯通筋从板中线推算且暗示采用上下层等长延伸长度，不符合力学原理。凡是亲自做过地下结构设计的工程师都清楚，地下室外墙承受的侧向荷载是土压力，土压力沿外墙往下为梯形分布荷载而非均布荷载，因此，外墙自中层楼板以下承受的弯矩大于中层楼板以上，竖向非贯通筋向下层的净延伸长度应长于向上层的净延伸长度，这样设计才符合受力要求。如果把中层楼板的参照位置定在板中线，将误导设计者将竖向非贯通筋对称设置。

【解评 3.9】16G101-1 第 22 页剪力墙平法施工图图形与图表的表达高度不一致。

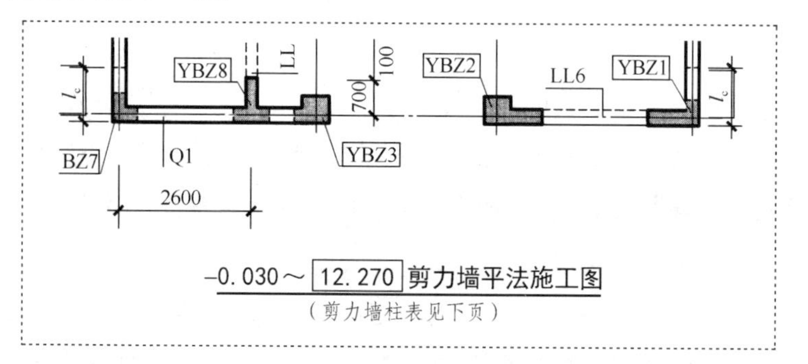

−0.030～12.270 剪力墙平法施工图
（剪力墙柱表见下页）

如上面截图所示，16G101-1 将 03G101-1 中的“−0.030—59.070 剪力墙平法施工图”改为“−0.030—12.270 剪力墙平法施工图”，但与该图对应的“剪力墙梁表”和“剪力墙身表”表达的高度范围却是−0.030−59.070，表与图表达内容不一致，违背了平法制图规则中表与图必须对应的规定。

【解评 3.10】16G101-1 将 08G101-5 的中层楼板位置的外墙外侧竖向非贯通筋向上层和下层非对称延伸错改为对称延伸。

右方 16G101-1 截图显示地下室外墙竖向非贯通关于中层楼板对称上下延伸，不符合地下室外墙的受力状况。

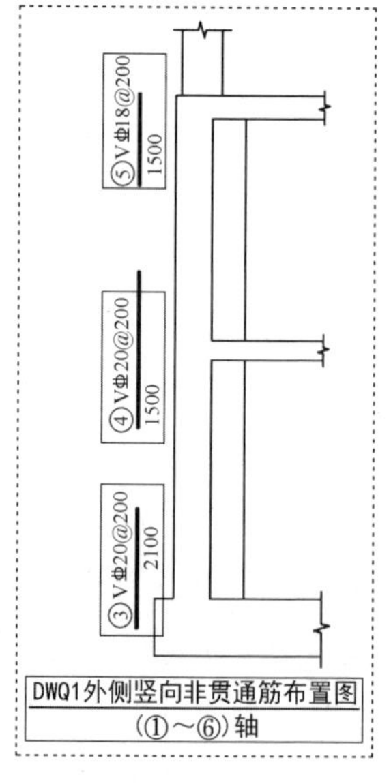

DWQ1外侧竖向非贯通筋布置图
（①～⑥）轴

地下室外墙承载的侧向土压力下大上小呈梯形分布，地下室外墙中层楼板位置下层所承受的弯矩大于上层，当上下层地下室净高相同时，外墙竖向非贯通筋的净延伸长度下层应大于上层。

右图所示为缺少设计经验或缺乏力学知识导致的错误。

第四部分
梁平法施工图制图规则疑难问题解评

4 梁平法施工图制图规则

4.1 梁平法施工图的表示方法

4.1.1 梁平法施工图系在梁平面布置图上采用平面注写方式或**截面注写方式**表达。

4.1.2 梁平面布置图，应分别按梁的不同结构层（标准层），将全部梁和与其相关联的柱、墙、板一起采用适当比例绘制。

4.1.3 在梁平法施工图中，尚应按本规则第1.0.8条的规定注明各**结构层的顶面标高及相应的结构层号。**

4.1.4 对于轴线未居中的梁，应标注其偏心定位尺寸（贴柱边的梁可不注）。

4.2 平面注写方式

4.2.1 平面注写方式，系在梁平面布置图上，分别在不同编号的梁中各选一根梁，在其上注写截面尺寸和配筋具体数值的方式来表达梁平法施工图。

平面注写包括**集中标注与原位标注**，集中标注表达梁的通用数值，原位标注表达梁的特殊数值。当集中标注中的某项数值不适用于梁的某部位时，则将该项数值原位标注，**施工时，原位标注取值优先**（如图4.2.1所示）。

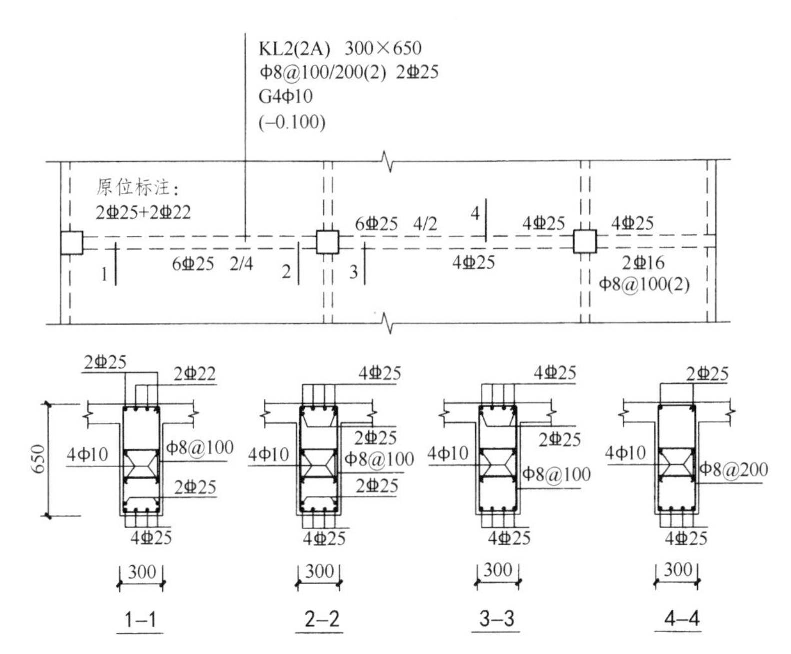

图4.2.1 平面注写方式示例

注：图4.2.1中四个梁截面系采用传统表示方法绘制，用于对比按平面注写方式表达的同样内容。实际采用平面注写方式表达时，不需绘制梁截面配筋图和图4.2.1中的相应截面号。

4.2.2 梁编号由梁类型代号、序号、跨数及有无悬挑代号几项组成，并应符合表4.2.2的规定。

（注：本页虚线框内为16G101-1第26页全文，虚线框起的图文基本为03G101-1中的内容）

表 4.2.2　梁编号

梁类型	代号	序号	跨数及是否带有悬挑
楼层框架梁	KL	××	(××)、(××A) 或 (××B)
楼层框架扁梁	KBL	××	(××)、(××A) 或 (××B)
屋面框架梁	WKL	××	(××)、(××A) 或 (××B)
框支梁	KZL	××	(××)、(××A) 或 (××B)
托柱转换梁	TZL	××	(××)、(××A) 或 (××B)
非框架梁	L	××	(××)、(××A) 或 (××B)
悬挑梁	XL	××	(××)、(××A) 或 (××B)
井字梁	JZL	××	(××)、(××A) 或 (××B)

注：1.（××A）为一端有悬挑，（××B）为两端有悬挑，悬挑不计入跨数。

【例】KL7（5A）表示第 7 号框架梁，5 跨，一端有悬挑；

L9（7B）表示第 9 号非框架梁，7 跨，两端有悬挑。

2. 楼层框架扁梁节点核心区代号 KBH。

3. 本图集中非框架梁 L、井字梁 JZL 表示端支座为铰接；当非框架梁 L、井字梁 JZL 端支座上部纵筋为充分利用钢筋的抗拉强度时，在梁代号后加“g”。

【例】Lg7（5）表示第 7 号非框架梁，5 跨，端支座上部纵筋为充分利用钢筋的抗拉强度。

4.2.3　梁集中标注的内容，有五项必注值及一项选注值（集中标注可以从梁的任意一跨引出），规定如下：

1. 梁编号，见表 4.2.2，该项为必注值。其中，对井字梁编号中关于跨数的规定见第 4.2.7 条。

2. 梁截面尺寸，该项为必注值。

当为等截面梁时，用 $b\times h$ 表示；

当为竖向加腋梁时，用 $b\times h$　$Y c_1\times c_2$ 表示，其中 c_1 为腋长，c_2 为腋高（图 4.2.3-1）；

当为水平加腋梁时，一侧加腋时用 $b\times h$　$PY c_1\times c_2$ 表示，其中 c_1 为腋长，c_2 为腋宽，加腋部位应在平面图中绘制（图 4.2.3-2）；

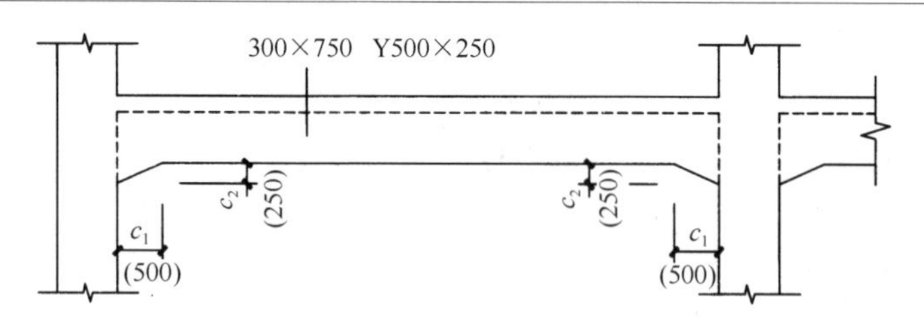

图 4.2.3-1　竖向加腋截面注写示意

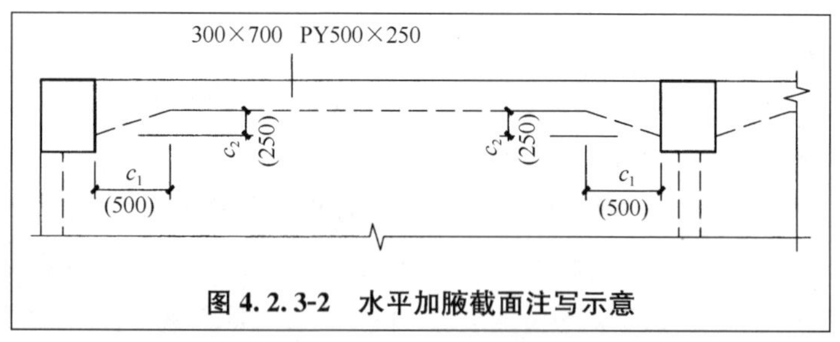

图 4.2.3-2　水平加腋截面注写示意

当有悬挑梁且根部和端部的高度不同时，用斜线分隔根部与端部的高度值，即为 $b\times h_1/h_2$；（图 4.2.3-3）。

（注：本页虚线框内为 16G101-1 第 27 页全文，文中实线框之外的图文基本为 03G101-1 中的内容）

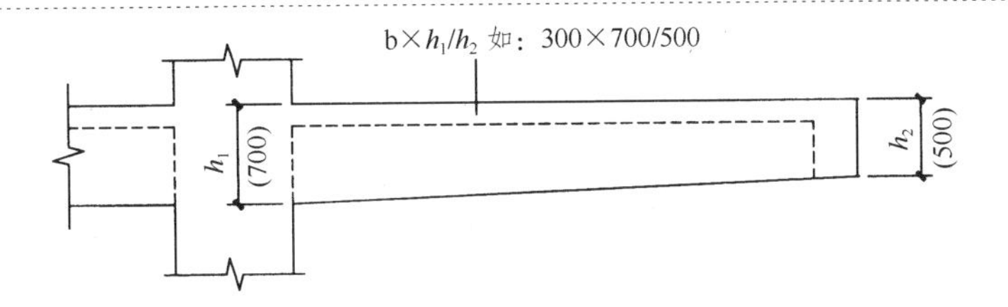

图 4.2.3-3 悬挑梁不等高截面注写示意

3. 梁箍筋，包括钢筋级别、直径、加密区与非加密区间距及肢数，该项为必注值。箍筋加密区与非加密区的不同间距及肢数需用斜线“/”分隔；当梁箍筋为同一种间距及肢数时，则不需用斜线；当加密区与非加密区的箍筋肢数相同时，则将肢数注写一次；箍筋肢数应写在括号内。加密区范围见相应抗震等级的标准构造详图。

【例】Φ10@100/200（4），表示箍筋为 HPB300 钢筋，直径为 10，加密区间距为 100，非加密区间距为 200，均为四肢箍。

Φ8@100（4）/150（2），表示箍筋为 HPB300 钢筋，直径为 8，加密区间距为 100，四肢箍；非加密区间距为 150，两肢箍。

非框架梁、悬挑梁、井字梁采用不同的箍筋间距及肢数时，也用斜线“/”将其分隔开来。注写时，先注写梁支座端部的箍筋（包括箍筋的箍数、钢筋级别、直径、间距与肢数），在斜线后注写梁跨中部分的箍筋间距及肢数。

【例】13Φ10@150/200（4），表示箍筋为 HPB300 钢筋，直径为 10；梁的两端各有 13 个四肢箍，间距为 150；梁跨中部分间距为 200，四肢箍。

18Φ12@150（4）/200（2），表示箍筋为 HPB300 钢筋，直径为 12；梁的两端各有 18 个四肢箍，间距为 150；梁跨中部分，间距为 200，双肢箍。

4. 梁上部通长筋或架立筋配置（通长筋可为相同或不同直径采用搭接连接、机械连接或焊接的钢筋），该项为必注值。所注规格与根数应根据结构受力要求及箍筋肢数等构造要求而定。当同排纵筋中既有通长筋又有架立筋时，应用加号“+”将通长筋和架立筋相联。注写时需将角部纵筋写在加号的前面，架立筋写在加号后面的括号内，以示不同直径及与通长筋的区别。当全部采用架立筋时，则将其写入括号内。

【例】2Φ22 用于双肢箍；2Φ22+（4Φ12）用于六肢箍，其中 2Φ22 为通长筋，4Φ12 为架立筋。

当梁的上部纵筋和下部纵筋为全跨相同，且多数跨配筋相同时，此项可加注下部纵筋的配筋值，用分号“;”将上部与下部纵筋的配筋值分隔开来，少数跨不同者，按本规则第 4.2.1 条的规定处理。

【例】3Φ22；3Φ20 表示梁的上部配置 3Φ22 的通长筋，梁的下部配置 3Φ20 的通长筋。

5. 梁侧面纵向构造钢筋或受扭钢筋配置，该项为必注值。

当梁腹板高度 h_w≥450mm 时，需配置纵向构造钢筋，所注规格与根数应符合规范规定。此项注写值以大写字母 G 打头，接续注写设置在梁两个侧面的总配筋值，且对称配置。

【例】G4φ12，表示梁的两个侧面共配置 4φ12 的纵向构造钢筋，每侧各配置 2φ12。

（注：本页虚线框内为 16G101-1 第 28 页全文，文中实线框之外的图文基本为 03G101-1 中的内容）

当梁侧面需配置受扭纵向钢筋时，此项注写值以大写字母N打头，接续注写配置在梁两个侧面的总配筋值，且对称配置。受扭纵向钢筋应满足梁侧面纵向构造钢筋的间距要求，且不再重复配置纵向构造钢筋。

【例】N6Φ22，表示梁的两个侧面共配置6Φ22的受扭纵向钢筋，每侧各配置3Φ22。

注：1. 当为梁侧面构造钢筋时，其搭接与锚固长度可取为15d。

2. 当为梁侧面受扭纵向钢筋时，其搭接长度为l_l或l_{lE}，锚固长度为l_a或l_{aE}；其锚固方式同框架梁下部纵筋。

6. 梁顶面标高高差，该项为选注值。

梁顶面标高高差，系指相对于结构层楼面标高的高差值，对于位于结构夹层的梁，则指相对于结构夹层楼面标高的高差。有高差时，需将其写入括号内，无高差时不注。

注：当某梁的顶面高于所在结构层的楼面标高时，其标高高差为正值，反之为负值。

【例】某结构标准层的楼面标高分别为44.950m和48.250m，当这两个标准层中某梁的梁顶面标高高差注写为（－0.050）时，即表明该梁顶面标高分别相对于44.950m和48.250m低0.05m。

4.2.4 梁原位标注的内容规定如下：

1. 梁支座上部纵筋，该部位含通长筋在内的所有纵筋：

（1）当上部纵筋多于一排时，用斜线“/”将各排纵筋自上而下分开。

【例】梁支座上部纵筋注写为6Φ25 4/2，则表示上一排纵筋为4Φ25，下一排纵筋为2Φ25。

（2）当同排纵筋有两种直径时，用加号“＋”将两种直径的纵筋相联，注写时将角部纵筋写在前面。

【例】梁支座上部有四根纵筋，2Φ25放在角部，2Φ22放在中部，在梁支座上部应注写为2Φ25＋2Φ22。

（3）当梁中间支座两边的上部纵筋不同时，须在支座两边分别标注；当梁中间支座两边的上部纵筋相同时，可仅在支座的一边标注配筋值，另一边省去不注（图4.2.4-1）。

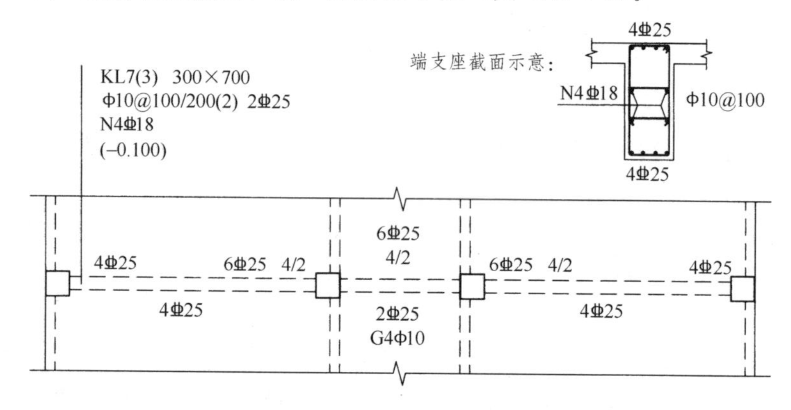

图4.2.4-1 大小跨梁的注写示意

设计时应注意：

Ⅰ. 对于支座两边不同配筋值的上部纵筋，宜尽可能选用相同直径（不同根数），使其贯穿支座，避免支座两边不同直径的上部纵筋均在支座内锚固。

（注：本页虚线框内为16G101-1第29页全文，虚线框内的图文基本为03G101-1中的内容）

Ⅱ. 对于以边柱、角柱为端支座的屋面框架梁，当能够满足配筋截面面积要求时，其梁的上部钢筋应尽可能只配置一层，以避免梁柱纵筋在柱顶处因层数过多、密度过大导致不方便施工和影响混凝土浇筑质量。

2. 梁下部纵筋：

（1）当下部纵筋多于一排时，用斜线“/”将各排纵筋自上而下分开。

【例】梁下部纵筋注写为 6Φ25 2/4，则表示上一排纵筋为 2Φ25，下一排纵筋为 4Φ25，全部伸入支座。

（2）当同排纵筋有两种直径时，用加号“＋”将两种直径的纵筋相联，注写时角筋写在前面。

（3）当梁下部纵筋不全部伸入支座时，将梁支座下部纵筋减少的数量写在括号内。

【例】梁下部纵筋注写为 6Φ25 2（－2）/4，则表示上排纵筋为 2Φ25，且不伸入支座；下一排纵筋为 4Φ25，全部伸入支座。

梁下部纵筋注写为 2Φ25＋3Φ22（－3）/5Φ25，表示上排纵筋为 2Φ25 和 3Φ22，其中 3Φ22 不伸入支座；下一排纵筋为 5Φ25，全部伸入支座。

（4）当梁的集中标注中已按本规则第 4.2.3 条第 4 款的规定分别注写了梁上部和下部均为通长的纵筋值时，则不需在梁下部重复做原位标注。

（5）当梁设置竖向加腋时，加腋部位下部斜纵筋应在支座下部以 Y 打头注写在括号内（图 4.2.4-2），本图集中框架梁竖向加腋构造适用于加腋部位参与框架梁计算，其他情况设计者应另行给出构造。当梁设置水平加腋时，水平加腋内上、下部斜纵筋应在加腋支座上部以 Y 打头注写在括号内，上下部斜纵筋之间用“/”分隔（图 4.2.4-3）。

3. 当在梁上集中标注的内容（即梁截面尺寸、箍筋、上部通长筋或架立筋，梁侧面纵向构造钢筋或受扭纵向钢筋，以及梁顶面标高高差中的某一项或几项数值）不适用于某跨或某悬挑部分时，则将其不同数值原位标注在该跨或该悬挑部位，施工时应按原位标注数值取用。

当在多跨梁的集中标注中已注明加腋，而该梁某跨的根部却不需要加腋时，则应在该跨原位标注等截面的 $b \times h$，以修正集中标注中的加腋信息（图 4.2.4-2）。

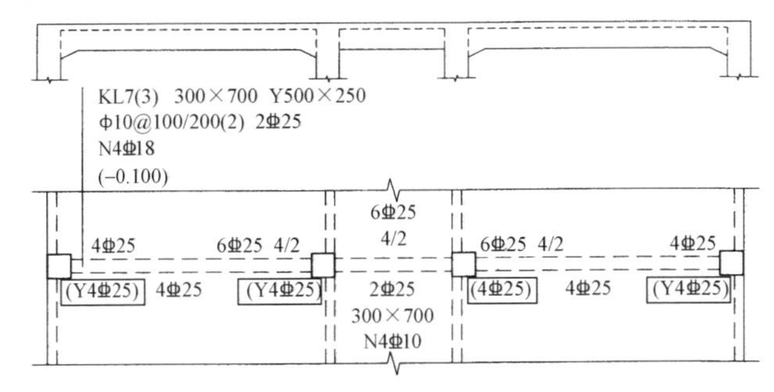

图 4.2.4-2 梁竖向加腋平面注写方式表达示例

（注：本页虚线框内为 16G101-1 第 30 页全文，文中实线框之外的图文基本为 03G101-1 中的内容）

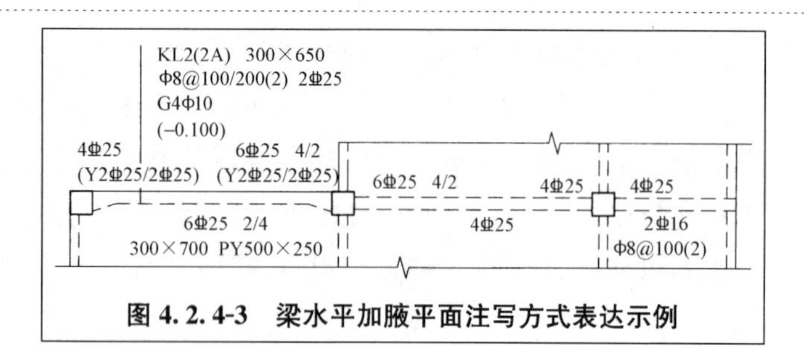

图 4.2.4-3 梁水平加腋平面注写方式表达示例

4. 附加箍筋或吊筋，将其直接画在平面图中的主梁上，用线引注总配筋值（附加箍筋的肢数注在括号内）（图 4.2.4-4）。当多数附加箍筋或吊筋相同时，可在梁平法施工图上统一注明，少数与统一注明值不同时，再原位引注。

施工时应注意：附加箍筋或吊筋的几何尺寸应按照标准构造详图，结合其所在位置的主梁和次梁的截面尺寸而定。

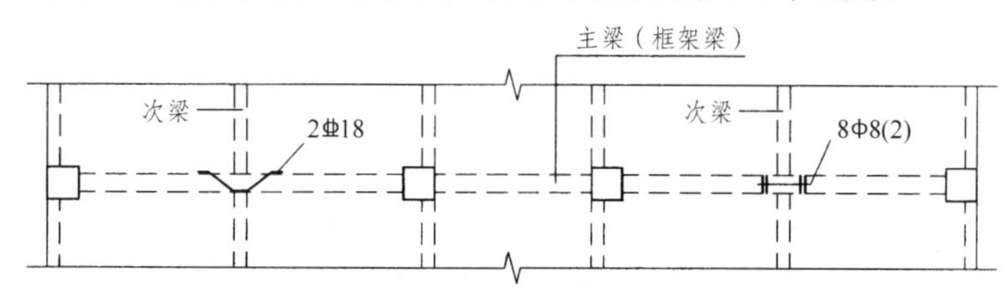

图 4.2.4-4 附加箍筋和吊筋的画法示例

4.2.5 框架扁梁注写规则同框架梁，对于上部纵筋和下部纵筋，尚需注明未穿过柱截面的纵向受力钢筋根数（见图 4.2.5）

【例】10Φ25（4）表示框架扁梁有 4 根纵向受力钢筋未穿过柱截面，柱两侧各 2 根，施工时，应注意采用相应的构造做法。

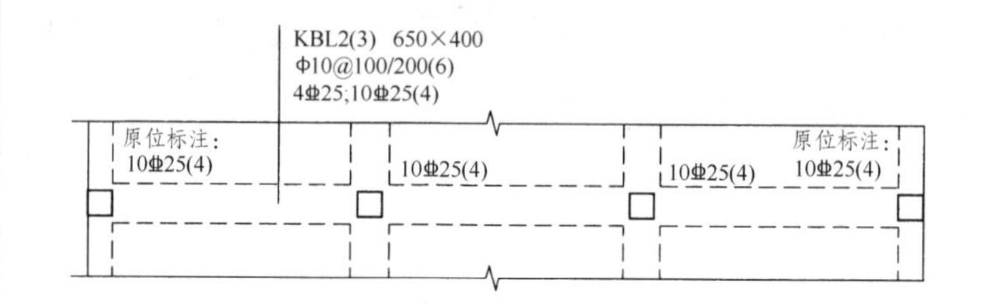

图 4.2.5 平面注写方式示例

4.2.6 框架扁梁节点核心区代号为 KBH，包括柱内核心区和柱外核心区两部分。框架扁梁节点核心区钢筋注写包括柱外核心区竖向拉筋及节点核心区附加纵向钢筋，端支座节点核心区尚需注写附加 U 形箍筋。

柱内核心区箍筋见框架柱箍筋。

柱外核心区竖向拉筋，注写其钢筋级别与直径；端支座柱外核心区尚需注写附加 U 形箍筋的钢筋级别、直径及根数。

框架扁梁节点核心区附加纵向钢筋以大写字母“F 打头，注写其设置方向（X 向或 Y 向）、层数、每层的钢筋根数、钢筋级别、直径及未穿过柱截面的纵向受力钢筋根数。

【例】KBH1Φ10，FX&Y2×7Φ14（4），表示框架扁梁中间支座节点核心区：柱外核心区竖向拉筋Φ10；沿梁 X 向（Y 向）配置两层 7Φ14 附加纵向钢筋，每层有 4 根纵向受力钢筋未穿过柱截面，柱两侧各 2 根；附加纵向钢筋沿梁高度范围均匀布置。见图 4.2.6（a）。

（注：本页虚线框内为 16G101-1 第 31 页全文，文中实线框之外的图文基本为 03G101-1 中的内容）

【例】KBH2 Φ10，4Φ10，FX2×7 Φ14（4），表示框架扁梁端支座节点核心区：柱外核心区竖向拉筋Φ10；附加U形箍筋共4道，柱两侧各2道；沿框架扁梁X向配置两层7 Φ14附加纵向钢筋，有4根纵向受力钢筋未穿过柱截面，柱两侧各2根；附加纵向钢筋沿梁高度范围均匀布置。见图4.2.6（b）。

设计、施工时应注意：

Ⅰ. 柱外核心区竖向拉筋在梁纵向钢筋两向交叉位置均布置，当布置方式与图集要求不一致时，设计应另行绘制详图。

Ⅱ. 框架扁梁端支座节点，柱外核心区设置U形箍筋及竖向拉筋时，在U形箍筋与位于柱外的梁纵向钢筋交叉位置均布置竖向拉筋。当布置方式与图集要求不一致时，设计应另行绘制详图。

Ⅲ. 附加纵向钢筋应与竖向拉筋相互绑扎。

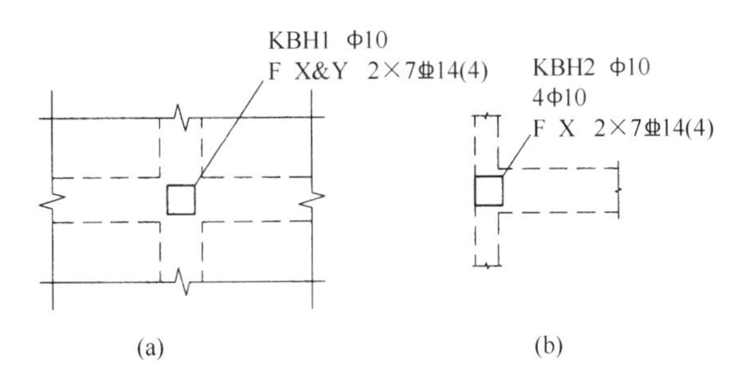

图4.2.6 框架扁梁节点核心区附加钢筋注写示意

4.2.7 井字梁通常由非框架梁构成，并以框架梁为支座（特殊情况下以专门设置的非框架大梁为支座）。在此情况下，为明确区分井字梁与作为井字梁支座的梁，井字梁用单粗虚线表示（当井字梁顶面高出板面时可用单粗实线表示），作为井字梁支座的梁用双细虚线表示（当梁顶面高出板面时可用双细实线表示）。

本图集所规定的井字梁系指在同一矩形平面内相互正交所组成的结构构件，井字梁所分布范围称为**“矩形平面网格区域”**（简称**“网格区域”**）。当在结构平面布置中仅有由四根框架梁框起的一片网格区域时，所有在该区域相互正交的井字梁均为单跨；当有多片网格区域相连时，贯通多片网格区域的井字梁为多跨，且相邻两片网格区域分界处即为该井字梁的中间支座。对某根井字梁编号时，其跨数为其总支座数减1；在该梁的任意两个支座之间，无论有几根同类梁与其相交，均不作为支座（图4.2.7）。

井字梁的注写规则见本节第4.2.1～4.2.4条规定。除此之外，设计者应注明纵横两个方向梁相交处同一层面钢筋的上下交错关系（指梁上部或下部的同层面交错钢筋何梁在上何梁在下），以及在该相交处两方向梁箍筋的布置要求。

（注：本页虚线框内为16G101-1第32页全文，文中实线框之外的文字基本为03G101-1中的内容）

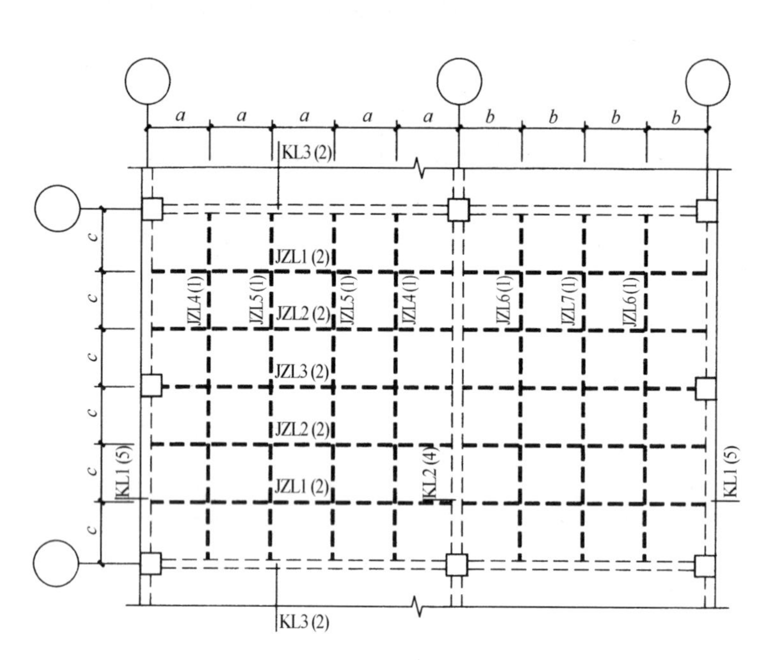

图 4.2.7　井字梁矩形平面网格区域示意

4.2.8　井字梁的端部支座和中间支座上部纵筋的伸出长度 a_0 值，应由设计者在原位加注具体数值予以注明。

当采用平面注写方式时，则在原位标注的支座上部纵筋后面括号内加注具体伸出长度值（图 4.2.8-1）；

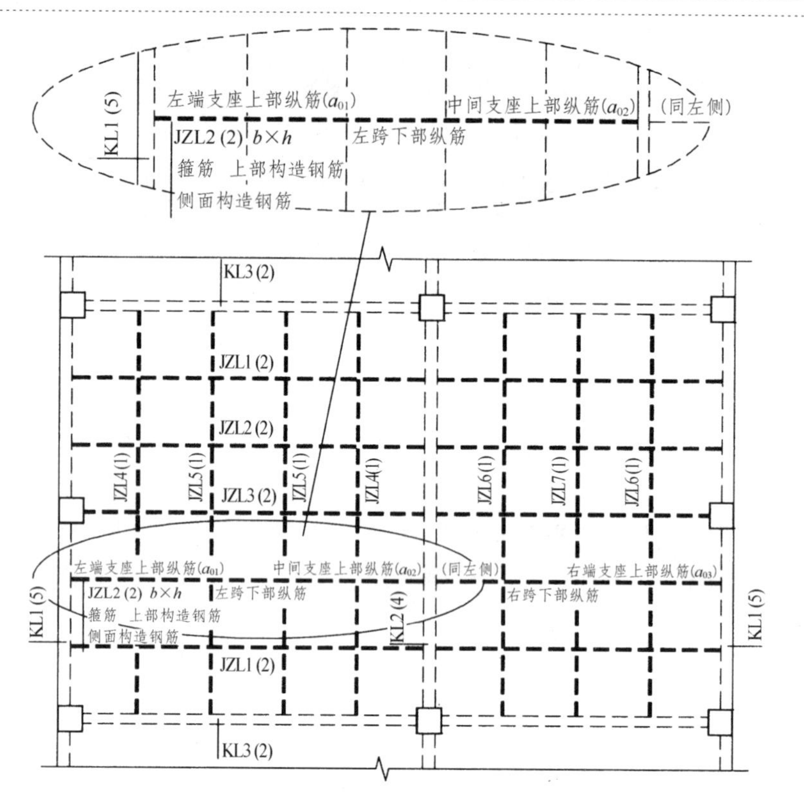

图 4.2.8-1　井字梁平面注写方式示例

注：本图仅示意井字梁的注写方法，未注明截面几何尺寸 $b\times h$，支座上部纵筋伸出长度 $a_{01}\sim a_{03}$，以及纵筋与箍筋的具体数值。

【例】贯通两片网格区域采用平面注写方式的某井字梁，其中间支座上部纵筋注写为 6 ⌀25 4/2（3200/2400），表示该位置上部纵筋设置两排，上一排纵筋为 4 ⌀25，自支座边缘向跨内伸出长度 3200；下一排纵筋为 2 ⌀25，自支座边缘向跨内伸

（注：本页虚线框内为 16G101-1 第 33 页全文，文中实线框之外的图文基本为 03G101-1 中的内容）

出长度为2400。

当为截面注写方式时，则在梁端截面配筋图上注写的上部纵筋后面括号内加注具体伸出长度值（图4.2.8-2）。

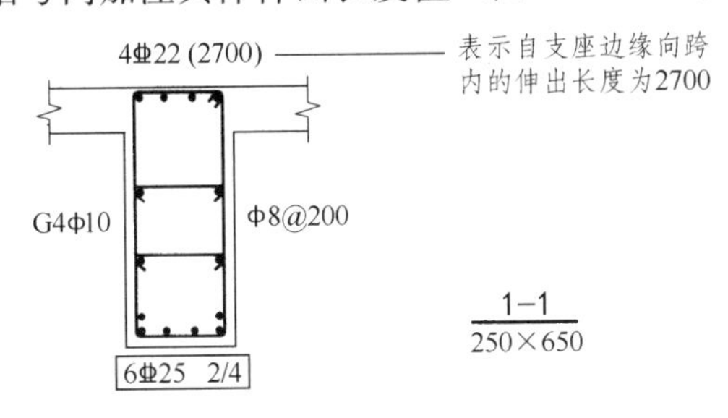

图4.2.8-2 井字梁截面注写方式示例

设计时应注意：

Ⅰ. 当井字梁连续设置在两片或多排**网格区域**时，才具有上面提及的井字梁中间支座。

Ⅱ. 当某根井字梁端支座与其所在**网格区域**之外的非框架梁相连时，该位置上部钢筋的连续布置方式需由设计者注明。

4.2.9 在梁平法施工图中，当局部梁的布置过密时，可将过密区用虚线框出，适当放大比例后再用平面注写方式表示。

4.2.10 采用平面注写方式表达的梁平法施工图示例见本图集第37页图。

4.3 截面注写方式

4.3.1 截面注写方式，系在分标准层绘制的梁平面布置图上，分别在不同编号的梁中各选择一根梁用剖面号引出配筋图，并在其上注写截面尺寸和配筋具体数值的方式来表达梁平法施工图（见本图集第38页图所示）。

4.3.2 对所有梁按本规则表4.2.2的规定进行编号，从相同编号的梁中选择一根梁，先将“单边截面号”画在该梁上，再将截面配筋详图画在本图或其他图上。当某梁的顶面标高与结构层的楼面标高不同时，尚应继其梁编号后注写梁顶面标高高差（注写规定与平面注写方式相同）。

4.3.3 在截面配筋详图上注写截面尺寸 $b \times h$、上部筋、下部筋、侧面构造筋或受扭筋以及箍筋的具体数值时，其表达形式与平面注写方式相同。

4.3.4 对于框架扁梁尚需在截面详图上注写未穿过柱截面的纵向受力筋根数。对于框架扁梁节点核心区附加钢筋，需采用平、剖面图表达节点核心区附加纵向钢筋、柱外核心区全部竖向拉筋以及端支座附加U型箍筋，注写其具体数值。

4.3.5 截面注写方式既可以单独使用，也可与平面注写方式结合使用。

注：在梁平法施工图的平面图中，当局部区域的梁布置过密时，除了采用截面注写方式表达外，也可采用本规则第4.2.9条的措施来表达。当表达异形截面梁的尺寸与配筋时，用截面注写方式相对比较方便。

（注：本页虚线框内为16G101-1第34页全文，文中实线框之外的图文基本为03G101-1中的内容）

4.3.6 采用截面注写方式表达的梁平法施工图示例见本图集第 38 页图。

4.4 梁支座上部纵筋的长度规定

4.4.1 为方便施工，凡框架梁的所有支座和非框架梁（不包括井字梁）的中间支座上部纵筋的伸出长度 a_0 值在标准构造详图中统一取值为：第一排非通长筋及与跨中直径不同的通长筋从柱（梁）边起伸出至 $l_n/3$ 位置；第二排非通长筋伸出至 $l_n/4$ 位置。l_n 的取值规定为：对于端支座，l_n 为本跨的净跨值；对于中间支座，l_n 为支座两边较大一跨的净跨值。

4.4.2 悬挑梁（包括其他类型梁的悬挑部分）上部第一排纵筋伸出至梁端头并下弯，第二排伸出至 $3l/4$ 位置，l 为自柱（梁）边算起的悬挑净长。当具体工程需要将悬挑梁中的部分上部钢筋从悬挑梁根部开始斜向弯下时，应由设计者另加注明。

4.4.3 设计者在执行第 4.4.1、4.4.2 条关于梁支座端上部纵筋伸出长度的统一取值规定时，特别是在大小跨相邻和端跨外为长悬臂的情况下，还应注意按《混凝土结构设计规范》（2015 版）GB 50010—2010 的相关规定进行校核，若不满足时应根据规范规定进行变更。

4.5 不伸入支座的梁下部纵筋长度规定

4.5.1 当梁（不包括框支梁）下部纵筋不全部伸入支座时，不伸入支座的梁下部纵筋截断点距支座边的距离，在标准构造详图中统一取为 $0.1l_{ni}$（l_{ni} 为本跨梁的净跨值）。

4.5.2 当按第 4.5.1 条规定确定不伸入支座的梁下部纵筋的数量时，应符合《混凝土结构设计规范》（2015 版）GB 50010—2010 的有关规定。

4.6 其他

4.6.1 非框架梁、井字梁的上部纵向钢筋在端支座的锚固要求，本图集标准构造详图中规定：当设计按铰接时（代号 L、JZL），平直段伸至端支座对边后弯折，且平直段长度≥$0.35l_{ab}$，弯折段投影长度 $15d$（d 为纵向钢筋直径）；当充分利用钢筋的抗拉强度时（代号 Lg、JZLg），直段伸至端支座对边后弯折，且平直段长度≥$0.6l_{ab}$，弯折段投影长度 $15d$。

4.6.2 非框架梁的下部纵向钢筋在中间支座和端支座的锚固长度：在本图集的构造详图中规定对于带肋钢筋为 $12d$；对于光面钢筋为 $15d$（d 为纵向钢筋直径）；端支座直锚长度不足时，可采取弯钩锚固形式措施；当计算中需要充分利用下部纵向钢筋的抗压强度或抗拉强度，或具体工程有特殊要求时，其锚固长度应由设计者按照《混凝土结构设计规范》（2015 版）GB 50010—2010 的相关规定进行变更。

（注：本页虚线框内为 16G101-1 第 35 页全文，文中实线框之外的文字基本为 03G101-1 中的内容）

4.6.3　当非框架梁配有受扭纵向钢筋时，梁纵筋锚入支座的长度为 l_a，在端支座直锚长度不足时可伸至端支座对边后弯折，且平直段长度≥0.6l_{ab}，弯折段投影长度 15d。设计者应在图中注明。

4.6.4　当梁纵筋兼做温度应力钢筋时，其锚入支座的长度由设计确定。

4.6.5　当两楼层之间设有层间梁时（如结构夹层位置处的梁），应将设置该部分梁的区域划出另行绘制梁结构布置图，然后在其上表达梁平法施工图。

（注：本页虚线框内为 16G101-1 第 36 页全文，文中实线框之外的文字基本为 03G101-1 中的内容）

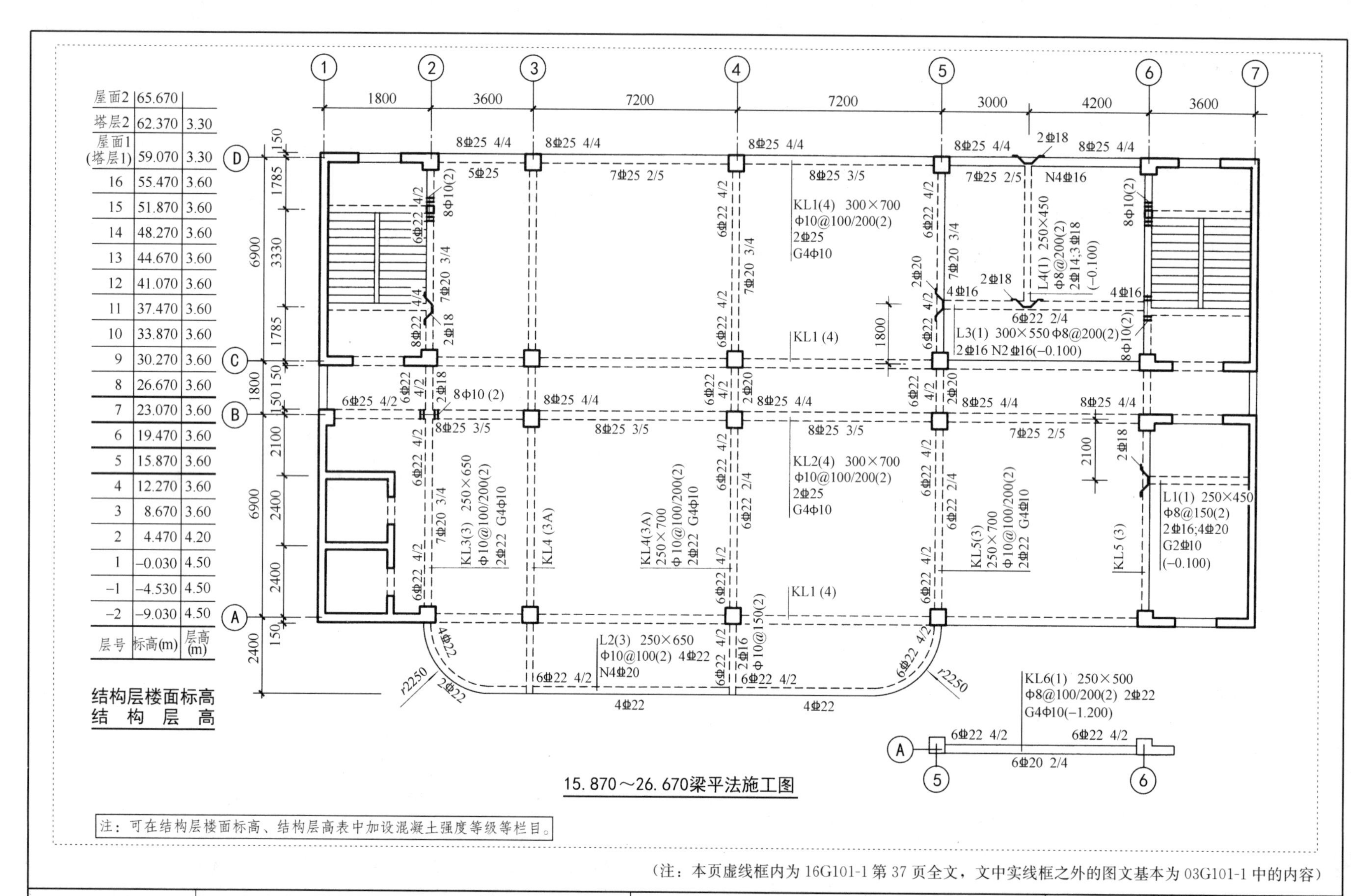

屋面2	65.670	
塔层2	62.370	3.30
屋面1 (塔层1)	59.070	3.30
16	55.470	3.60
15	51.870	3.60
14	48.270	3.60
13	44.670	3.60
12	41.070	3.60
11	37.470	3.60
10	33.870	3.60
9	30.270	3.60
8	26.670	3.60
7	23.070	3.60
6	19.470	3.60
5	15.870	3.60
4	12.270	3.60
3	8.670	3.60
2	4.470	4.20
1	−0.030	4.50
−1	−4.530	4.50
−2	−9.030	4.50
层号	标高(m)	层高(m)

结构层楼面标高
结构层高

（注：本页虚线框内为16G101-1第37页全文，文中实线框之外的图文基本为03G101-1中的内容）

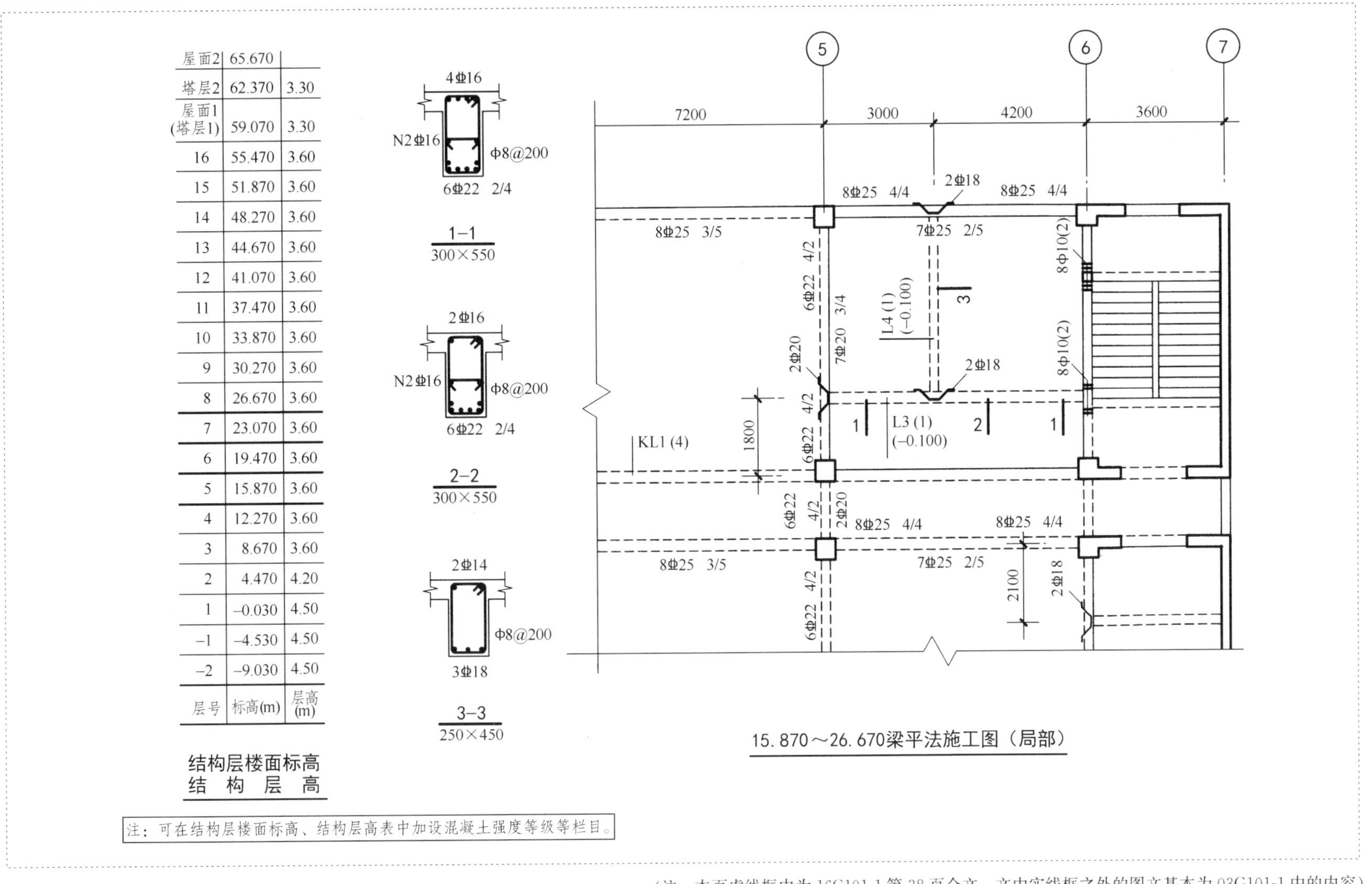

层号	标高(m)	层高(m)
屋面2	65.670	
塔层2	62.370	3.30
屋面1 (塔层1)	59.070	3.30
16	55.470	3.60
15	51.870	3.60
14	48.270	3.60
13	44.670	3.60
12	41.070	3.60
11	37.470	3.60
10	33.870	3.60
9	30.270	3.60
8	26.670	3.60
7	23.070	3.60
6	19.470	3.60
5	15.870	3.60
4	12.270	3.60
3	8.670	3.60
2	4.470	4.20
1	−0.030	4.50
−1	−4.530	4.50
−2	−9.030	4.50

结构层楼面标高
结 构 层 高

15.870～26.670梁平法施工图（局部）

注：可在结构层楼面标高、结构层高表中加设混凝土强度等级等栏目。

（注：本页虚线框内为16G101-1第38页全文，文中实线框之外的图文基本为03G101-1中的内容）

梁平法施工图制图规则解评

梁平法施工图制图规则解评内容包括两类，一类与16G101-1中的03G101-1原创图文相关，另一类与16G101-1新增或改动的部分内容相关。

解评中将16G101-1图文置于虚线框内并将其改动的部分内容用实线框框起，以示区别。

【解评4.1】关于梁编号问题

表4.2.2 梁编号

梁类型	代号	序号	跨数及是否带有悬挑
楼层框架梁	KL	××	(××)、(××A) 或 (××B)
楼层框架扁梁	KBL	××	(××)、(××A) 或 (××B)
屋面框架梁	WKL	××	(××)、(××A) 或 (××B)
框支梁	KZL	××	(××)、(××A) 或 (××B)
托柱转换梁	TZL	××	(××)、(××A) 或 (××B)
非框架梁	L	××	(××)、(××A) 或 (××B)
悬挑梁	XL	××	(××)、(××A) 或 (××B)
井字梁	JZL	××	(××)、(××A) 或 (××B)

16G101-1增添了楼层框架扁梁编号KBL。

梁编号是平法制图规则系统中的重要组成部分，其中梁代号更有将平法施工图与相应构造详图准确连接的特定功能。在制定构件代号时，平法遵循的原则为：

1. 功能原则；
2. 性能原则；
3. 逻辑原则；
4. 信息不重复原则。

梁有多种类型。以框架梁为例，从空间位置上看，有楼层框架梁、屋面框架梁、层间框架梁等；从平面外形上看，有直形框架梁、弧形框架梁等；从截面形状看，有高大于宽矩形截面、宽大于高矩形截面、正梯形截面、倒梯形截面、变截面等，且各种截面的梁支承楼板的方式又有高板位支承、中板位支承、低板位支承三种，在这三种支承板位又分双侧有板、单侧有板两种，双侧有板截面又有两侧相同与不同板位的9种组合。显然，如果不进行科学整合，仅梁代号一项，就会成为一套繁琐复杂的代号系统。

根据信息不重复原则，只要在注写中有相应信息，就不另行赋予不同代号，例如：

1. 因楼板有自身板面标高定位，无论支承在梁身何位置，并不影响梁核心配筋形式，故梁代号不必考虑其所支承楼板的板位因素；
2. 在梁标注中规定选择性标注梁顶面相对标高高差，故梁代号不必考虑其空间位置在楼层还是层间；

3. 梁集中注写里已有必注值 $b\times h$，$b\times h_1/h_2$ 等，故梁代号不必考虑其为高大于宽截面还是宽大于高截面以及是否为变截面；

4. 在梁平法施工图中必然绘制平面布置图，在平面布置图上已经用图形语言非常直观地表达梁的平面外形是直形还是弧形，故梁代号不必考虑梁的平面形状；

于是，平法将不同要素排列组合生成的如此多种框架梁，仅赋予 KL 一个代号，简明到极致。此外，本来框架梁在楼层还是在屋面已经由梁顶面标高确定了，但 03G101-1 考虑到屋面框架梁端支座构造方式与楼层框架梁不同，便又多设了 WKL 代号。现在看来，仅因端节点构造不同便多设 WKL 代号，实践证明并无必要；其一，屋面位置的框架梁端节点有相应构造详图，施工不会搞错；其二，房屋一侧部分为屋面而其他部位仍有楼层，标注 WKL 代号梁的一端在屋面而另一端不在屋面时，不在屋面一端显然应采用楼层梁端节点构造，本来清晰的定义因标注了 WKL 反而给施工带来困惑。

以上论述证明，由于梁注写中的 $b\times h$ 已明确表达其截面几何形状，16G101-1 增设宽扁梁代号 KBL 并无必要，且既然设 KBL，亦应设屋面宽扁梁代号却未设，顾此失彼。

设置“托柱转换梁 TZL”的做法也存在问题。结构转换层在结构体系中具有特殊性，在 96G101 和 03G101-1 中主要考虑量大面广的构件及相应构造，其中梁上起柱是局部性的普通梁上起柱，不适用于整层的转换层。

转换结构属特殊结构，如梁板转换、空间桁架转换、蜂窝结构转换、核心筒结构外围转换、结合避难层转换等。平法对转换结构已作了十几年研究，并将其列入平法创作规划，拟专题解决转换结构设计规则和各类转换构件的构造问题。由于 16G101-1 与平法研究没有关联，不了解平法体系的研究进程，设置“托柱转换梁 TZL”用于简单且应用面很窄的梁板转换，错误地在普遍性中混入了特殊性，实践证明其无益于解决难度较高的复杂转换层设计与构造问题。

【解评 4.2】16G101-1 表 4.2.2 的注中存在的问题。

注：1.（××A）为一端有悬挑，（××B）为两端有悬挑，悬挑不计入跨数。

【例】KL7（5A）表示第 7 号框架梁，5 跨，一端有悬挑；

L9（7B）表示第 9 号非框架梁，7 跨，两端有悬挑。

2. 楼层框架扁梁节点核心区代号 KBH。

3. 本图集中非框架梁 L、井字梁 JZL 表示端支座为铰接；当非框架梁 L、井字梁 JZL 端支座上部纵筋为充分利用钢筋的抗拉强度时，在梁代号后加“g”。

【例】Lg7（5）表示第 7 号非框架梁，5 跨，端支座上部纵筋为充分利用钢筋的抗拉强度。

表后注中增加的注2为楼层框架扁梁节点核心区代号KBH所

带来的问题，其一，节点专设代号不应在小注中首先表述；其二，若需专设节点核心区代号，那么所有类型的框架梁均应当设置，否则违反逻辑基本规律之一的同一律；其三，诸如此类随意设置代号的后果，将导致代号体系趋于繁杂。

表后增加注 3 所指的非框架梁 L、井字梁 JZL 端支座上部所谓“充分利用钢筋的抗拉强度”构造，其定义、概念均存在问题，具有负面误导性。研究证明，若使非框架梁的端支座上部纵筋实现极限抗拉强度（即所谓的“充分利用钢筋的抗拉强度”），决定因素不是非框架梁或井字梁本身配筋如何锚固，而是要求支承非框架梁或井字梁的主梁具有巨大的抗侧扭刚度。其抗侧扭刚度应不小于框架柱支承框架梁的刚度，才可能使其支承的非框架梁或井字梁端支座上部纵筋像框架梁端支座上部纵筋一样发挥极限抗拉强度，否则，非框架梁或井字梁端支座只能做到铰接即半刚接。

若使支承非框架梁或井字梁的主梁的抗侧扭刚度，达到不小于框架柱支承框架梁的刚度水平，主梁的截面需要数平方米，如此巨大截面的梁在巨大体量的水工结构、地铁隧道结构中存在，在房屋建筑结构的主体结构中不存在。

G101-1 系列平法图集的构造范围，为房屋建筑结构的主体结构，不包括涉及水工结构或地铁隧道结构的巨型梁设计规则和构造详图。

所谓“充分利用钢筋的抗拉强度”，在国家设计规范和研究资料中均查不到依据。我国规范的最高设计原则为“极限强度设计原则”，在此原则下设计配置受力钢筋（不包括构造配置的钢筋）采用其极限强度（即屈服强度），故“充分利用”为模糊概念。

【解评 4.3】16G101-1 增添的 4.3.4 条规定，出于传统设计思路，完全不符合平法基本原理。

> 4.3.4 对于框架扁梁尚需在截面详图上注写未穿过柱截面的纵向受力筋根数。对于框架扁梁节点核心区附加钢筋，需采用平、剖面图表达节点核心区附加纵向钢筋、柱外核心区全部竖向拉筋以及端支座附加 U 型箍筋，注写其具体数值。

在平法基本原理中，对平法结构施工图设计所表达的内容和通用构造详图所表达的内容，有明确的原则：

原则一：平法结构施工图仅表达具体工程的设计者对设计付出的创造性劳动所完成的设计内容，但不包括重复性的构造详图。其根据，因设计者所采用的计算手段，仅能计算出构件杆端和本体的内力和变形，并根据内力与变形完成构件的本体配筋，但计算不出节点内的内力。传统设计方法由设计者既完成构件本体设计又完成构件节点设计，导致设计中存在大量重复，设计效率低，成本高，且难以控制设计质量。

原则二：对构件本体构造和构件节点构造，采用集成化方式编制为通用构造详图，将其与不包括构造设计的平法结构施工图相互配合，共同构成完整的结构设计。

16G101-1 增添的 4.3.4 条，要求设计者做宽扁梁的详细构造，应归平法通用构造详图来解决的构造内容，却指定由具体工程的设计者解决，系完全出于传统设计的“单构件正投影表示方法”，与平法“数字化、符号化，并配置系统通用构造”的基本原理不符，两种不同方法不宜混用。

【解评 4.4】16G101-1 增添的 4.6.1 条，又重复用文字叙述房屋结构中不存在的构造。

> 4.6.1 非框架梁、井字梁的上部纵向钢筋在端支座的锚固要求，本图集标准构造详图中规定：当设计按铰接时（代号 L、JZL），平直段伸至端支座对边后弯折，且平直段长度≥$0.35l_{ab}$，弯折段投影长度 $15d$（d 为纵向钢筋直径）；当充分利用钢筋的抗拉强度时（代号 L_g、JZL_g），直段伸至端支座对边后弯折，且平直段长度≥$0.6l_{ab}$，弯折段投影长度 $15d$。

在【解评 4.2】中，已分析了 16G101-1 增添的非框架梁 L、井字梁 JZL 端支座上部所谓“充分利用钢筋的抗拉强度”构造同样不具有合理性。

此种规定会导致设计者盲目地加大非框架梁或井字梁端上部受拉纵筋，来抵抗并不存在的支座端高值负弯矩。由于梁两端上部的最大负弯矩绝对值的平均值所对应的梁下部跨中最大正弯矩之和为定值，所以，不存在的梁端支座高值负弯矩将减小梁下部跨中正弯矩，相应的抗正弯矩配筋亦相应减少。由于梁端支座的高值负弯矩并不存在，相应减小梁下部跨中正弯矩将影响正弯矩配筋，造成跨中正弯矩配筋不足的设计错误。

在房屋结构中，对非框架梁和井字梁端部按铰接计算并考虑其半刚性配置构造钢筋，是我国规范和美国、欧洲规范基本一致的规定，且在半个多世纪的设计和施工实践中从未发生问题。16G101-1 要求按所谓“充分利用钢筋的抗拉强度”的构造规定，上部纵筋的弯锚水平段长度要求达到 $0.6l_{ab}$，但在房屋结构中的主梁宽度通常为 250mm～350mm，仅有少数情况为大于或等于 400mm（远小于水工结构或地铁结构通常超过 800mm 的巨梁宽度），超过 9 成以上的情况无法满足 $0.6l_{ab}$ 的水平段锚固长度要求。

此外，框架梁上部纵筋刚性弯折锚入框架柱要求水平段锚固长度为 $0.4l_{ab}$，一个次梁端部却要求水平段锚固长度 $0.6l_{ab}$，本来半刚性支座锚固却比刚性支座锚固的水平段长度长出 50%，完全没有科学依据。

要求水平段锚固长度$0.6l_{ab}$的锚固方式，适用于地铁巨梁支承的次梁。因其承受火车动荷载，锚固长度需乘放大系数，而在房屋结构中并不适用。

【解评 4.5】16G101-1 增添的 4.6.2 条关于非框架梁下部纵筋的锚固，当直锚深度不足时要求采取弯钩锚固的规定有误。

> 4.6.2 非框架梁的下部纵向钢筋在中间支座和端支座的锚固长度：在本图集的构造详图中规定对于带肋钢筋为 $12d$；对于光面钢筋为 $15d$（d 为纵向钢筋直径）；端支座直锚长度不足时，可采取弯钩锚固形式措施；当计算中需要充分利用下

在钢筋混凝土构造中，整体刚度优于与其关联的局部刚度，即整体刚度为局部刚度的必要条件而非充分条件。当整体刚度满足时，关联的局部刚度自然满足；但当局部刚度满足时，却不一定满足关联的整体刚度。

主梁支承次梁，主梁截面的整体刚度（几何尺寸）必须满足支承次梁的要求。根据整体刚度为局部刚度的必要条件可知，当主梁整体刚度已经满足支承次梁要求，且当次梁下部纵筋锚入主梁达极限深度即伸至主梁另一侧面减去纵筋保护层的位置时，即可满足次梁下部纵筋锚入主梁的构造要求。此时，将出现两个问题：

问题一：次梁下部纵筋伸入主梁支座的目的，是满足“销栓力”构造，该构造规定锚固长度为 $12d$（d 为纵筋直径）；当主梁宽度为 250mm 且次梁纵筋直径不大于 20mm 时，能够满足锚固长度 $12d$，但若次梁纵筋直径大于 20mm，则不能满足。由此产生的悖论是，主梁整体刚度既然已满足支承次梁整体，当次梁下部纵筋已贯通主梁梁宽伸至极限位置，是否会因不满足 $12d$ 的“销栓”长度而造成锚固失效？答案是否定的，因主梁支承次梁的整体状态没有失效，与其关联的销栓力亦不会失效。

问题二：按 16G101-1 增添的 4.6.2 条说法，“端支座直锚长度不足时，可采取弯钩锚固形式”（“形式措施”语意不通故省略“措施”二字），弯钩锚固对否？答案是否定的，因次梁下部纵筋锚入主梁，是满足销栓要求，而只有直段钢筋有销栓作用，弯折后的弯钩段没有作用。更应注意的是，由于弯钩段对销栓不起作用，当直段不足 $12d$ 时进行弯钩，弯折钢筋不可能以 90°直角弯折必须满足钢筋弯折半径，这样一来，钢筋锚固的直段长度又打了相当折扣，销栓效果反而不如平直伸至极限深度后截断好。

上述分析得出的结论是，次梁下部纵筋应“直线锚入支座 $12d$ 且不超过主梁宽度减 c（c 为主梁保护层厚度）”；倘若将锚固钢筋弯钩，非但于事无补，反而削弱了销栓效应，劣化了销栓功能。

第五部分

有梁楼盖板、无梁楼盖板、楼板相关构造平法施工图制图规则疑难问题解评

5 有梁楼盖平法施工图制图规则

有梁楼盖的制图规则适用于以梁为支座的楼面与屋面板平法施工图设计。

5.1 有梁楼盖平法施工图的表示方法

5.1.1 有梁楼盖平法施工图，系在楼面板和屋面板布置图上，采用平面注写的表达方式。板平面注写主要包括**板块集中标注和板支座原位标注。**

5.1.2 为方便设计表达和施工识图，规定结构平面的坐标方向为：

1. 当两向轴网正交布置时，图面从左至右为 X 向，从下至上为 Y 向；

2. 当轴网转折时，局部坐标方向顺轴网转折角度做相应转折；

3. 当轴网向心布置时，切向为 X 向，径向为 Y 向。

此外，对于平面布置比较复杂的区域，如轴网转折交界区域、向心布置的核心区域等，其平面坐标方向应由设计者另行规定并在图上明确表示。

5.2 板块集中标注

5.2.1 板块集中标注的内容为：**板块编号，板厚，上部贯通纵筋，下部纵筋，以及当板面标高不同时的标高高差。**

对于普通楼面，两向均以一跨为一板块；对于密肋楼盖，两向主梁（框架梁）均以一跨为一板块（非主梁密肋不计）。所有板块应逐一编号，相同编号的板块可择其一做集中标注，其他仅注写置于圆圈内的板编号，以及当板面标高不同时的标高高差。

板块编号按表 5.2.1 的规定。

表 5.2.1 板块编号

板类型	代号	序号
楼面板	LB	××
屋面板	WB	××
悬挑板	XB	××

板厚注写为 h=×××（为垂直于板面的厚度）；当悬挑板的端部改变截面厚度时，用斜线分隔根部与端部的高度值，注写为 h=×××/×××；当设计已在图注中统一注明板厚时，此项可不注。

纵筋按板块的下部纵筋和上部贯通纵筋分别注写（当板块上部不设贯通纵筋时则不注），并以 B 代表下部纵筋，以 T 代表上部贯通纵筋，B&T 代表下部与上部；X 向纵筋以 X 打头，Y 向纵筋以 Y 打头，两向纵筋配置相同时则以 X&Y 打头。

当为单向板时，分布筋可不必注写，而在图中统一注明。

（注：本页虚线框内为 16G101-1 第 39 页全文，文中实线框之外的文字基本为 04G101-4 中的内容）

当在某些板内（例如在悬挑板 XB 的下部）配置有构造钢筋时，则 X 向以 Xc，Y 向以 Yc 打头注写。

当 Y 向采用放射配筋时（切向为 X 向，径向为 Y 向），设计者应注明配筋间距的定位尺寸。

当纵筋采用两种规格钢筋“隔一布一”方式时，表达为 Φ xx/yy@×××，表示直径为 xx 的钢筋和直径为 yy 的钢筋二者之间间距为×××，直径 xx 的钢筋的间距为×××的 2 倍，直径 yy 的钢筋的间距为×××的 2 倍。

板面标高高差，系指相对于结构层楼面标高的高差，应将其注写在括号内，且有高差则注，无高差不注。

【例】有一楼面板块注写为：LB5　h=110

B：XΦ12@120；YΦ10@110

表示 5 号楼面板，板厚 110，板下部配置的纵筋 X 向为Φ12@120，Y 向为Φ10@110；板上部未配置贯通纵筋。

【例】有一楼面板块注写为：LB5　h=110

B：XΦ10/12@100；YΦ10@110

表示 5 号楼面板，板厚 110，板下部配置的纵筋 X 向为Φ10、Φ12 隔一布一，Φ10 与Φ12 之间间距为 100；Y 向为Φ10@110；板上部未配置贯通纵筋。

【例】有一悬挑板注写为：XB2　h=150/100

B：Xc&YcΦ8@200

表示 2 号悬挑板，板根部厚 150，端部厚 100，板下部配置构造钢筋双向均为Φ8@200（上部受力钢筋见板支座原位标注）。

5.2.2　同一编号板块的类型、板厚和纵筋均应相同，但板面标高、跨度、平面形状以及板支座上部非贯通纵筋可以不同，如同一编号板块的平面形状可为矩形、多边形及其他形状等。施工预算时，应根据其实际平面形状，分别计算各块板的混凝土与钢材用量。

设计与施工应注意：单向或双向连续板的中间支座上部同向贯通纵筋，不应在支座位置连接或分别锚固。当相邻两跨的板上部贯通纵筋配置相同，且跨中部位有足够空间连接时，可在两跨任意一跨的跨中连接部位连接；当相邻两跨的上部贯通纵筋配置不同时，应将配置较大者越过其标注的跨数终点或起点伸至相邻跨的跨中连接区域连接。

设计应注意板中间支座两侧上部纵筋的协调配置，施工及预算应按具体设计和相应标准构造要求实施。等跨与不等跨板上部纵筋的连接有特殊要求时，其连接部位及方式应由设计者注明。对于梁板式转换层楼板，板下部纵筋在支座内的锚固长度不应小于 l_a。

当悬挑板需要考虑竖向地震作用时，下部纵筋伸入支座内长度不应小于 l_{aE}。

5.3　板支座原位标注

5.3.1　板支座原位标注的内容为：板支座上部非贯通纵筋和

（注：本页虚线框内为 16G101-1 第 40 页全文，文中实线框之外的文字基本为 04G101-4 中的内容）

悬挑板上部受力钢筋。

板支座原位标注的钢筋，应在配置相同跨的第一跨表达（当在梁悬挑部位单独配置时则在原位表达）。在配置相同跨的第一跨（或梁悬挑部位），垂直于板支座（梁或墙）绘制一段适宜长度的中粗实线（当该筋通长设置在悬挑板或短跨板上部时，实线段应画至对边或贯通短跨），以该线段代表支座上部非贯通纵筋，并在线段上方注写钢筋编号（如①、②等）、配筋值、横向连续布置的跨数（注写在括号内，且当为一跨时可不注），以及是否横向布置到梁的悬挑端。

【例】（××）为横向布置的跨数，（××A）为横向布置的跨数及一端的悬挑梁部位，（××B）为横向布置的跨数及两端的悬挑梁部位。

板支座上部非贯通筋自支座中线向跨内的伸出长度，注写在线段的下方位置。

当中间支座上部非贯通纵筋向支座两侧对称伸出时，可仅在支座一侧线段下方标注伸出长度，另一侧不注，见图5.3.1-1。

当向支座两侧非对称伸出时，应分别在支座两侧线段下方注写伸出长度，见图5.3.1-2。

对线段画至对边贯通全跨或贯通全悬挑长度的上部通长纵筋，贯通全跨或伸出至全悬挑一侧的长度值不注，只注明非贯通筋另一侧的伸出长度值，见图5.3.1-3。

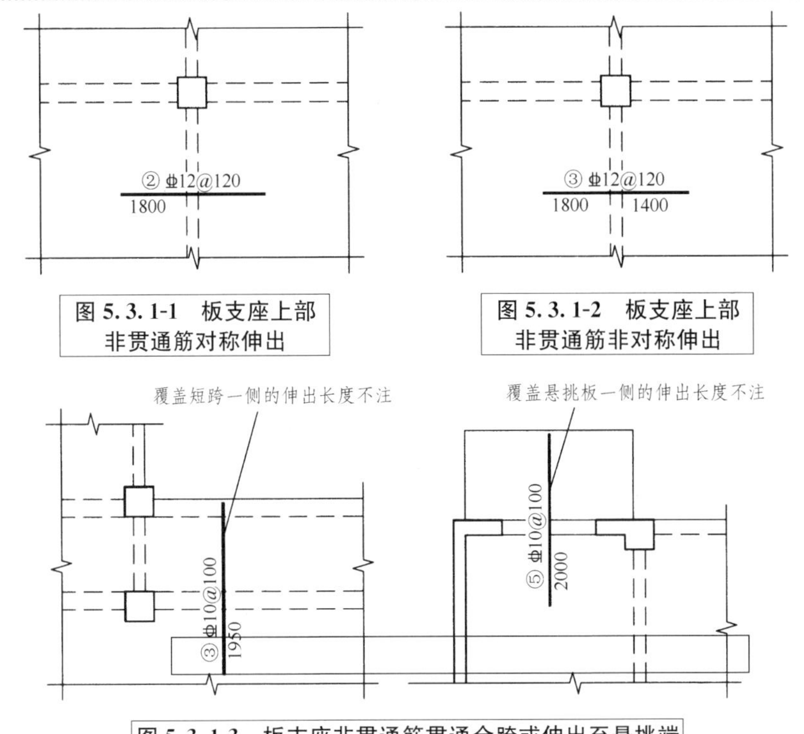

图5.3.1-1　板支座上部非贯通筋对称伸出

图5.3.1-2　板支座上部非贯通筋非对称伸出

图5.3.1-3　板支座非贯通筋贯通全跨或伸出至悬挑端

当板支座为弧形，支座上部非贯通纵筋呈放射状分布时，设计者应注明配筋间距的度量位置并加注“放射分布”四字，必要时应补绘平面配筋图，见图5.3.1-4。

关于悬挑板的注写方式见图5.3.1-5。当悬挑板端部厚度不小于150时，设计者应指定板端部封边构造方式（见本图集

（注：本页虚线框内为16G101-1第41页全文，文中实线框之外的文字基本为04G101-4中的内容）

第 103 页“无支承板端部封边构造”），当采用 U 形钢筋封边时，尚应指定 U 形钢筋的规格、直径。

此外，悬挑板的悬挑阳角、阴角上部放射钢筋的表示方法，详见本规则第 7.2.9 条、第 7.2.10 条。

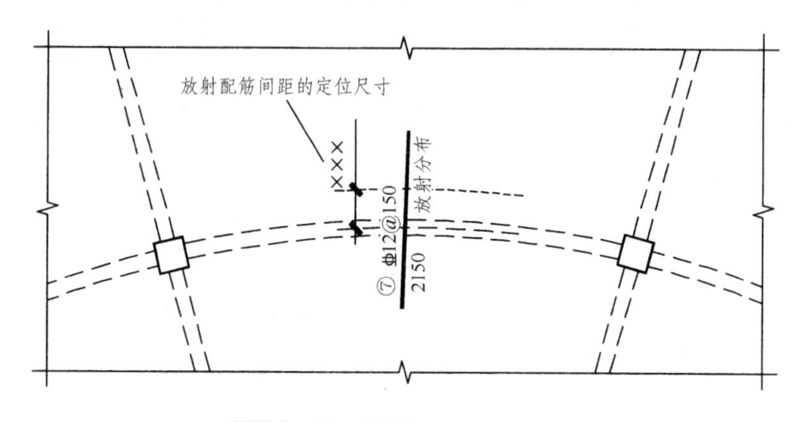

图 5.3.1-4　弧形支座处放射配筋

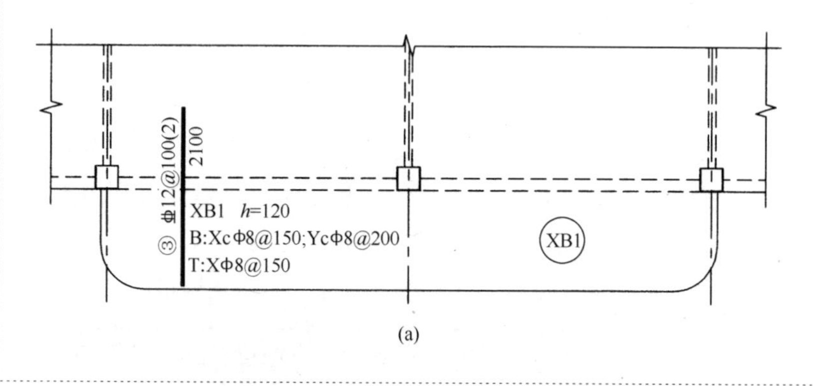

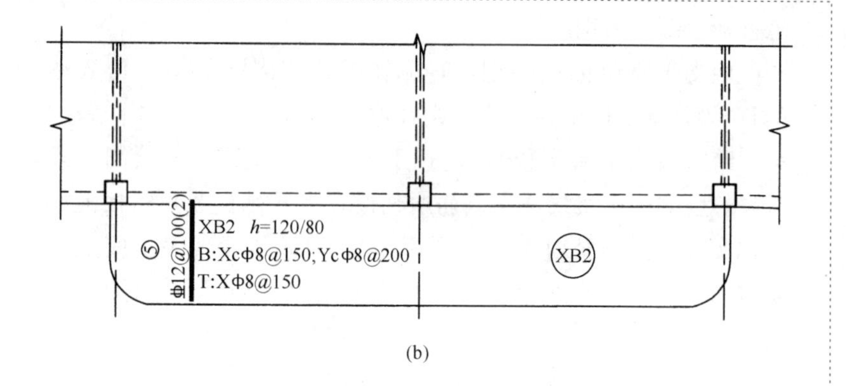

图 5.3.1-5　悬挑板支座非贯通筋

在板平面布置图中，不同部位的板支座上部非贯通纵筋及悬挑板上部受力钢筋，可仅在一个部位注写，对其他相同者则仅需在代表钢筋的线段上注写编号及按本条规则注写横向连续布置的跨数即可。

【例】在板平面布置图某部位，横跨支承梁绘制的对称线段上注有⑦Φ 12@100（5A）和 1500，表示支座上部⑦号非贯通纵筋为Φ 12@100，从该跨起沿支承梁连续布置 5 跨加梁一端的悬挑端，该筋自支座中线向两侧跨内的伸出长度均为 1500。在同一板平面布置图的另一部位横跨梁支座绘制的对称线段上注有⑦（2）者，系表示该筋同⑦号纵筋，沿支承梁连续布置 2 跨，且无梁悬挑端布置。

此外，与板支座上部非贯通纵筋垂直且绑扎在一起的构造钢筋或分布钢筋，应由设计者在图中注明。

5.3.2　当板的上部已配置有贯通纵筋，但需增配板支座上部

（注：本页虚线框内为 16G101-1 第 42 页全文，文中实线框之外的图文基本为 04G101-4 中的内容）

非贯通纵筋时，应结合已配置的同向贯通纵筋的直径与间距采取“隔一布一”方式配置。

“隔一布一”方式，为非贯通纵筋的标注间距与贯通纵筋相同，两者组合后的实际间距为各自标注间距的 1/2。当设定贯通纵筋为纵筋总截面面积的 50%时，两种钢筋应取相同直径；当设定贯通纵筋大于或小于总截面面积的 50%时，两种钢筋则取不同直径。

【例】板上部已配置贯通纵筋Φ12@250，该跨同向配置的上部支座非贯通纵筋为⑤Φ12@250，表示在该支座上部设置的纵筋实际为Φ12@125，其中 1/2 为贯通纵筋，1/2 为⑤号非贯通纵筋（伸出长度值略）。

【例】板上部已配置贯通纵筋Φ10@250，该跨配置的上部同向支座非贯通纵筋为③Φ12@250，表示该跨实际设置的上部纵筋为Φ10 和Φ12 间隔布置，二者之间间距为 125。

施工应注意：当支座一侧设置了上部贯通纵筋（在板集中标注中以 T 打头），而在支座另一侧仅设置了上部非贯通纵筋时，如果支座两侧设置的纵筋直径、间距相同，应将二者连通，避免各自在支座上部分别锚固。

5.4 其他

5.4.1 当悬挑板需要考虑竖向地震作用时，设计应注明该悬挑板纵向钢筋抗震锚固长度按何种抗震等级。

5.4.2 板上部纵向钢筋在端支座（梁、剪力墙顶）的锚固要求，本图集标准构造详图中规定：当设计按铰接时，平直段伸至端支座对边后弯折，且平直段长度≥$0.35l_{ab}$，弯折段投影长度 15d（d 为纵向钢筋直径）；当充分利用钢筋的抗拉强度时，平直段伸至端支座对边后弯折，且平直段长度≥$0.6l_{ab}$，弯折段投影长度 15d。**设计者应在平法施工图中注明采用何种构造，当多数采用同种构造时可在图注中写明，并将少数不同之处在图中注明**

5.4.3 板支承在剪力墙顶的端节点，当设计考虑墙外侧竖向钢筋与板上部纵向受力钢筋搭接传力时，应满足搭接长度要求，**设计者应在平法施工图中注明。**

5.4.4 板纵向钢筋的连接可采用绑扎搭接、机械连接或焊接，其连接位置详见本图集中相应的标准构造详图。当板纵向钢筋采用非接触方式的搭接连接时，其搭接部位的钢筋净距不宜小于 30，且钢筋中心距不应大于 $0.2l_l$ 及 150 的较小者。

注：非接触搭接使混凝土能够与搭接范围内所有钢筋的全表面充分粘接，可以提高搭接钢筋之间通过混凝土传力的可靠度。

5.4.5 采用平面注写方式表达的楼面板平法施工图示例见本图集第 44 页。

（注：本页虚线框内为 16G101-1 第 43 页全文，文中实线框之外的文字基本为 04G101-4 中的内容）

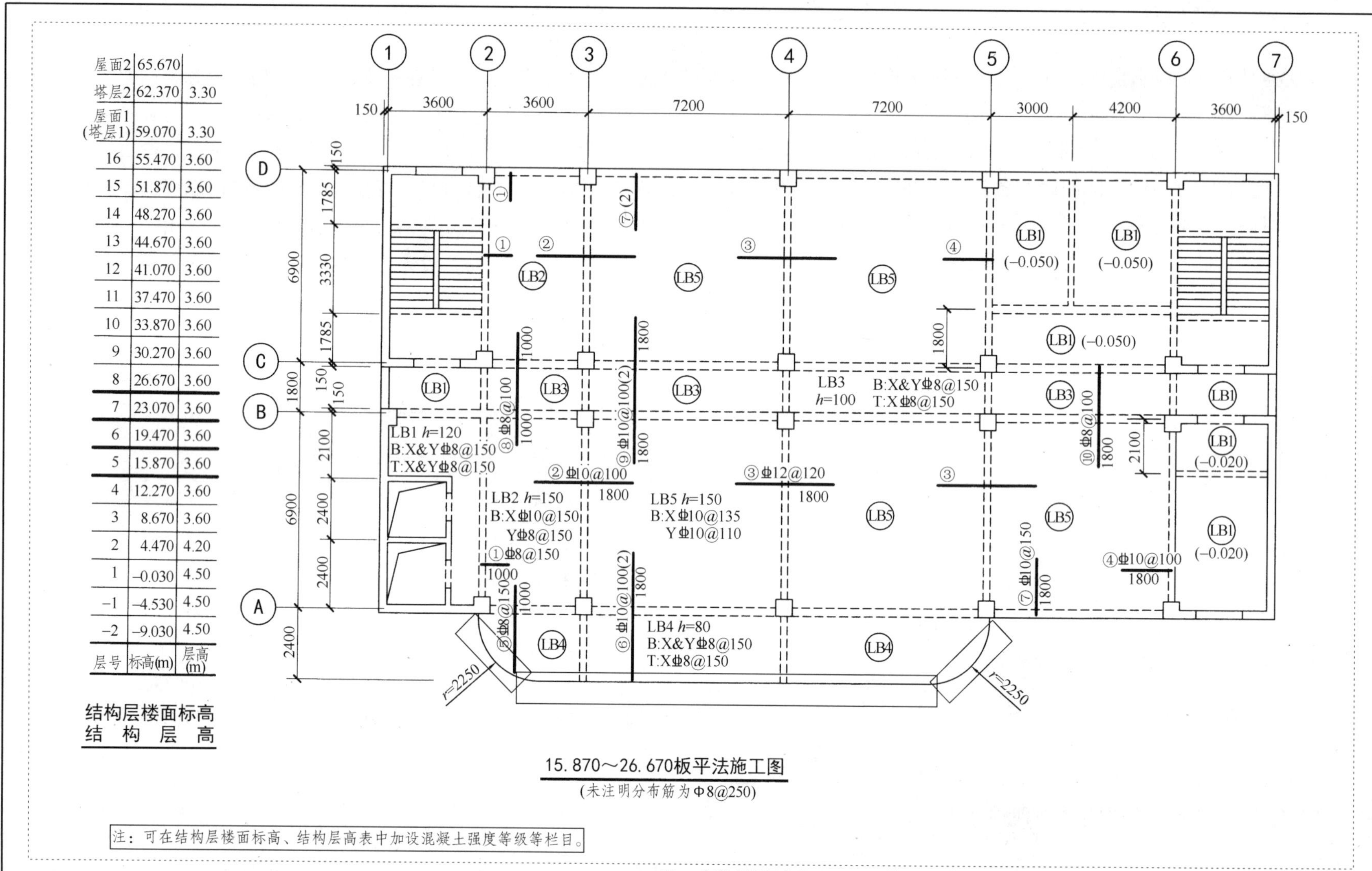

层号	标高(m)	层高(m)
屋面2	65.670	
塔层2	62.370	3.30
屋面1(塔层1)	59.070	3.30
16	55.470	3.60
15	51.870	3.60
14	48.270	3.60
13	44.670	3.60
12	41.070	3.60
11	37.470	3.60
10	33.870	3.60
9	30.270	3.60
8	26.670	3.60
7	23.070	3.60
6	19.470	3.60
5	15.870	3.60
4	12.270	3.60
3	8.670	3.60
2	4.470	4.20
1	-0.030	4.50
-1	-4.530	4.50
-2	-9.030	4.50

结构层楼面标高
结构层高

15.870～26.670板平法施工图

(未注明分布筋为Φ8@250)

注：可在结构层楼面标高、结构层高表中加设混凝土强度等级等栏目。

（注：本页虚线框内为16G101-1第44页全文，文中实线框之外的文字基本为04G101-4中的内容）

6　无梁楼盖平法施工图制图规则

6.1　无梁楼盖平法施工图的表示方法

6.1.1　无梁楼盖平法施工图，系在楼面板和屋面板布置图上，采用**平面注写**的表达方式。

6.1.2　板平面注写主要有**板带集中标注、板带支座原位标注**两部分内容。

6.2　板带集中标注

6.2.1　集中标注应在板带贯通纵筋配置相同跨的第一跨（X向为左端跨，Y向为下端跨）注写。相同编号的板带可择其一做集中标注，其他仅注写板带编号（注在圆圈内）。

板带集中标注的具体内容为：**板带编号，板带厚及板带宽和贯通纵筋。**

板带编号按表6.2.1的规定。

表6.2.1　板带编号

板带类型	代号	序号	跨数及有无悬挑
柱上板带	ZSB	××	(××)、(××A)或(××B)
跨中板带	XZB	××	(××)、(××A)或(××B)

注：1. 跨数按柱网轴线计算（两相邻柱轴线之间为一跨）。

2. (××A)为一端有悬挑，(××B)为两端有悬挑，悬挑不计入跨数。

板带厚注写为h=×××，**板带宽**注写为b=×××。当无梁楼盖整体厚度和板带宽度已在图中注明时，此项可不注。

贯通纵筋按板带下部和板带上部分别注写，并以B代表下部，T代表上部，B&T代表下部和上部。当采用放射配筋时，设计者应注明配筋间距的度量位置，必要时补绘配筋平面图。

【例】设有一板带注写为：ZSB2（5A）　h=300　b=3000

B=Φ16@100；TΦ18@200

系表示2号柱上板带，有5跨且一端有悬挑；板带厚300，宽3000；板带配置贯通纵筋下部为Φ16@100，上部为Φ18@200。

设计与施工应注意：相邻等跨板带上部贯通纵筋应在跨中1/3净跨长范围内连接；当同向连续板带的上部贯通纵筋配置不同时，应将配置较大者越过其标注的跨数终点或起点伸至相邻跨的跨中连接区域连接。

设计应注意板带中间支座两侧上部贯通纵筋的协调配置，施工及预算应按具体设计和相应标准构造要求实施。等跨与不等跨板上部贯通纵筋的连接构造要求见相关标准构造详图；当具体工程对板带上部纵向钢筋的连接有特殊要求时，其连接部位及方式应由设计者注明。

6.2.2　当局部区域的板面标高与整体不同时，应在无梁楼盖的板平法施工图上注明**板面标高高差**及分布范围。

6.3　板带支座原位标注

（注：本页虚线框内为16G101-1第45页全文，文中实线框之外的文字基本为04G101-4中的内容）

6.3.1 板带支座原位标注的具体内容为：**板带支座上部非贯通纵筋。**

以一段与板带同向的中粗实线段代表板带支座上部非贯通纵筋；对柱上板带，实线段贯穿柱上区域绘制；对跨中板带：实线段横贯柱网轴线绘制。在线段上注写钢筋编号（如①、②等）、配筋值及在线段的下方注写自支座中线向两侧跨内的伸出长度。

当板带支座非贯通纵筋自支座中线向两侧对称伸出时，其伸出长度可仅在一侧标注；当配置在有悬挑端的边柱上时，该筋伸出到悬挑尽端，设计不注。当支座上部非贯通纵筋呈放射分布时，设计者应注明配筋间距的定位位置。

不同部位的板带支座上部非贯通纵筋相同者，可仅在一个部位注写，其余则在代表非贯通纵筋的线段上注写编号。

【例】设有平面布置图的某部位，在横跨板带支座绘制的对称线段上注有⑦Φ18@250，在线段一侧的下方注有1500，系表示支座上部⑦号非贯通纵筋为Φ18@250，自支座中线向两侧跨内的伸出长度均为1500。

6.3.2 当板带上部已经配有贯通纵筋，但需增加配置板带支座上部非贯通纵筋时，应结合已配同向贯通纵筋的直径与间距，采取“隔一布一”的方式配置。

【例】设有一板带上部已配置贯通纵筋Φ18@240，板带支座上部非贯通纵筋为⑤Φ18@240，则板带在该位置实际配置的上部纵筋为Φ18@120，其中1/2为贯通纵筋，1/2为⑤号非贯通纵筋（伸出长度略）。

【例】设有一板带上部已配置贯通纵筋Φ18@240，板带支座上部非贯通纵筋为③Φ20@240，则板带在该位置实际配置的上部纵筋为Φ18和Φ20间隔布置，二者之间间距为120（伸出长度略）。

6.4 暗梁的表示方法

6.4.1 暗梁平面注写包括**暗梁集中标注、暗梁支座原位标注**两部分内容。施工图中在柱轴线处画中粗虚线表示暗梁。

6.4.2 暗梁集中标注包括暗梁编号、暗梁截面尺寸（箍筋外皮宽度×板厚）、暗梁箍筋、暗梁上部通长筋或架立筋四部分内容。暗梁编号按表6.4.2，其他注写方式同本规则第4.2.3条。

表6.4.2 暗梁编号

构件类型	代号	序号	跨数及有无悬挑
暗梁	AL	××	(××)、(××A)或(××B)

注：1. 跨数按柱网轴线计算（两相邻柱轴线之间为一跨）。
2.（××A）为一端有悬挑，（××B）为两端有悬挑，悬挑不计入跨数。

6.4.3 暗梁支座原位标注包括梁支座上部纵筋、梁下部纵筋。当在暗梁上集中标注的内容不适用于某跨或某悬挑端时，则将其不同数值标注在该跨或该悬挑端，施工时按原位注写取值。注写方式同本规则第4.2.4条。

6.4.4 当设置暗梁时，柱上板带及跨中板带标注方式与本规则第6.2、6.3节一致。柱上板带标注的配筋仅设置在暗梁之

（注：本页虚线框内为16G101-1第46页全文，文中实线框之外的文字基本为04G101-4中的内容）

外的柱上板带范围内。

6.4.5　暗梁中纵向钢筋连接、锚固及支座上部纵筋的伸出长度等要求同轴线处柱上板带中纵向钢筋。

6.5　其他

6.5.1　当悬挑板需要考虑竖向地震作用时，设计应注明该悬挑板纵向钢筋抗震锚固长度按何种抗震等级。

6.5.2　无梁楼盖板纵向钢筋的锚固和搭接需满足受拉钢筋的要求。

6.5.3　无梁楼盖跨中板带上部纵向钢筋在梁端支座的锚固要求，本图集标准构造详图中规定：当设计按铰接时，平直段伸至端支座对边后弯折，且平直段长度≥$0.35l_{ab}$，弯折段投影长度$15d$（d为纵向钢筋直径）；当充分利用钢筋的抗拉强度时，直段伸至端支座对边后弯折，且平直段长度≥$0.6l_{ab}$，弯折段投影长度$15d$。**设计者应在平法施工图中注明采用何种构造，当多数采用同种构造时可在图注中写明．并将少数不同之处在图中注明。**

6.5.4　无梁楼盖跨中板带支承在剪力墙顶的端节点，当板上部纵向钢筋充分利用钢筋的抗拉强度时（锚固在支座中），直段伸至端支座对边后弯折，且平直段长度≥$0.6l_{ab}$，弯折段投影长度$15d$；当设计考虑墙外侧竖向钢筋与板上部纵向受力钢筋搭接传力时，应满足搭接长度要求；**设计者应在平法施工图中注明采用何种构造，当多数采用同种构造时可在图注中写明，并将少数不同之处在图中注明。**

6.5.5　板纵向钢筋的连接可采用绑扎搭接、机械连接或焊接，其连接位置详见本图集中相应的标准构造详图。当板纵向钢筋采用非接触方式的绑扎搭接连接时，其搭接部位的钢筋净距不宜小于30，且钢筋中心距不应大于$0.2l_l$及150的较小者。

注：非接触搭接使混凝土能够与搭接范围内所有钢筋的全表面充分粘接，可以提高搭接钢筋之间通过混凝土传力的可靠度。

6.5.6　本章关于无梁楼盖的板平法制图规则，同样适用于地下室内无梁楼盖的平法施工图设计。

6.5.7　采用平面注写方式表达的无梁楼盖柱上板带、跨中板带及暗梁标注图示见本图集第48页。

（注：本页虚线框内为16G101-1第47页全文，文中实线框之外的文字基本为04G101-4中的内容）

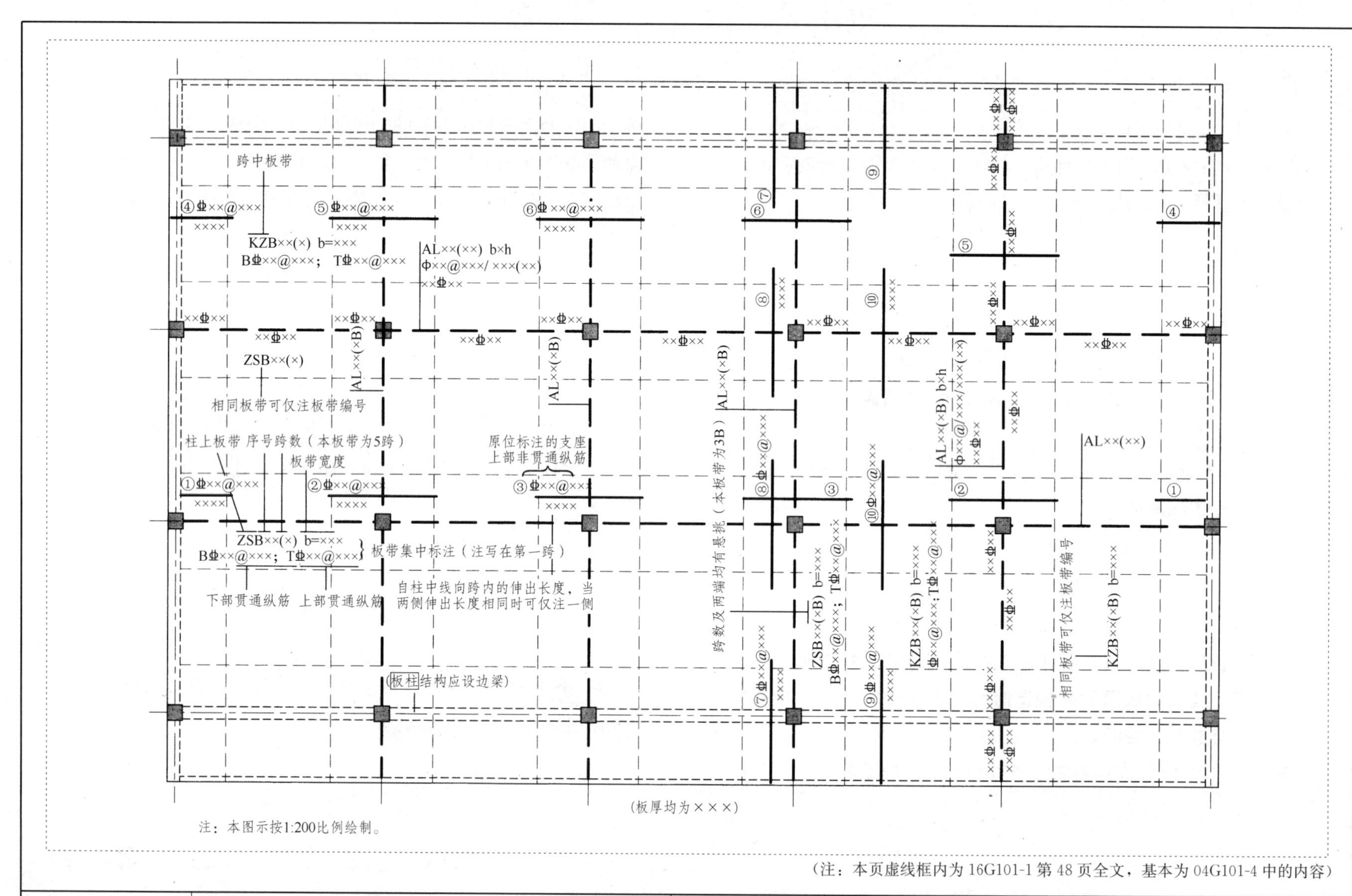

（注：本页虚线框内为16G101-1第48页全文，基本为04G101-4中的内容）

7　楼板相关构造制图规则

7.1　楼板相关构造类型与表示方法

7.1.1　楼板相关构造的平法施工图设计，系在板平法施工图上采用直接引注方式表达。

7.1.2　楼板相关构造编号按表 7.1.2 的规定。

表 7.1.2　楼板相关构造类型与编号

构造类型	代号	序号	说明
纵筋加强带	JQD	××	以单向加强纵筋取代原位置配筋
后浇带	HJD	××	有不同的留筋方式
柱帽	ZM×	××	适用于无梁楼盖
局部升降板	SJB	××	板厚及配筋与所在板相同；构造升降高度≤300
板加腋	JY	××	腋高与腋宽可选注
板开洞	BD	××	最大边长或直径<1000；加强筋长度有全跨贯通和自洞边锚固两种
板翻边	FB	××	翻边高度≤300
角部加强筋	Crs	××	以上部双向非贯通加强钢筋取代原位置的非贯通配筋
悬挑板阴角附加筋	Cis	××	板悬挑阴角上部斜向附加钢筋
悬挑板阳角放射筋	Ces	××	板悬挑阳角上部放射筋
抗冲切箍筋	Rh	××	通常用于无柱帽无梁楼盖的柱顶
抗冲切弯起筋	Rb	××	通常用于无柱帽无梁楼盖的柱顶

7.2　楼板相关构造直接引注

7.2.1　纵筋加强带 JQD 的引注。纵筋加强带的平面形状及定位由平面布置图表达，加强带内配置的加强贯通纵筋等由引注内容表达。

纵筋加强带设单向加强贯通纵筋，取代其所在位置板中原配置的同向贯通纵筋。根据受力需要，加强贯通纵筋可在板下部配置，也可在板下部和上部均设置。纵筋加强带的引注见图 7.2.1-1。

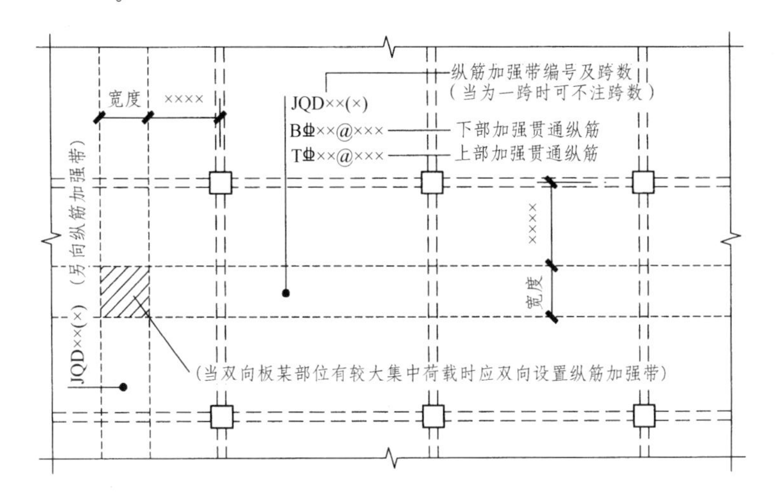

图 7.2.1-1　纵筋加强带 JQD 引注图示

当板下部和上部均设置加强贯通纵筋，而板带上部横向无配筋时，加强带上部横向配筋应由设计者注明。

（注：本页虚线框内为 16G101-1 第 49 页全文，文中实线框之外的图文基本为 04G101-4 中的内容）

当将纵筋加强带设置为暗梁型式时应注写箍筋，其引注见图 7.2.1-2。

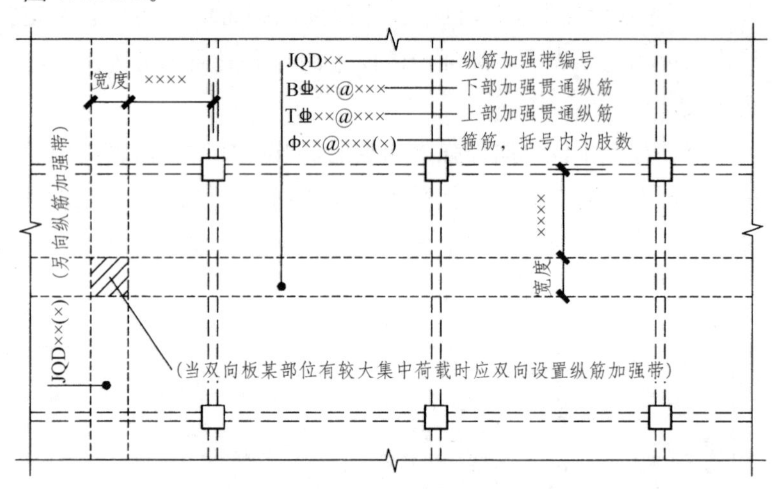

图 7.2.1-2 纵筋加强带 JQD 引注图示（暗梁形式）

7.2.2 后浇带 HJD 的引注。后浇带的平面形状及定位由平面布置图表达，后浇带留筋方式等由引注内容表达，包括：

1. 后浇带编号及留筋方式代号。本图集提供了两种留筋方式，分别为**贯通和 100%搭接。**

2. 后浇混凝土的强度等级 C××。宜采用补偿收缩混凝土，设计应注明相关施工要求。

3. 当后浇带区域留筋方式或后浇混凝土强度等级不一致时，设计者应在图中注明与图示不一致的部位及做法。

后浇带引注见图 7.2.2。

贯通钢筋的后浇带宽度通常取大于或等于 800；100%搭接钢筋的后浇带宽度通常取 800 与（l_l+60 或 $l_{lE}+60$）的较大值（l_l、l_{lE}分别为受拉钢筋搭接长度、受拉钢筋抗震搭接长度）。

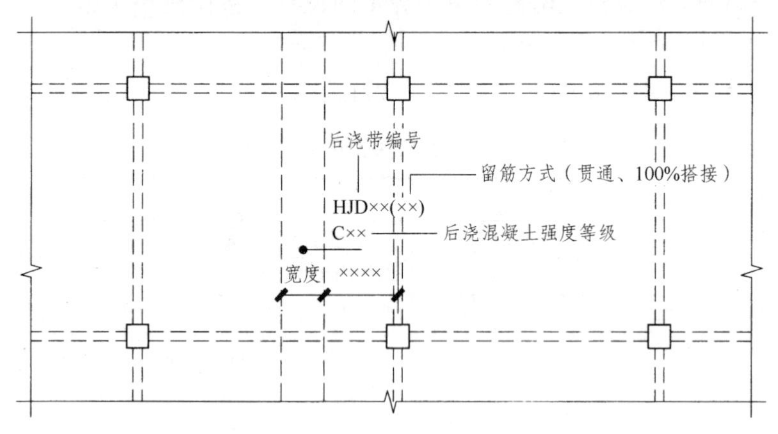

图 7.2.2 后浇带 HJD 引注图示

7.2.3 **柱帽 ZM×**的引注见图 7.2.3-1～4。柱帽的平面形状有矩形、圆形或多边形等，其平面形状由平面布置图表达。

柱帽的立面形状有单倾角柱帽 ZMa（图 7.2.3-1）、托板柱帽 ZMb（图 7.2.3-2）、变倾角柱帽 ZMc（图 7.2.3-3）和倾角托板柱帽ZMab（图 7.2.3-4）等，其立面几何尺寸和配筋由具体的引注内容表达。图中 c_1、c_2 当 X、Y 方向不一致时，应标注（$c_{1,X}$，$c_{1,Y}$）、（$c_{2,X}$，$c_{2,Y}$）。

（注：本页虚线框内为 16G101-1 第 50 页全文，文中实线框之外的图文基本为 04G101-4 中的内容）

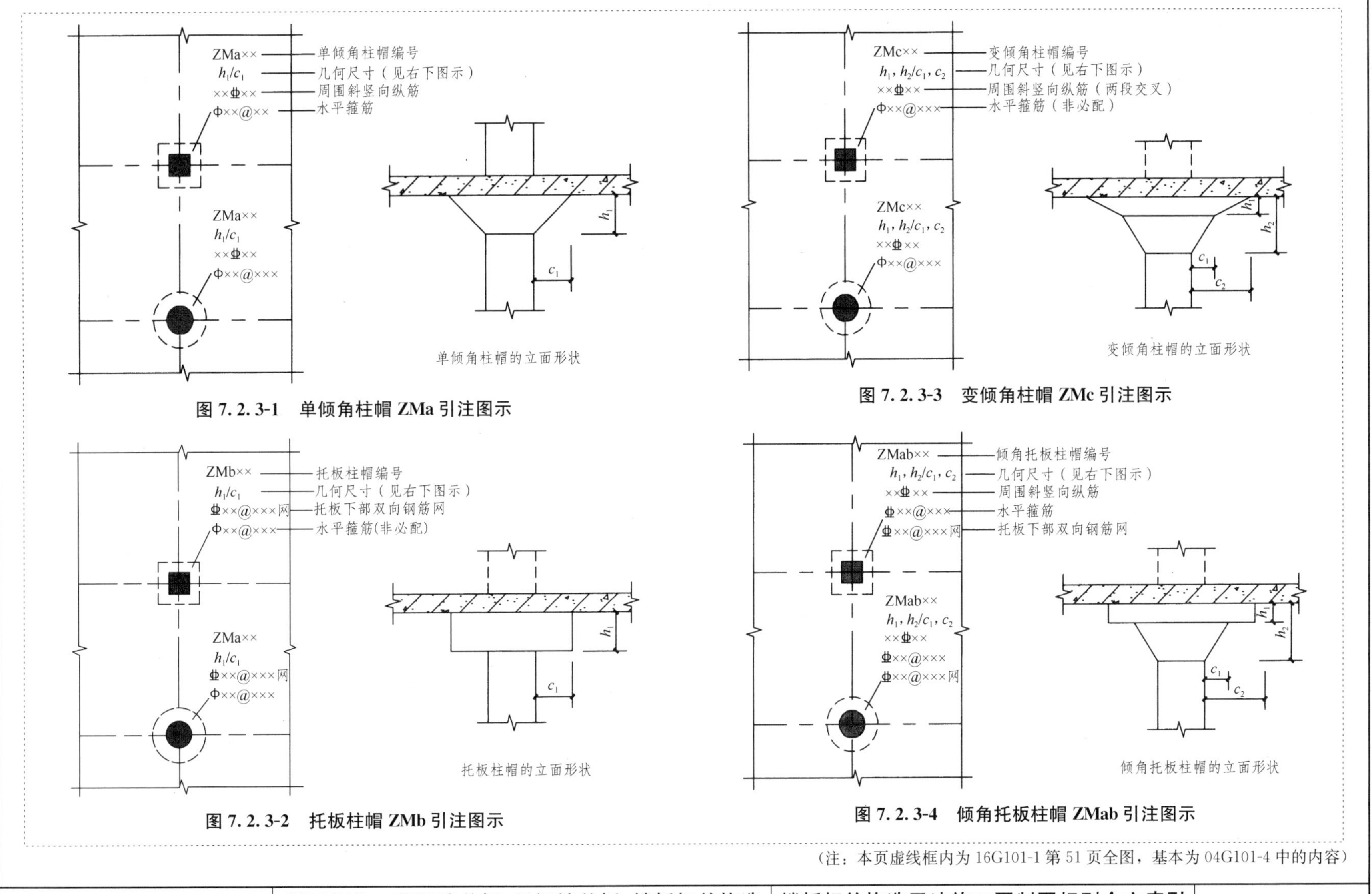

图 7.2.3-1　单倾角柱帽 ZMa 引注图示

图 7.2.3-3　变倾角柱帽 ZMc 引注图示

图 7.2.3-2　托板柱帽 ZMb 引注图示

图 7.2.3-4　倾角托板柱帽 ZMab 引注图示

（注：本页虚线框内为 16G101-1 第 51 页全图，基本为 04G101-4 中的内容）

7.2.4　**局部升降板 SJB** 的引注见图 7.2.4。局部升降板的平面形状及定位由平面布置图表达，其他内容由引注内容表达。

局部升降板的板厚、壁厚和配筋，在标准构造详图中取与所在板块的板厚和配筋相同，设计不注；当采用不同板厚、壁厚和配筋时，设计应补充绘制截面配筋图。

局部升降板升高与降低的高度，在标准构造详图中限定为小于或等于 300，当高度大于 300 时，设计应补充绘制截面配筋图。

设计应注意： 局部升降板的下部与上部配筋均应设计为双向贯通纵筋。

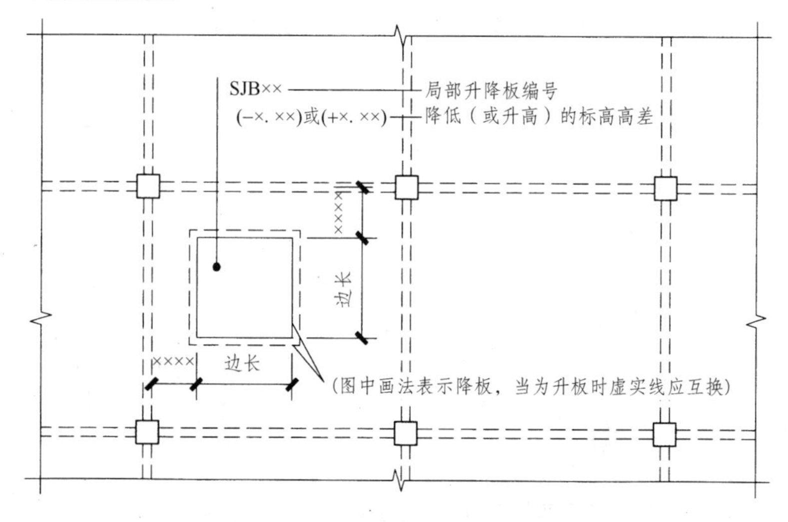

图 7.2.4　局部升降板 SJB 引注图示

7.2.5　**板加腋 JY** 的引注见图 7.2.5。板加腋的位置与范围由平面布置图表达，腋宽、腋高及配筋等由引注内容表达。

当为板底加腋时腋线应为虚线，当为板面加腋时腋线应为实线；当腋宽与腋高同板厚时，设计不注。加腋配筋按标准构造，设计不注；当加腋配筋与标准构造不同时，设计应补充绘制截面配筋图。

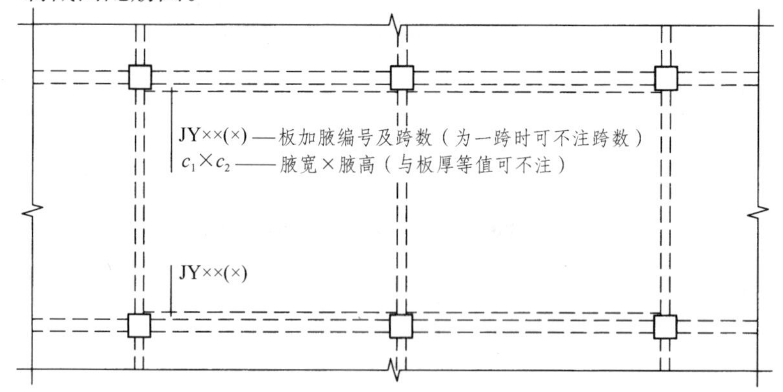

图 7.2.5　板加腋 JY 引注图示

7.2.6　**板开洞 BD** 的引注见图 7.2.6。板开洞的平面形状及定位由平面布置图表达，洞的几何尺寸等由引注内容表达。

当矩形洞口边长或圆形洞口直径小于或等于 1000，且当洞边无集中荷载作用时，洞边补强钢筋可按标准构造的规定设置，设计不注；当洞口周边加强钢筋不伸至支座时，应在图中画出所有加强钢筋，并标注不伸至支座的钢筋长度。当

（注：本页虚线框内为 16G101-1 第 52 页全文，文中实线框之外的图文基本为 04G101-4 中的内容）

具体工程所需要的补强钢筋与标准构造不同时，设计应加以注明。

当矩形洞口边长或圆形洞口直径大于 1000，或虽小于或等于 1000 但洞边有集中荷载作用时，设计应根据具体情况采取相应的处理措施。

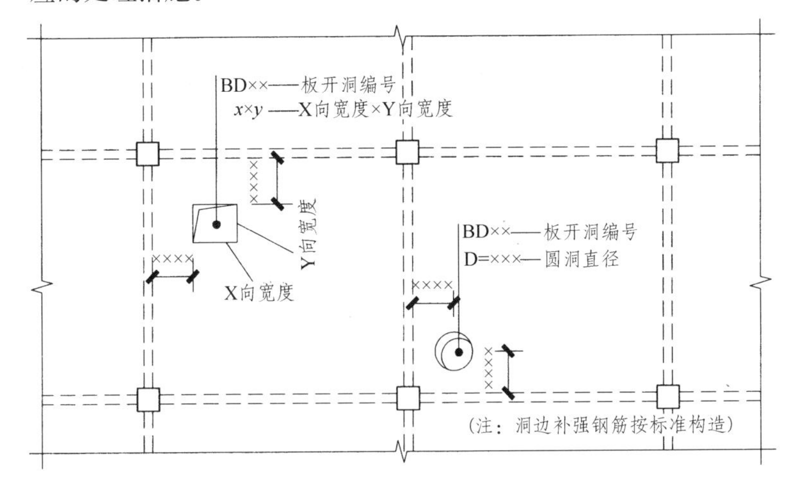

图 7.2.6 板开洞 BD 引注图示

7.2.7 **板翻边** FB 的引注见图 7.2.7。板翻边可为上翻也可为下翻，翻边尺寸等在引注内容中表达，翻边高度在标准构造详图中为小于或等于 300。当翻边高度大于 300 时，由设计者自行处理

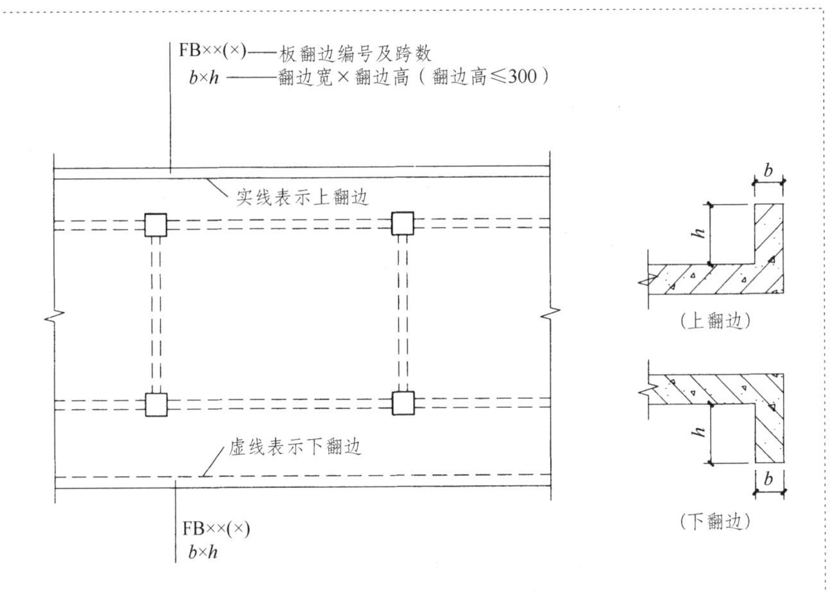

图 7.2.7 板翻边 FB 引注图示

7.2.8 **角部加强筋** Crs 的引注见图 7.2.8。角部加强筋通常用于板块角区的上部，根据规范规定的受力要求选择配置。角部加强筋将在其分布范围内取代原配置的板支座上部非贯通纵筋，且当其分布范围内配有板上部贯通纵筋时则间隔布置。

（注：本页虚线框内为 16G101-1 第 53 页全文，基本为 04G101-4 中的内容）

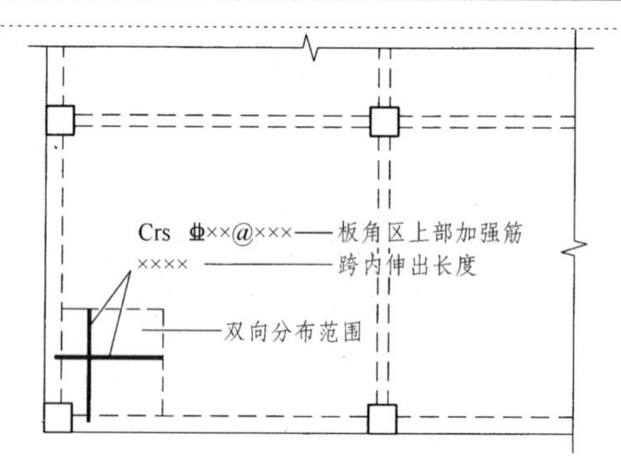

图 7.2.8　角部加强筋 Crs 引注图示

7.2.9　**悬挑板阴角附加筋** Cis 的引注见图 7.2.9。悬挑板阴角附加筋系指在悬挑板的阴角部位斜放的附加钢筋，该附加钢筋设置在板上部悬挑受力钢筋的下面。

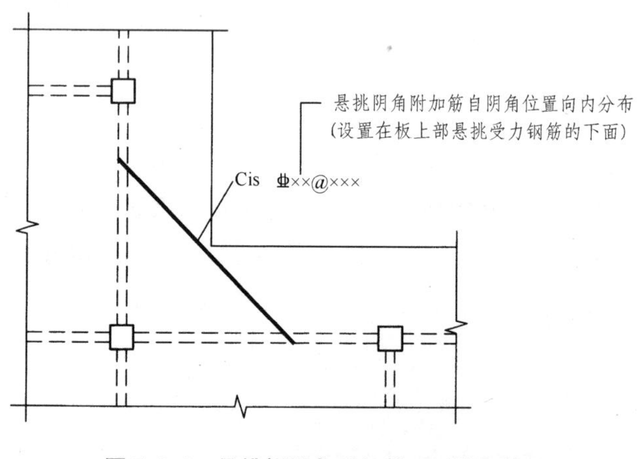

图 7.2.9　悬挑板阴角附加筋 Cis 引注图示

7.2.10　**悬挑板阳角放射筋 Ces** 的引注见图 7.2.10-1～3。

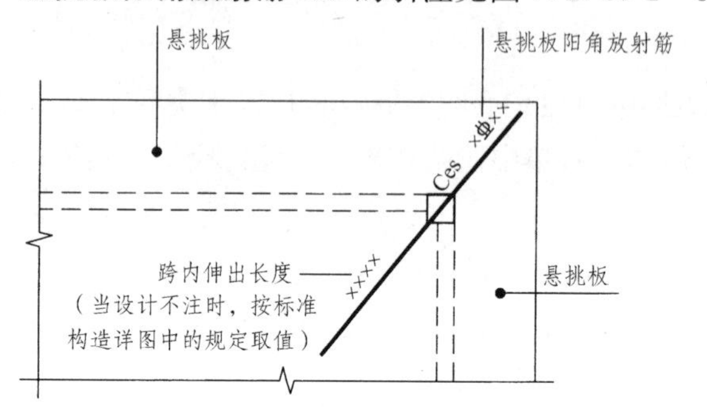

图 7.2.10-1　悬挑板阳角放射筋 Ces 引注图示(一)

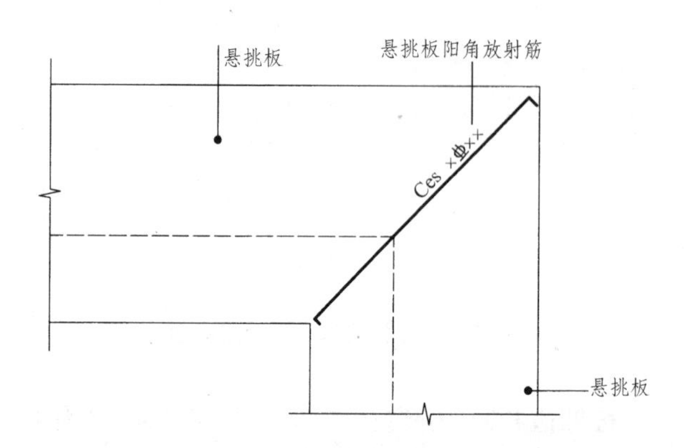

图 7.2.10-2　悬挑板阳角放射附加筋 Ces 引注图示(二)

【例】注写 Ces7⌀8 系表示悬挑板阳角放射筋为 7 根 HRB400 钢筋，直径为 8. 构造筋 Ces 的个数按图 7.2.10-3 的原则确定，其中 a≤200。

（注：本页虚线框内为 16G101-1 第 54 页全文，文中实线框之外的文字基本为 04G101-4 中的内容）

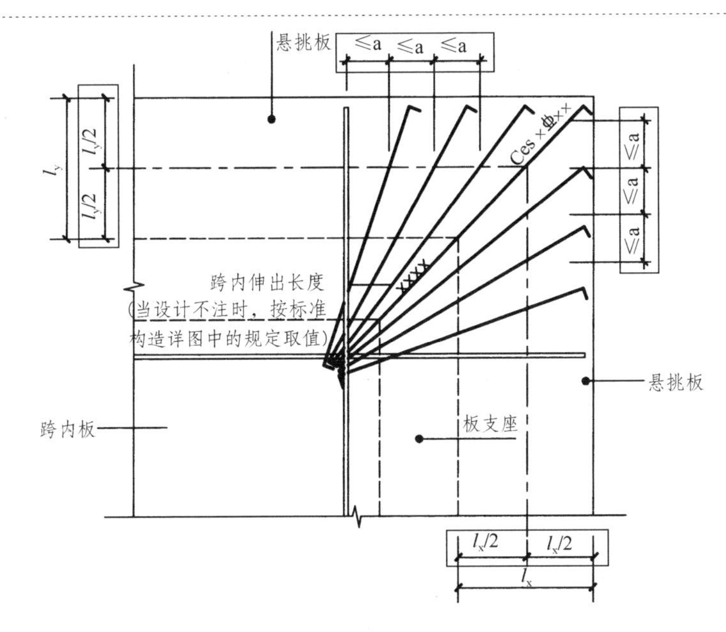

图 7.2.10-3 悬挑板阳角放射筋 Ces

7.2.11 **抗冲切箍筋** Rh 的引注见图 7.2.11。抗冲切箍筋通常在无柱帽无梁楼盖的柱顶部位设置。

7.2.12 **抗冲切弯起筋** Rb 的引注见图 7.2.12。抗冲切弯起筋通常在无柱帽无梁楼盖的柱顶部位设置。

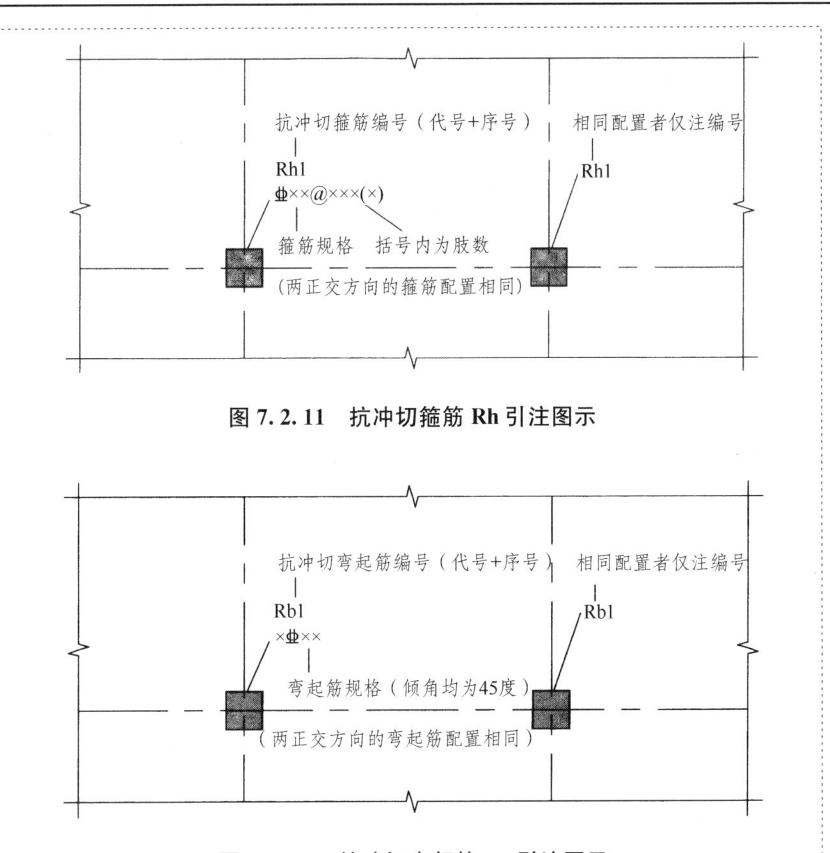

图 7.2.11 抗冲切箍筋 Rh 引注图示

图 7.2.12 抗冲切弯起筋 Rb 引注图示

7.3 其他

7.3.1 本图集未包括的其他构造，应由设计者根据具体工程情况按照规范要求进行设计。

（注：本页虚线框内为 16G101-1 第 55 页全文，文中实线框之外的图文基本为 04G101-4 中的内容）

有梁楼盖板、无梁楼盖板、楼板相关构造平法施工图制图规则解评

有梁楼盖板、无梁楼盖板、楼板相关构造平法施工图制图规则解评内容包括两类，一类与16G101-1中的原创图文相关，另一类与16G101-1新增或改动的部分内容相关。

解评中将16G101-1图文置于虚线框内并将其改动的部分内容用实线框框起，以示区别。

一、关于有梁楼盖板

【解评5.1.1】16G101-1相关规则题目丢了“板”字，有误。

> ### 5 有梁楼盖平法施工图制图规则
>
> 有梁楼盖的制图规则适用于以梁为支座的楼面与屋面板平法施工图设计。
>
> #### 5.1 有梁楼盖平法施工图的表示方法
>
> 5.1.1 有梁楼盖平法施工图，系在楼面板和屋面板布置图上，采用平面注写的表达方式。板平面注写主要包括**板块集中标注**和**板支座原位标注。**

“有梁楼盖”是20世纪70年代的概念，最初用来区分由砌体墙支承的板与由梁支承的板两种楼盖体系。进入20世纪80年代，砌体结构的应用在我国一线和二线城市逐渐减少，伴随抗震观念的提升抗震框架结构开始普遍应用。由于框架梁协助抗震框架柱消耗地震能量，故框架梁是抗震框架结构的主要构件之一；而在有梁楼盖体系中，框架梁虽为主要支承楼板的构件，却无法与抗震概念直接关联。框架梁在抗震框架体系和有梁楼盖体系中分别存在且扮演不同角色，不符合结构体系的系统科学原理。于是，框架梁仅作为有梁楼盖的支座但其自身内力则不在有梁楼盖体系中分析，而在抗震框架体系中考虑。相应地，有梁楼盖中的楼面板和次梁，也明确了其为非主体结构构件的基本属性。于是，“有梁楼盖”概念逐渐从结构概念群中消失，在国家规范体系中已无“有梁楼盖”术语。

由此可见，16G101-1将过时的“有梁楼盖”概念掺入平法体系中不符合平法科学原理，且将04G101-4的“有梁楼盖板制图规则”标题改为“有梁楼盖制图规则”更不准确，因有梁楼盖应包括框架梁和非框架梁，而各类梁的制图规则已在梁的相应章节表述。

此外，20世纪90年代在建筑工程上应用的“无梁楼盖”，其称谓并非区别于“有梁楼盖”，且两者都存在无法独立进行抗震受力分析的缺陷。如支承无梁楼盖的柱是何柱的属性不明，若为框架柱，在逻辑上讲不通，框架柱必须与框架梁共同构成框架，而不会单独存在，即单有框架柱而无框架梁无法构成框架结构。随着对

结构认识的不断深化，采用“板柱结构体系”描述无梁楼盖板与支承它的柱，可更为准确地定义其基本属性，也方便构造分类。

【解评 5.1.2】16G101-1 将“延伸悬挑板”和“纯悬挑板”改为“悬挑板”，不符合平法规则。

表 5.2.1 板块编号

板类型	代 号	序 号
楼面板	LB	××
屋面板	WB	××
悬挑板	XB	××

根据平法解构原理，04G101-4 对楼面板进行结构分解，可分解为跨内板与跨外悬挑板（当楼面板带有悬挑时）。做过结构设计的都知道，无跨内楼板的单纯悬挑板非常罕见，且纯悬挑板承受的弯矩没有跨内板相平衡，使支座梁明显受扭，故很少采用。

为了表达清晰、简明，经缜密研究思考，原创平法决定设置“延伸悬挑板 YXB”类型和代号。延伸悬挑板与跨内板实际为一整体，其上部受力纵筋通常与相邻跨内板的支座上部纵筋贯通联合配置。设置延伸悬挑板，意在提示结构设计和施工人员将跨内板与延伸悬挑板联合考虑，避免分离。同时，对通常数量不多的单纯悬挑板采用“纯悬挑板 XB”类型和代号，意在提示结构设计和施工人员采用与延伸悬挑板不同的构造，见以下 04G101-4 表 2.2.1。

表 2.2.1 板块编号

板 类 型	代 号	序 号
板 面 板	LB	××
屋 面 板	WB	××
延伸悬挑板	YXB	××
纯悬挑板	XB	××

注：延伸悬挑板的上部受力钢筋应与相邻跨内板的上部纵筋连通配置。

由于板的平法施工图设计需要标注 x、y 两个方向的配筋，且当板有跨外悬挑时，可在 x、y 两个方向的一端或两端悬挑，因此，对梁类构件在标注梁跨数后紧接注写 A 代表梁一端有悬挑、注写 B 代表两端有悬挑的方法，并不适合表达延伸悬挑板在 x、y 两个方向的悬挑，故将延伸悬挑板单独编号，“延伸”一词专为提醒设计者在配筋时注意与跨内板联合考虑。

应注意的是，梁与板均为受弯且受剪构件，有悬挑端的梁与有悬挑板的板类同，纯粹的悬挑梁与纯粹的悬挑板类同，根据平法结构原理必须遵守的逻辑同一律，纯悬挑梁和纯悬挑板均应单独编号，不应与梁的悬挑端和延伸悬挑板混为一谈，否则不合乎科学逻辑。

16G101-1 将“延伸悬挑板”和“纯悬挑板”改为“悬挑板”，混淆了两种不同的板类型，连带混淆了两种板的不同构造尤其是支座锚固构造，容易导致设计者将本为一体的板误采用分离配筋，造成构造不合理且给施工制造麻烦。

【解评 5.1.3】16G101-1 将放射状配筋间距的度量位置，错改为定位尺寸。

当板采用放射配筋时，由于放射配筋为扇形分布，钢筋间距不是定值，为了给施工方面明确指示，04G101-4 要求设计者注明配筋间距的度量位置。

16G101-1 将“度量位置”错改成“定位尺寸”（见下面截图中方框起的文字），不知度量位置为一条参照线或参照点，定位尺寸为具体数值；“位置”系指某物体所在或所占的地方，在指所占地方时系模糊用语，而“尺寸”在工程学上明确指具体的长度，位置与尺寸的定义完全不同，随意互换将造成语意错误。

> 当 Y 向采用放射配筋时（切向为 X 向，径向为 Y 向），设计者应注明配筋间距的定位尺寸。

当板采用放射配筋计算时，由于扇形分布的放射状配筋间距不是定值，设计者通常取扇形起点至终点之间某一位置的切向间距作为平均间距参数参与计算，为此，04G101-4 在相应规则中要求“设计者应注明配筋间距的度量位置”（该位置即设计所取平均间距的位置），以便施工方面准确绑扎钢筋。

在逻辑上，严谨的语言表述与严谨的科学方法为充要条件，否则无严谨可言。16G101-1 将“度量位置”改为“定位尺寸”，如此不仅给设计造成困难，更会给施工造成困惑。

【解评 5.1.4】钢筋的“延伸长度”为规范用语，而“伸出长度”为口语，伸出为形容词而延伸为副词，且“伸出长度”与“延伸长度”非相同含意。16G101-1 的此处改动，用于表述某种状态时词义不通。

> 板支座上部非贯通筋自支座中线向跨内的伸出长度，注写在线段的下方位置。
>
> 当中间支座上部非贯通纵筋向支座两侧对称伸出时，可仅在支座一侧线段下方标注伸出长度，另一侧不注，见图 5.3.1-1。
>
> 当向支座两侧非对称伸出时，应分别在支座两侧线段下方注写伸出长度，见图 5.3.1-2。

上文虚线框内第一句中的“自支座中线向跨内的伸出长度”的词义不通，可以“伸向”跨内，但不能“伸出”，自支座中线向跨内方向并未“伸出”，自梁侧面边缘向跨内也不是“伸出”（未伸出 T 型梁翼缘）。钢筋伸出混凝土之外才为“伸出”，但无意义。

再如，虚线框内第二句中的“向支座两侧对称伸出时”的词义更是不通。自支座中线只能是对称“伸向”两边跨内，改为“伸出”没有“出”的界面。

科技文本必须语法严谨，用词准确。建筑结构领域中的实用规则文本在用词上应尽可能与国家规范中的用词保持一致。构件支座上部非贯通筋的相关表述，规范中为“延伸”而非“伸出”。

【解评 5.1.5】03G101-1 并未包括转换层特殊结构的制图规则和构造

转换层是一类特殊结构，96G101 和 03G101-1 中主要考虑量大面广的构件及相应构造，其中梁上起柱是局部性的普通梁上起柱，不适用于整层的转换层。

03G101-1 在平法设计规则总则关于图集的适用范围中，从未提及结构转换层，16G101-1 制图规则总则的文字中亦无转换层内容，但 16G101-1 在板制图规则中添加的文字会误导设计者，见下面实线框内文字：

> 设计应注意板中间支座两侧上部纵筋的协调配置，施工及预算应按具体设计和相应标准构造要求实施。等跨与不等跨板上部纵筋的连接有特殊要求时，其连接部位及方式应由设计者注明。对于梁板式转换层楼板，板下部纵筋在支座内的锚固长度不应小于 l_a。

转换结构有明显的特殊性，如梁板转换、空间桁架转换、蜂窝结构转换、核心筒结构外围转换、结合避难层转换等。

平法对转换结构已作了十几年研究，并将其列入平法创作规划，拟专题解决转换结构设计规则和难度比较高的各类转换构件的构造问题。

【解评 5.1.6】“度量定位尺寸”与“定位尺寸”的含义不同

下面两图，左图为 04G101-4 中的示意图；右图为 16G101-1 改动的示意图。

16G101-1 将“度量定位尺寸”错改成“定位尺寸”。放射配筋间距的度量定位尺寸系定位弧形的径向尺寸，放射筋沿弧形分布；间距的定位尺寸为切向尺寸，二者方向正交，前者的“度量定位”与后者的“定位”含义并不相同。

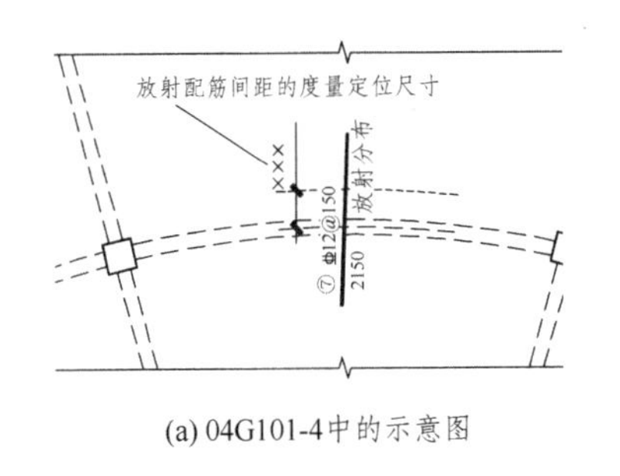

(a) 04G101-4中的示意图

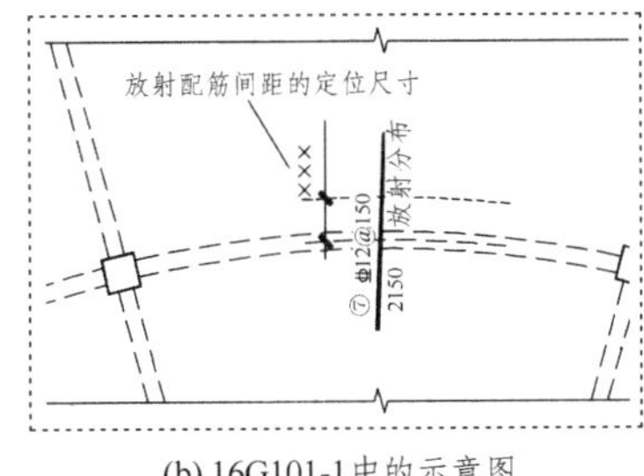

(b) 16G101-1中的示意图

【解评 5.1.7】16G101-1 将 04G101-1 中的“现浇混凝土楼面板平法施工图实例”下方周边支承的阳台板，错改成了悬挑板。

下面两图中，上图取自原创 04G101-4，图上明确绘制了阳台板边梁，表示阳台板为周边支承；下图取自 16G101-1 删去了表示阳台边梁的虚线，但却未改动标注内容，导致图形语言与标注语言相矛盾的错误。

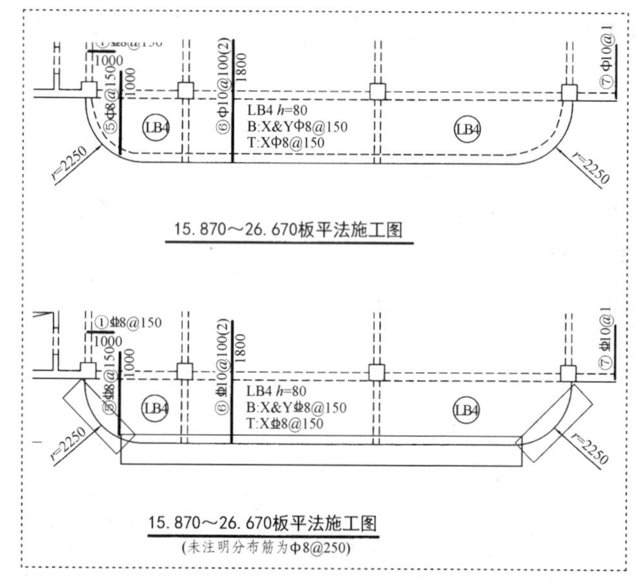

掌握工程制图的规则是对结构设计者的最基本要求。施工图设计中的图形语言与标注语言必须一致，这是基本的技术素质。如果没有表示边梁的虚线，图形语言即表示阳台板边缘为自由端，相应需采用悬挑板配筋，而标注语言为单向板配筋，这样的错误必然误导读者。

【解评 5.1.8】16G101-1 在 7.2.6 条添加的对设计者的要求不符合平法。

以下文字截图中，16G101-1 按 04G101-1 同款规定添加的对设计者的要求（见实线框中的文字），是一种传统绘图方法思路。平法系统在构造详图中解决洞口周边补强钢筋（注意不是“加强钢筋”）伸入支座或不伸入支座（注意不是“伸至支座”）的构造做法，且这些构造做法无需设计者在平法施工图中表达。

> 7.2.6　**板开洞 BD** 的引注见图 7.2.6。板开洞的平面形状及定位由平面布置图表达，洞的几何尺寸等由引注内容表达。
>
> 当矩形洞口边长或圆形洞口直径小于或等于 1000，且当洞边无集中荷载作用时，洞边补强钢筋可按标准构造的规定设置，设计不注：当洞口周边加强钢筋不伸至支座时，应在图中画出所有加强钢筋，并标注不伸至支座的钢筋长度。当

若按上面实线框中文字“当洞口周边加强钢筋不伸至支座时，应在图中画出所有加强钢筋，并标注不伸至支座的钢筋长度”，则在平法中掺入了传统方法。如此处理，整套平法图集到处都可要求设计者补充各种构造的具体要求，这就与将构造做法从传统方法中

分离出来的平法基本原理相悖。

二、关于无梁楼盖板

【解评 5.2.1】16G101-1 将原创平法框架梁制图规则套用到板柱体系的无梁楼盖暗梁构造的表达，这种简单的模仿复制混淆了构件与构造在概念上的区别。

下面虚线框起的文字截图，为 16G101-1 增加的无梁楼盖暗梁的表示方法（见实线框内的文字）。

6.4 暗梁的表示方法

6.4.1 暗梁平面注写包括**暗梁集中标注、暗梁支座原位标注**两部分内容。施工图中在柱轴线处画中粗虚线表示暗梁。

6.4.2 暗梁集中标注包括暗梁编号、暗梁截面尺寸（箍筋外皮宽度×板厚）、暗梁箍筋、暗梁上部通长筋或架立筋四部分内容。暗梁编号按表 6.4.2，其他注写方式同本规则第 4.2.3 条。

表 6.4.2 暗梁编号

构件类型	代号	序号	跨数及有无悬挑
暗梁	AL	××	(××)、(××A) 或 (××B)

注：1. 跨数按柱网轴线计算（两相邻柱轴线之间为一跨）。

2. (××A) 为一端有悬挑，(××B) 为两端有悬挑，悬挑不计入跨数。

暗梁在任何结构体系中都不是构件，而是构造。16G101-1 增加的表 6.4.2 暗梁编号表中，设“构件类型”一栏并将“暗梁”列入栏内，是典型的概念错误。

构件与构造的区别为：

1. 从工作状态观察，构件独立工作，而构造不能独立工作。

2. 从内力计算看，可计算出独立工作的构件所承受的内力（构件本体内的弯矩、剪力、轴力等），但无法计算出非独立工作的构造所承受的内力。

3. 从功能上分析，构件与构造均具有直接功能，但性质不同。构件的直接功能为承载荷载，构造是协助构件抵抗荷载引起的内力。

暗梁是无梁楼盖板中的构造，与独立工作的框架梁构件完全不同，简单地套用框架梁的制图规则，不仅混淆构造与构件概念，而且会混淆构造方式：

1. 抗震设计时框架梁端部箍筋加密，一是为了协助框架柱消耗地震能量，二是为实现“强剪弱弯”功能，且在构造上有特定的箍筋加密区范围；无梁楼盖暗梁端部箍筋加密，一是为了抗剪，二是为了抗冲切，而与框架梁的强剪弱弯和地震耗能无关，因而加密方式有别。

2. 现行国家标准《混凝土结构设计规范》GB 50010—2010 和《建筑抗震设计规范》GB 50011—2010 均对抗震板柱体系中的无梁楼盖暗梁有明确的计算规定和构造要求，这些规定和要求均与抗震框架梁不同。16G101-1 简单地将框架梁制图规则模仿套用到板柱体系的暗梁表达上，为概念性和技术性双重错误。

【解评 5.2.2】16G101-1 所提无梁楼盖跨中板带在梁端支座“充分利用钢筋的抗拉强度”即达到极限强度，并不符合实际情况。

16G101-1 增加的第 6.5.3 条，见以下实线框中的文字：

> 6.5.3 无梁楼盖跨中板带上部纵向钢筋在梁端支座的锚固要求，本图集标准构造详图中规定：当设计按铰接时，平直段伸至端支座对边后弯折，且平直段长度≥$0.35l_{ab}$，弯折段投影长度 $15d$（d 为纵向钢筋直径）；当充分利用钢筋的抗拉强度时，直段伸至端支座对边后弯折，且平直段长度≥$0.6l_{ab}$，弯折段投影长度 $15d$。**设计者应在平法施工图中注明采用何种构造，当多数采用同种构造时可在图注中写明．并将少数不同之处在图中注明。**

在房屋结构中不存在诸如地铁涵洞、隧道或水工结构中的巨大截面的梁，房屋结构中梁的线刚度与柱的线刚度亦在协同工作范围，故房屋结构中梁的抗侧扭刚度不大，支承楼板的边梁的抗侧扭刚度较小，只能对板端部实现半刚接即铰接支承，不可能实现板的刚性支承。

由于无梁楼盖板的刚度通常为有梁无盖板刚度的数倍，边梁的抗侧扭刚度相对无梁楼盖板的刚度更小，不可能对无梁楼盖的板端部转角实现刚性约束，即边梁不可能对刚度较大的无梁楼盖板实现刚性支承。若不能对板端实现刚性约束，板端只能为半刚接即铰接。因此，要求无梁楼盖跨中板带在梁端支座“充分利用钢筋的抗拉强度”即达到极限强度，是虚构的概念。

此外，当弯折锚固时的锚固钢筋平直段不小于 $0.4l_{ab}$ 且弯钩投影长度为 $15d$（d 为锚固钢筋直径）时，即为刚性锚固。16G101-1 增加的第 6.5.3 条要求“充分利用钢筋的抗拉强度”时锚固钢筋的平直段长度大于等于 $0.6l_{ab}$（为刚性锚固要求的 150%），直接移植了动力荷载下的锚固构造，而平法制图规则和构造中尚未涉及工业与交通行业中的动力荷载下的构造。

此外，铰接的另一术语为“半刚接”，由于锚固钢筋平直段不小于 $0.4l_{ab}$ 且弯钩投影长度为 $15d$ 时为刚接，故锚固钢筋平直段只要伸至支座中线再加弯钩 $12d$，即可达到刚性锚固的 25% 至 75%，其中位数为 50%，即实现了半刚接。16G101-1 增加的第 6.5.3 条要求当设计按铰接时锚固钢筋的平直段不小于 $0.35l_{ab}$，已超出“半刚接”进入“准刚接”水准，要求过严。

通常情况下梁支座的宽度多半不能满足锚固钢筋平直段不小于 $0.35l_{ab}$，基本无法满足锚固钢筋平直段不小于 $0.6l_{ab}$，16G101-1 要求板铰接时锚固钢筋的平直段不小于 $0.35l_{ab}$，刚接时平直段不小于 $0.6l_{ab}$，将给施工造成很大麻烦。

应特别注意，虚构的“充分利用钢筋的抗拉强度”提法可能会误导设计出现安全隐患。通常情况下，非主体结构构件如非框架梁或楼板的板端支座在计算时均按铰支，由于铰支座不承受弯矩，故非框架梁或楼板的端跨下部的正弯矩比较大，配筋相应较大。暗示设计可在端支座“充分利用钢筋的抗拉强度”，虚构出其可承受不存在的负弯矩，会误导设计者将下部正弯矩上拉，虚构的相应减小的正弯矩，将导致构件端跨下部抵抗正弯矩配筋不足，给构件造成安全隐患。

总之，要求被支承构件端部上部钢筋“充分利用钢筋的抗拉强度”即达到极限抗拉强度（屈服强度），并不取决于该构件本身，而取决于支承该构件的构件有极高的抗侧扭刚度。在房屋建筑主体结构构件中不存在巨大截面的梁，且在平法现有图集中没有关于巨梁的设计规则和构造详图。

16G101-1 图集多处提到了“当设计按铰接时，平直段伸至端支座对边后弯折，且平直段长度≥$0.35l_{ab}$，弯折段投影长度 $15d$；当充分利用钢筋的抗拉强度时，平直段伸至端支座对边后弯折，且平直段长度≥$0.6l_{ab}$，弯折段投影长度 $15d$”。此规定涉及非框架梁、普通楼板、无梁楼盖板等诸多构件。应注意，此规定在国家现行规范、专业教科书和学术研究成果中均查不到科学依据，且与平法研究成果没有丝毫关系。因“充分利用钢筋的抗拉强度”应为客观需要，而非设计者的主观愿望，当铰接时并无此类客观需要。

三、关于楼板相关构造

【解评 5.3.1】关于楼板相关构造制图规则，16G101-1 的改动仍然有误，例如：

> 2. 后浇混凝土的强度等级 C××。宜采用补偿收缩混凝土，设计应注明相关施工要求。

实线框中 16G101-1 添加、改动的文字显示，其将平法对后浇混凝土“应采用不收缩或微膨胀混凝土”的要求，放宽为“宜采用补偿收缩混凝土”。

因补偿收缩百分比是不确定值，50％的补偿与 80％的补偿都是补偿，只有 100％的补偿收缩才为平法要求的“不收缩”。在规则中，应避免表述模糊性的非定量要求。

现在的混凝土材料技术，实现不收缩或微膨胀并不困难。只有严格要求后浇混凝土采用不收缩或微膨胀混凝土，才能确保后浇带不出现收缩通缝。

【解评 5.3.2】16G101-1 补画的悬挑板阳角放射筋示意图中，放射筋所在钢筋层面有误。

悬挑板阳角放射筋所在钢筋层面，根据是否以阳角放射筋抵抗板的悬挑阳角负弯矩，而有两种设置层面。当抵抗悬挑阳角的负弯矩以放射筋为主、两向正交的板中配筋为辅时，放射筋位于能产生最大抗力的最上层（第一层）；当抵抗悬挑阳角的负弯矩以两向正交的板中配筋为主、放射筋为辅时（即两向正交板配筋已满足抗力要求放射筋为构造加强），放射筋位于两向正交板配筋之下（第三层）。但无论何种情况，放射筋都不应夹在两向正交板筋之间（第二层）。

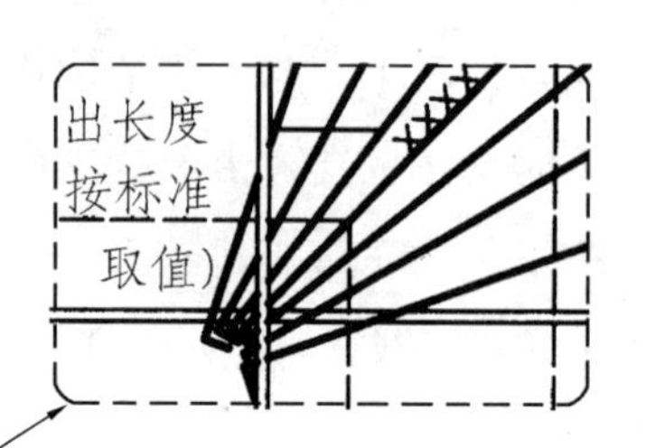

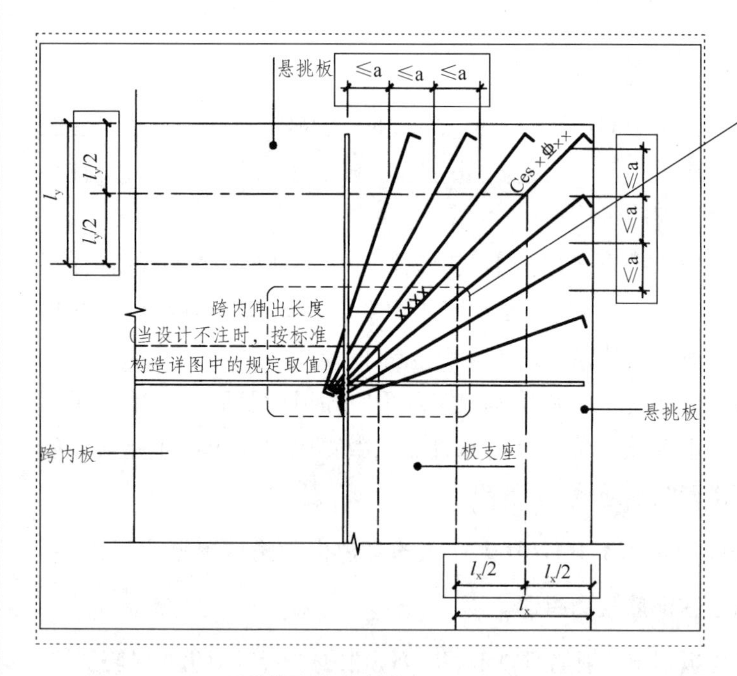

图 7.2.10-3　悬挑板阳角放射筋 Ces

16G101-1 增加的图 7.2.10-3 示意图显示，放射筋夹在两向正交板上部配筋之间，放置到了错误的层面。

另一个错误是，16G101-1 不了解关于放射型配筋的注写规定，误在图中添加了悬挑中分线“$l_y/2 \mid l_y/2$”和“$l_x/2 \mid l_x/2$”，此举将导致施工错误（详见【解评 10.5】）。

第六部分
综合通用构造疑难问题解评

混凝土结构的环境类别

环境类别	条件
一	室内干燥环境； 无侵蚀性静水浸没环境
二 a	室内潮湿环境； 非严寒和非寒冷地区的露天环境； 非严寒和非寒冷地区与无侵蚀性的水或土壤直接接触的环境； 严寒和寒冷地区的冰冻线以下与无侵蚀性的水或土壤直接接触的环境
二 b	干湿交替环境； 水位频繁变动环境； 严寒和寒冷地区的露天环境； 严寒和寒冷地区冰冻线以上与无侵蚀性的水或土壤直接接触的环境
三 a	严寒和寒冷地区冬季水位变动区环境； 受除冰盐影响环境； 海风环境
三 b	盐渍土环境； 受除冰盐作用环境； 海岸环境
四	海水环境
五	受人为或自然的侵蚀性物质影响的环境

注：1. 室内潮湿环境是指构件表面经常处于结露或湿润状态的环境。
2. 严寒和寒冷地区的划分应符合现行国家标准《民用建筑热工设计规范》GB 50176 的有关规定。
3. 海岸环境和海风环境宜根据当地情况，考虑主导风向及结构所处迎风、背风部位等因素的影响，由调查研究和工程经验确定。
4. 受除冰盐影响环境是指受到除冰盐盐雾影响的环境；受除冰盐作用环境是指被除冰盐溶液溅射的环境以及使用除冰盐地区的洗车房、停车楼等建筑。
5. 暴露的环境是指混凝土结构表面所处的环境。

混凝土保护层的最小厚度

环境类别	板、墙	梁、柱
一	15	20
二 a	20	25
二 b	25	35
三 a	30	40
三 b	40	50

注：1. 表中混凝土保护层厚度指最外层钢筋外边缘至混凝土表面的距离，适用于设计使用年限为 50 年的混凝土结构。
2. 构件中受力钢筋的保护层厚度不应小于钢筋的公称直径。
3. 一类环境中，设计使用年限为 100 年的结构最外层钢筋的保护层厚度不应小于表中数值的 1.4 倍；二、三类环境中，设计使用年限为 100 年的结构应采取专门的有效措施。
4. 混凝土强度等级不大于 C25 时，表中保护层厚度数值应增加 5。
5. 基础底面钢筋的保护层厚度，有混凝土垫层时应从垫层顶面算起，且不应小于 40。

（注：本页虚线框内为 16G101-1 第 56 页全文，所有数据取自《混凝土结构设计规范》GB 50010-2010）

受拉钢筋基本锚固长度 l_{ab}

钢筋种类	混凝土强度等级								
	C20	C25	C30	C35	C40	C45	C50	C55	≥C60
HPB300	39*d*	34*d*	30*d*	28*d*	25*d*	24*d*	23*d*	22*d*	21*d*
HRB335、HRBF335	38*d*	33*d*	29*d*	27*d*	25*d*	23*d*	22*d*	21*d*	21*d*
HRB400、HRBF400 RRB400	—	40*d*	35*d*	32*d*	29*d*	28*d*	27*d*	26*d*	25*d*
HRB500、HRBF500	—	48*d*	43*d*	39*d*	36*d*	34*d*	32*d*	31*d*	30*d*

抗震设计时受拉钢筋基本锚固长度 l_{abE}

钢筋种类		混凝土强度等级								
		C20	C25	C30	C35	C40	C45	C50	C55	≥C60
HPB300	一、二级	45*d*	39*d*	35*d*	32*d*	29*d*	28*d*	26*d*	25*d*	24*d*
	三级	41*d*	36*d*	32*d*	29*d*	26*d*	25*d*	24*d*	23*d*	22*d*
HRB335 HRBF335	一、二级	44*d*	38*d*	33*d*	31*d*	29*d*	26*d*	25*d*	24*d*	24*d*
	三级	40*d*	35*d*	31*d*	28*d*	26*d*	24*d*	23*d*	22*d*	22*d*
HRB400 HRBF400	一、二级	—	46*d*	40*d*	37*d*	33*d*	32*d*	31*d*	30*d*	29*d*
	三级	—	42*d*	37*d*	34*d*	30*d*	29*d*	28*d*	27*d*	26*d*
HRB500 HRBF500	一、二级	—	55*d*	49*d*	45*d*	41*d*	39*d*	37*d*	36*d*	35*d*
	三级	—	50*d*	45*d*	41*d*	38*d*	36*d*	34*d*	33*d*	32*d*

注：1. 四级抗震时，$l_{abE}=l_{ab}$。

2. 当锚固钢筋的保护层厚度不大于5*d*时，锚固钢筋长度范围内应设置横向构造钢筋，其直径不应小于*d*/4（*d*为锚固钢筋的最大直径）；对梁、柱等构件间距不应大于5*d*，对板、墙等构件间距不应大于10*d*，且均不应大于100（*d*为锚固钢筋的最小直径）。

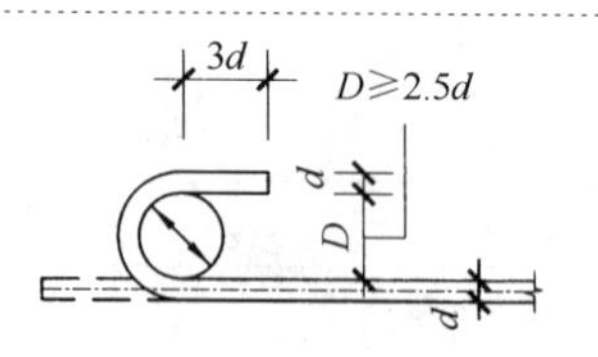

(a) 光圆钢筋末端180°弯钩

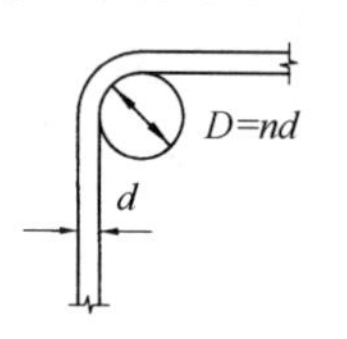

(b) 末端90°弯折

钢筋弯折的弯弧内直径D

注：钢筋弯折的弯弧内直径*D*应符合下列规定：

1. 光圆钢筋，不应小于钢筋直径的2.5倍。
2. 335MPa级、400MPa级带肋钢筋，不应小于钢筋直径的4倍。
3. 500MPa级带肋钢筋，当直径*d*≤25时，不应小于钢筋直径的6倍；当直径*d*>25时，不应小于钢筋直径的7倍。
4. 位于框架结构顶层端节点处（本图集第67页）的梁上部纵向钢筋和柱外侧纵向钢筋，在节点角部弯折处，当钢筋直径*d*≤25时，不应小于钢筋直径的12倍；当直径*d*>25时，不应小于钢筋直径的16倍。
5. 箍筋弯折处尚不应小于纵向受力钢筋直径；箍筋弯折处纵向受力钢筋为搭接或并筋时，应按钢筋实际排布情况确定箍筋弯弧内直径。

（注：本页虚线框内为16G101-1第57页全文）

受拉钢筋锚固长度 l_a

钢筋种类	混凝土强度等级																
	C20	C25		C30		C35		C40		C45		C50		C55		≥C60	
	$d≤25$	$d≤25$	$d>25$	$d≤25$	$d>25$	$d≤25$	$d>25$	$d≤25$	$d>25$	$d≤25$	$d>25$	$d≤25$	$d>25$	$d≤25$	$d>25$	$d≤25$	$d>25$
HPB300	39d	34d	—	30d	—	28d	—	25d	—	24d	—	23d	—	22d	—	21d	—
HRB335、HRBF335	38d	33d	—	29d	—	27d	—	25d	—	23d	—	22d	—	21d	—	21d	—
HRB400、HRBF400 RRB400	—	40d	44d	35d	39d	32d	35d	29d	32d	28d	31d	27d	30d	26d	29d	25d	28d
HRB500、HRBF500	—	48d	53d	43d	47d	39d	43d	36d	40d	34d	37d	32d	35d	31d	34d	30d	33d

受拉钢筋抗震锚固长度 l_{aE}

钢筋种类及抗震等级		混凝土强度等级																
		C20	C25		C30		C35		C40		C45		C50		C55		≥C60	
		$d≤25$	$d≤25$	$d>25$	$d≤25$	$d>25$	$d≤25$	$d>25$	$d≤25$	$d>25$	$d≤25$	$d>25$	$d≤25$	$d>25$	$d≤25$	$d>25$	$d≤25$	$d>25$
HPB300	一、二级	45d	39d	—	35d	—	32d	—	29d	—	28d	—	26d	—	25d	—	24d	—
	三级	41d	36d	—	32d	—	29d	—	26d	—	25d	—	24d	—	23d	—	22d	—
HRB335 HRBF335	一、二级	44d	38d	—	33d	—	31d	—	29d	—	26d	—	25d	—	24d	—	24d	—
	三级	40d	35d	—	30d	—	28d	—	26d	—	24d	—	23d	—	22d	—	22d	—
HRB400 HRBF400	一、二级	—	46d	51d	40d	45d	37d	40d	33d	37d	32d	36d	31d	35d	30d	33d	29d	32d
	三级	—	42d	46d	37d	41d	34d	37d	30d	34d	29d	33d	28d	32d	27d	30d	26d	29d
HRB500 HRBF500	一、二级	—	55d	61d	49d	54d	45d	49d	41d	46d	39d	43d	37d	40d	36d	39d	35d	38d
	三级	—	50d	56d	45d	49d	41d	45d	38d	42d	36d	39d	34d	37d	33d	36d	32d	35d

注：1. 当为环氧树脂涂层带肋钢筋时，表中数据尚应乘以1.25。

2. 当纵向受拉钢筋在施工过程中易受扰动时，表中数据尚应乘以1.1。

3. 当锚固长度范围内纵向受力钢筋周边保护层厚度为3d、5d（d为锚固钢筋的直径）时，表中数据可分别乘以0.8、0.7；中间时按内插值。

4. 当纵向受拉普通钢筋锚固长度修正系数（注1～注3）多于一项时，可按连乘计算。

5. 受拉钢筋的锚固长度l_a、l_{aE}计算值不应小于200。

6. 四级抗震时，$l_{aE}=l_a$。

7. 当锚固钢筋的保护层厚度不大于5d时，锚固钢筋长度范围内应设置横向构造钢筋，其直径不应小于$d/4$（d为锚固钢筋的最大直径）；对梁、柱等构件间距不应大于5d，对板、墙等构件间距不应大于10d，且均不应大于100（d为锚固钢筋的最小直径）。

（注：本页虚线框内为16G101-1第58页全文）

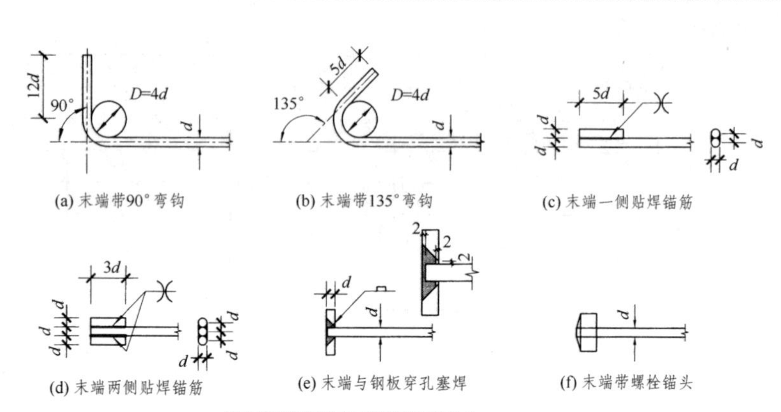

(a) 末端带90°弯钩　(b) 末端带135°弯钩　(c) 末端一侧贴焊锚筋

(d) 末端两侧贴焊锚筋　(e) 末端与钢板穿孔塞焊　(f) 末端带螺栓锚头

纵向钢筋弯钩与机械锚固形式

注：1. 当纵向受拉普通钢筋末端采用弯钩或机械锚固措施时，包括弯钩或锚固端头在内的锚固长度(投影长度)可取为基本锚固长度的60%。
2. 焊缝和螺纹长度应满足承载力的要求；螺栓锚头的规格应符合相关标准的要求。
3. 螺栓锚头和焊接钢板的承压面积不应小于锚固钢筋截面积的4倍。
4. 螺栓锚头和焊接锚板的钢筋净间距不宜小于4d，否则应考虑群锚效应的不利影响。
5. 截面角部的弯钩和一侧贴焊锚筋的布筋方向宜向截面内侧偏置。
6. 受压钢筋不应采用末端弯钩和一侧贴焊的锚固形式。

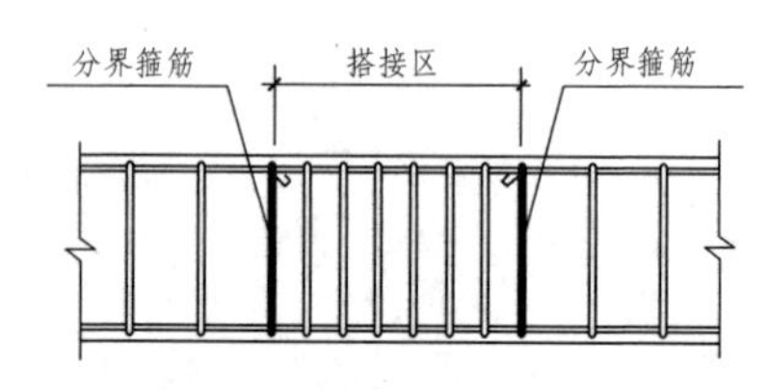

纵向受力钢筋搭接区箍筋构造

注：1. 本图用于梁、柱类构件搭接区箍筋设置。
2. 搭接区内箍筋直径不小于d/4(d为搭接钢筋最大直径)，间距不应大于100及5d(d为搭接钢筋最小直径)。
3. 当受压钢筋直径大于25时，尚应在搭接接头两个端面外100的范围内各设置两道箍筋。

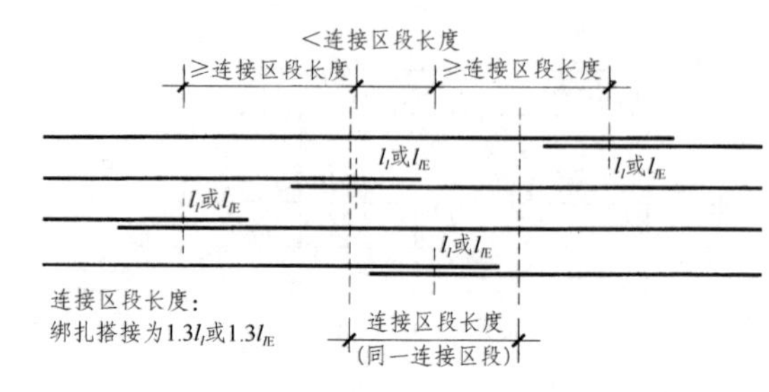

同一连接区段内纵向受拉钢筋绑扎搭接接头

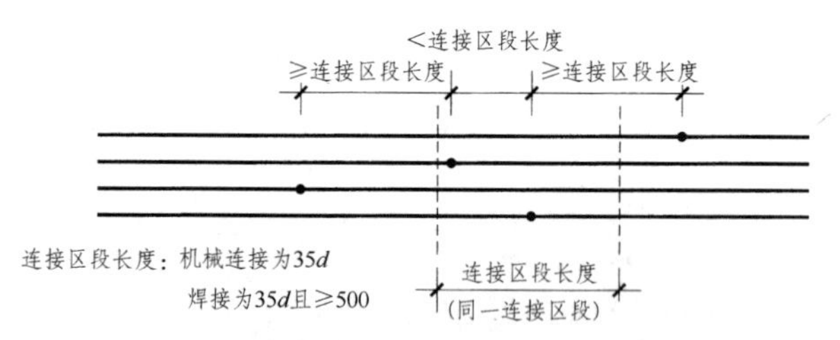

同一连接区段内纵向受拉钢筋机械连接、焊接接头

注：1. d为相互连接两根钢筋中较小直径；当同一构件内不同连接钢筋计算连接区段长度不同时取大值。
2. 凡接头中点位于连接区段长度内，连接接头均属同一连接区段。
3. 同一连接区段内纵向钢筋搭接接头面积百分率，为该区段内有连接接头的纵向受力钢筋截面面积与全部纵向钢筋截面面积的比值(当直径相同时，图示钢筋连接接头面积百分率为50%)。
4. 当受拉钢筋直径>25及受压钢筋直径>28时，不宜采用绑扎搭接。
5. 轴心受拉及小偏心受拉构件中纵向受力钢筋不应采用绑扎搭接。
6. 纵向受力钢筋连接位置宜避开梁端、柱端箍筋加密区。如必须在此连接时，应采用机械连接或焊接。
7. 机械连接和焊接接头的类型及质量应符合国家现行有关标准的规定。

（注：本页虚线框内为16G101-1第59页全文）

纵向受拉钢筋搭接长度 l_l

钢筋种类及同一区段内搭接钢筋面积百分率		混凝土强度等级																
		C20	C25		C30		C35		C40		C45		C50		C55		C60	
		$d\leqslant25$	$d\leqslant25$	$d>25$	$d\leqslant25$	$d>25$	$d\leqslant25$	$d>25$	$d\leqslant25$	$d>25$	$d\leqslant25$	$d>25$	$d\leqslant25$	$d>25$	$d\leqslant25$	$d>25$	$d\leqslant25$	$d>25$
HPB300	≤25%	$47d$	$41d$	—	$36d$	—	$34d$	—	$30d$	—	$29d$	—	$28d$	—	$26d$	—	$25d$	—
	50%	$55d$	$48d$	—	$42d$	—	$39d$	—	$35d$	—	$34d$	—	$32d$	—	$31d$	—	$29d$	—
	100%	$62d$	$54d$	—	$48d$	—	$45d$	—	$40d$		$38d$	—	$37d$	—	$35d$	—	$34d$	—
HRB335 HRBF335	≤25%	$46d$	$40d$	—	$35d$	—	$32d$	—	$30d$	—	$28d$	—	$26d$	—	$25d$	—	$25d$	—
	50%	$53d$	$46d$	—	$41d$	—	$38d$	—	$35d$	—	$32d$	—	$31d$	—	$29d$	—	$29d$	—
	100%	$61d$	$53d$	—	$46d$	—	$43d$	—	$40d$	—	$37d$	—	$35d$	—	$34d$	—	$34d$	—
HRB400 HRBF400 RRB400	≤25%	—	$48d$	$53d$	$42d$	$47d$	$38d$	$42d$	$35d$	$38d$	$34d$	$37d$	$32d$	$36d$	$31d$	$35d$	$30d$	$34d$
	50%	—	$56d$	$62d$	$49d$	$55d$	$45d$	$49d$	$41d$	$45d$	$39d$	$43d$	$38d$	$42d$	$36d$	$41d$	$35d$	$39d$
	100%	—	$64d$	$70d$	$56d$	$62d$	$51d$	$56d$	$46d$	$51d$	$45d$	$50d$	$43d$	$48d$	$42d$	$46d$	$40d$	$45d$
HRB500 HRBF500	≤25%	—	$58d$	$64d$	$52d$	$56d$	$47d$	$52d$	$43d$	$48d$	$41d$	$44d$	$38d$	$42d$	$37d$	$41d$	$36d$	$40d$
	50%	—	$67d$	$74d$	$60d$	$66d$	$55d$	$60d$	$50d$	$56d$	$48d$	$52d$	$45d$	$49d$	$43d$	$48d$	$42d$	$46d$
	100%	—	$77d$	$85d$	$69d$	$75d$	$62d$	$69d$	$58d$	$64d$	$54d$	$59d$	$51d$	$56d$	$50d$	$54d$	$48d$	$53d$

注：1. 表中数值为纵向受拉钢筋绑扎搭接接头的搭接长度。
2. 两根不同直径钢筋搭接时，表中 d 取较细钢筋直径。
3. 当为环氧树脂涂层带肋钢筋时，表中数据尚应乘以 1.25。
4. 当纵向受拉钢筋在施工过程中易受扰动时，表中数据尚应乘以 1.1。
5. 当搭接长度范围内纵向受力钢筋周边保护层厚度为 $3d$、$5d$（d 为搭接钢筋的直径）时，表中数据尚可分别乘以 0.8、0.7；中间时按内插值。
6. 当上述修正系数（注 3～注 5）多于一项时，可按连乘计算。
7. 任何情况下，搭接长度不应小于 300。

（注：本页虚线框内为 16G101-1 第 60 页全表，与 03G101-1 相应表格内容相同）

纵向受拉钢筋抗震搭接长度 l_{lE}

钢筋种类及同一区段内搭接钢筋面积百分率			混凝土强度等级																
			C20	C25		C30		C35		C40		C45		C50		C55		C60	
			$d\leqslant25$	$d\leqslant25$	$d>25$	$d\leqslant25$	$d>25$	$d\leqslant25$	$d>25$	$d\leqslant25$	$d>25$	$d\leqslant25$	$d>25$	$d\leqslant25$	$d>25$	$d\leqslant25$	$d>25$	$d\leqslant25$	$d>25$
一、二级抗震等级	HPB300	≤25%	54d	47d	—	42d	—	38d	—	35d	—	34d	—	31d	—	30d	—	29d	—
		50%	63d	55d	—	49d	—	45d	—	41d	—	39d	—	36d	—	35d	—	34d	—
	HRB335 HRBF335	≤25%	53d	46d	—	40d	—	37d	—	35d	—	31d	—	30d	—	29d	—	29d	—
		50%	62d	53d	—	46d	—	43d	—	41d	—	36d	—	35d	—	34d	—	34d	—
	HRB400 HRBF400	≤25%	—	55d	61d	48d	54d	44d	48d	40d	44d	38d	43d	37d	42d	36d	40d	35d	38d
		50%	—	64d	71d	56d	63d	52d	56d	46d	52d	45d	50d	43d	49d	42d	46d	41d	45d
	HRB500 HRBF500	≤25%	—	66d	73d	59d	65d	54d	59d	49d	55d	47d	52d	44d	48d	43d	47d	42d	46d
		50%	—	77d	85d	69d	76d	63d	69d	57d	64d	55d	60d	52d	56d	50d	55d	49d	53d
三级抗震等级	HPB300	≤25%	49d	43d	—	38d	—	35d	—	31d	—	30d	—	29d	—	28d	—	26d	—
		50%	57d	50d	—	45d	—	41d	—	36d	—	35d	—	34d	—	32d	—	31d	—
	HRB335 HRBF335	≤25%	48d	42d	—	36d	—	34d	—	31d	—	29d	—	28d	—	26d	—	26d	—
		50%	56d	49d	—	42d	—	39d	—	36d	—	34d	—	32d	—	31d	—	31d	—
	HRB400 HRBF400	≤25%	—	50d	55d	44d	49d	41d	44d	36d	41d	35d	40d	34d	38d	32d	36d	31d	35d
		50%	—	59d	64d	52d	57d	48d	52d	42d	48d	41d	46d	49d	45d	38d	42d	36d	41d
	HRB500 HRBF500	≤25%	—	60d	67d	54d	59d	49d	54d	46d	50d	43d	47d	41d	44d	40d	43d	38d	42d
		50%	—	70d	78d	63d	69d	57d	63d	53d	59d	50d	55d	48d	52d	46d	50d	45d	49d

注：1. 表中数值为纵向受拉钢筋绑扎搭接接头的搭接长度。
2. 两根不同直径钢筋搭接时，表中 d 取较细钢筋直径。
3. 当为环氧树脂涂层带肋钢筋时，表中数据尚应乘以 1.25。
4. 当纵向受拉钢筋在施工过程中易受扰动时，表中数据尚应乘以 1.1。
5. 当搭接长度范围内纵向受力钢筋周边保护层厚度为 $3d$、$5d$（d 为搭接钢筋的直径）时，表中数据尚可分别乘以 0.8、0.7；中间时按内插值。
6. 当上述修正系数（注 3～注 5）多于一项时，可按连乘计算。
7. 任何情况下，搭接长度不应小于 300。
8. 四级抗震等级时，$l_{lE}=l_l$。详见本图集第 60 页。

（注：本页虚线框内为 16G101-1 第 61 页全文，主要为 03G101-1 相应表格内容）

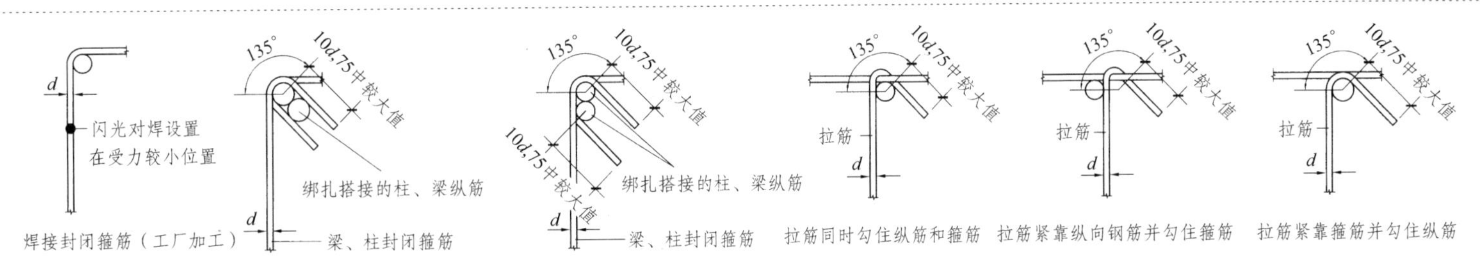

封闭箍筋及拉筋弯钩构造

注：非框架梁以及不考虑地震作用的悬挑梁，箍筋及拉筋弯钩平直段长度可为5d；当其受扭时，应为10d。

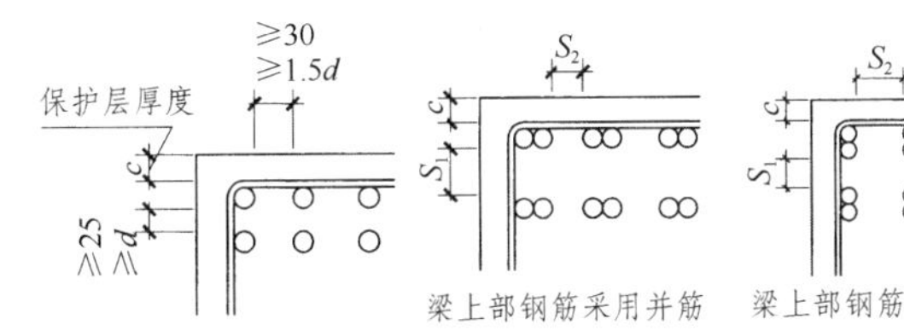

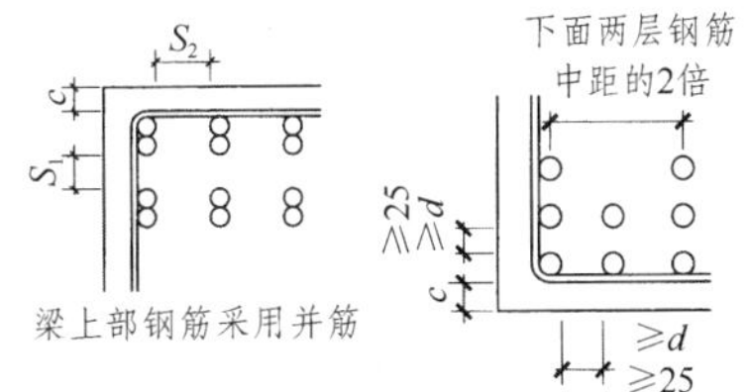

梁上部纵筋间距要求

d为钢筋最大直径

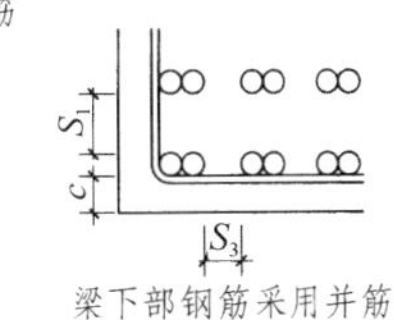

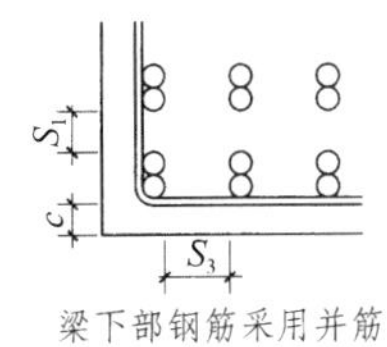

梁下部纵筋间距要求

d为钢筋最大直径

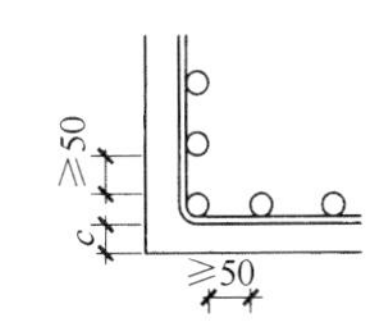

柱纵筋间距要求

梁并筋等效直径、最小净距表

单筋直径d	25	28	32
并筋根数	2	2	2
等效直径d_{eq}	35	39	45
层净距S_1	35	39	45
上部钢筋净距S_2	53	59	68
下部钢筋净距S_3	35	39	45

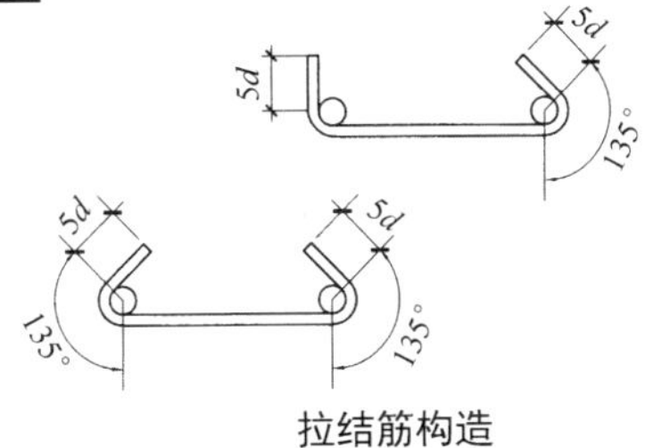

拉结筋构造

用于剪力墙分布钢筋的拉结，
宜同时勾住外侧水平及竖向分布钢筋

开始与结束位置应有水平段，长度不小于一圈半

弯后长度
角度135°

螺旋箍筋端部构造

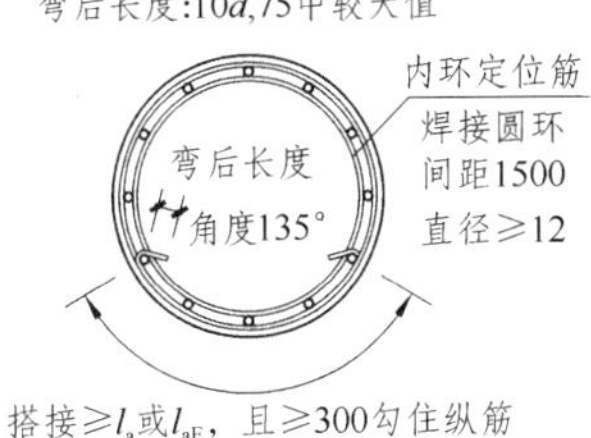

螺旋箍筋搭接构造

螺旋箍筋构造

（圆柱环状箍筋搭接构造同螺旋箍筋）

注：1. 当采用本图未涉及的并筋形式时，由设计确定，并筋等效直径的概念可用于本图集中钢筋间距、保护层厚度、钢筋锚固长度等的计算中。
2. 本图中拉筋弯钩构造做法采用何种形式由设计指定。
3. 并筋连接接头宜按每根单筋错开，接头面积百分率应按同一连接区段内所有的单根钢筋计算。钢筋的搭接长度应按单筋分别计算。
4. 机械连接套筒的横向净间距不宜小于25。

（注：本页虚线框内为16G101-1第62页全图，于03G101-1的相应图有调改）

【解评 6.1】关于确立混凝土保护层最小厚度的科学依据

钢筋混凝土结构系由钢筋和混凝土两种材料构成。两种材料共同工作基于两个基本条件：

1. 混凝土对钢筋有粘结强度；

2. 混凝土与钢筋的线膨胀率接近。

具有以上两个基本条件，钢筋与混凝土可以共同工作了，但尚需解决共同工作的可持续时间问题，涉及钢筋混凝土结构的耐久性功能。

混凝土主要由水泥、砂、石加水拌合凝固而成，其中主要的水泥成分，其化学性质为弱碱性，故混凝土整体呈弱碱性。

弱碱性的混凝土与钢筋有很好的亲和性。其典型特征为当钢筋周围充满混凝土后，弱碱性的混凝土能使钢筋表面生成一层致密的钝化膜。由于钝化膜上的微孔小于空气中的氧分子和氧离子，故当混凝土凝固，钢筋的表面生成钝化膜后，钢筋将停止氧化反应，从而在混凝土结构中持续整个设计周期正常地发挥抗力功能。

地球大气中含有二氧化碳（CO_2），二氧化碳的化学性质呈弱酸性。混凝土结构成型后，弱酸性的二氧化碳将与弱碱性的混凝土发生中和反应，其中，主体结构主要为气相反应，浸在水中的基础结构主要为液相反应。

这种中和反应，称为混凝土的碳化。

混凝土碳化从构件表面向构件内部扩展，扩展的速度即混凝土碳化的速度每年约为 0.5mm，碳化的混凝土将由弱碱性转为中性。

当混凝土碳化到钢筋表面后，钢筋外围将失去弱碱性混凝土的保护，由弱碱性碳化变性为中性的混凝土将使钢筋表面的钝化膜逐渐退化变性。钢筋失去钝化膜的保护后，便开始与大气中的氧发生氧化反应。

氧化反应将生成氧化铁，氧化铁不具有构件所需要的抗拉强度，且氧化铁的体积膨胀，从内部胀裂混凝土。此时，混凝土结构已不满足设计可靠度标准，已达最高设计使用年限。

由于混凝土碳化的速度每年约为 0.5mm，因此，对设计使用年限为 50 年的混凝土结构，主要受力构件的受力钢筋混凝土保护层厚度通常定为不小于 25mm；对设计使用年限为 100 年的混凝土保护层厚度尚应乘以增大系数。

当混凝土结构到达使用年限，构件内的钢筋已开始发生氧化反应后，混凝土结构已失去预设的可靠度，其安全性、适用性和耐久性已无衡量标准，此时结构尚可在低于标准的情况下继续存在 20 至 30 年，最终完全破坏。

混凝土的碳化进程不可逆转。工业生产不断加大的二氧化碳排放和持续恶化的大气污染，将导致混凝土碳化加速，缩短混凝土结构的设计使用年限。

【解评 6.2】关于现行规范对混凝土保护层最小厚度的调整

16G101-1 中的混凝土保护层最小厚度表数值取自现行《混凝土结构设计规范》GB 50010—2010，现行规范调整了原《混凝土结构设计规范》GB 50010—2002 中的相应规定，原规定为：

受力钢筋的混凝土保护层最小厚度（mm）

环境类别		墙、板、壳			梁			柱		
		≤C20	C25～C45	≥C50	≤C20	C25～C45	≥C50	≤C20	C25～C45	≥C50
一		20	15	15	30	25	25	30	30	30
二	a	—	20	20	—	30	30	—	30	30
	b	—	25	20	—	35	30	—	35	30
三		—	30	25	—	40	35	—	40	35

注：
1. 受力钢筋外边缘至混凝土表面的距离，除符合表中规定外，不应小于钢筋的公称直径。
2. 机械连接接头连接件的混凝土保护层厚度应满足受力钢筋保护层最小厚度的要求，连接件之间的横向净距不宜小于 25mm。
3. 设计使用年限为 100 年的结构：一类环境中，混凝土保护层厚度应按表中规定增加 40%；二类和三类环境中，混凝土保护层厚度应采取专门有效措施。
4. 三类环境中的结构构件，其受力钢筋宜采用环氧树脂涂层带肋钢筋。
5. 环境类别表详见第 35 页。
6. 板、墙、壳中分布钢筋的保护层厚度不应小于表中相应数值减 10mm，且不应小于 10mm；梁、柱中箍筋和构造钢筋的保护层厚度不应小于 15mm。

上表中数值与 16G101-1 表中数值对比，混凝土保护层最小厚度对墙、板、壳基本未变，梁与柱有所改变，改变的原因是梁与柱的保护层最小厚度原从纵向受力纵筋外表面起始度量改为从最外层横向钢筋（箍筋）的外表面起始度量。由于墙、板、壳的起始度量位置原来即为从最外层钢筋的外表面起始度量，故勿需改变。

钢筋的公称直径，对于 HPB300 牌号的光圆钢筋即为钢筋截面的直径，对于其他牌号的带肋钢筋，则是与钢筋任意横截面的总截面面积相等的圆截面的直径。

由于带肋钢筋表面有螺旋肋、人字肋、月牙肋、纵肋等，表面凹凸不平，我们可以测量带肋钢筋的核芯直径，但无法直接测量其公称直径，通常以钢材的质量密度和钢材的体积为参数，采用重量法换算。

应注意的是，带肋钢筋不包括肋截面的核芯截面面积，仅占以公称直径计算的圆截面面积的 90%上下。

【解评 6.3】关于剪力墙暗柱、端柱、扶壁柱、框支梁、暗梁、边框梁、连梁混凝土保护层最小厚度的取值

首先应明确，在剪力墙体系中，暗柱、端柱、扶壁柱、框支梁、暗梁、边框梁均非独立构件（实质为剪力墙的特殊部位），只有连梁为在剪力墙平面内即顺剪力墙轴线连接两片剪力墙的独立构件。

非独立构件如框支梁、暗梁、边框梁三种所谓的“梁”均不是梁，其与科学定义上独立构件[1]的梁没有关系。其中，框支梁为凌空剪力墙底部的偏心受拉边缘，暗梁、边框梁为剪力墙中的水平加强带。框支梁的主要功能是平衡架空剪力墙底部拱效应下的水平向外推力，暗梁、边框梁的主要功能是当剪力墙抵抗地震作用发生纵向劈裂破坏时时阻止纵向裂缝的延伸。

抗震剪力墙通常设置“边缘构件”，暗柱、端柱为边缘构件的两种形式。如前所述，暗柱、端柱或扶壁柱是剪力墙的边缘加强部位和墙身内的加强部位，但均不是独立工作的柱。

由于暗柱不是柱、暗梁不是梁，其本身就是剪力墙的一部分，所以暗柱、暗梁的混凝土保护层最小厚度应按对墙的要求取值。从构造特点来看，暗柱箍筋与剪力墙水平分布筋设置在同一层面（第一层），暗柱竖向筋与剪力墙竖向分布筋设置在同一层面（第二层），暗柱的保护层厚度必须与剪力墙相同，才能使剪力墙水平分布筋在第一层无障碍地延伸至暗柱端部弯钩，否则钢筋将产生位置上的冲突。

由于端柱也是剪力墙边缘构件，端柱的特点是一个侧面或两个相对侧面凸出墙身，此时凸出墙身的暗柱侧面可采用柱的混凝土保护层厚度，但未凸出墙身的端柱侧面仍应按墙的混凝土保护层厚度，以避免钢筋产生位置冲突。

对于墙中部的扶壁柱，有凸出一侧墙面和凸出两侧墙面两种情况，凸出墙面的部分可采用柱的保护层厚度，未凸出墙侧面时自然应与墙身的保护层厚度相同。

连梁通常与墙身等厚，连梁侧面筋与剪力墙水平分布筋位于同一层（第一层），连梁箍筋与暗柱竖向筋及剪力墙竖向分布筋位于同一层（第二层），连梁纵筋则位于第三层即在剪力墙暗柱竖向筋的内侧锚入暗柱与墙身。只有这样分层，钢筋才不会产生位置冲突，故连梁混凝土保护层厚度自然应与剪力墙相同。应注意，连梁的侧面筋置于箍筋外侧，而框架梁、非框架梁的侧面筋置于箍筋内侧，这是连梁钢筋设置与框架梁、非框架梁较显著的区别之一。

暗梁未凸出墙身，暗梁侧面筋就是剪力墙的水平分布筋，自然设置在最外层（第一层），暗梁箍筋与剪力墙竖向分布筋在同一层（第二层），暗梁纵筋则位于剪力墙竖向筋分布筋内侧的第三层。显然，暗梁的混凝土保护层厚度与剪力墙相同。

对于边框梁，有凸出一侧墙面和凸出两侧墙面两种情况，为简单起见，无论凸出墙面还是未凸出墙面，可均采用剪力墙的保护层厚度。

由于框支梁通常在剪力墙两侧对称凸出，故框支梁混凝土保护

[1] 明确独立与非独立构件的科学意义，在于明确非独立构件之间不存在支承与被支承关系，其仅存在钢筋连接构造。只有存在明确的支承与被支承关系的独立构件之间才存在钢筋锚固。若将非独立构件与独立构件混淆，会将独立构件之间的构造方式错误地“张冠李戴”套用在非独立构件上。

层厚度可按梁取值。

事实上，由于暗柱、端柱、扶壁柱、框支梁、暗梁、边框梁都是剪力墙的一部分而不是什么“构件”，所以保护层厚度理论上可全部按剪力墙采用。只是当任何一个部位凸出墙身时，凸出部位可以按柱、梁的保护层厚度，如此可稍微减少钢筋用量。

【解评 6.4】关于“受拉钢筋基本锚固长度 l_{ab}”

2010 年发布的《混凝土结构设计规范》中首次应用了“基本锚固长度”术语，基本锚固长度 l_{ab} 的计算公式与 2002 年发布的《混凝土结构设计规范》中锚固长度 l_a 的计算公式相同，计算参数也相同，区别在于按 2002 规范计算锚固长度 l_a 时，规定有 5 种不同修正条件，符合条件后应对按公式计算出的 l_a 做相应修正；但按 2010 规范计算锚固长度 l_a 时，则将上一版本规范中的 5 种修正条件以锚固修正系数 ζ_a 表示，在对系数 ζ_a 进行具体解释时仍然为 5 种修正条件，但有两个比较明显的改变。

现行规范的锚固修正系数 ζ_a 的修正条件中，增加了当钢筋以外的混凝土保护层厚度不小于 $5d$（d 为锚固钢筋直径）时，修正系数 ζ_a 可取 0.7（2002 规范仅规定混凝土保护层厚度不小于 $3d$ 时修正系数取 0.8）。

现行规范规定当混凝土保护层厚度不小于 $5d$ 时修正系数 ζ_a 可取 0.7，不小于 $3d$ 时取 0.8，即最终锚固长度短于基本锚固长度 30%及 20%，说明基本锚固长度的依据不是最优锚固条件。

结构构件在支座内的锚固，通常达不到混凝土粘结强度为最高值的最优条件，而是处于不同的工作条件。由于工作条件不具有普遍代表性，因此，以某种工作条件下的锚固长度作为“基本锚固长度”，在科学逻辑上存在问题。

当某项参数在科学逻辑上存在问题时，在实际工程中应用会产生模糊性争议。例如，桩头钢筋伸入承台的锚固长度，由于钢筋周围的混凝土厚度肯定大于 $5d$，按科学道理修正系数 ζ_a 应可取 0.7，但在实际工程中是否修正，却产生模糊性。

【解评 6.5】关于“抗震设计时受拉钢筋基本锚固长度 l_{abE}”

由于地震作用存在很高的非确定性、随机性、离散性，故在抗震设计时通常采用将弹性状态下的锚固长度乘以经验系数的方式作为抗震锚固长度。

如前所述，弹性状态下的“基本锚固长度”出自无普遍代表性的某种工作状态，在概念上不具备“基本”这一术语的科学逻辑性，16G101-1 将非地震弹性状态下的某种工作状态乘上某个系数称作“抗震设计时受拉钢筋基本锚固长度 l_{abE}”，在现行《混凝土结构设计规范》GB 50010—2010 没有这样的说法，即抗震锚固长度的计算来自参数 l_a（$l_{aE}=\zeta_{aE}l_a$），但不存在 l_{ab} 派生出 l_{abE} 的定义。

【解评 6.6】关于纵向受力钢筋搭接区构造

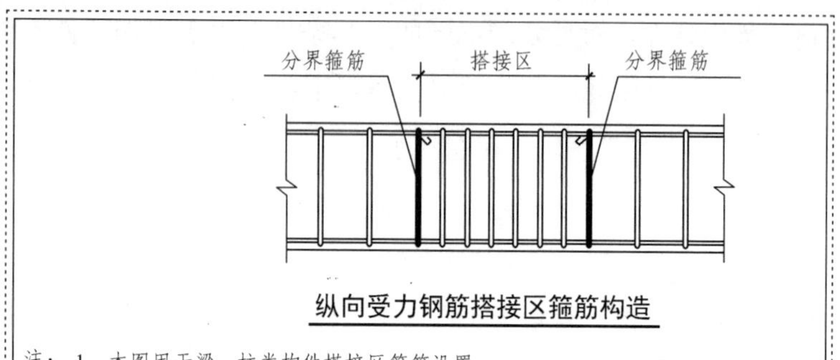

纵向受力钢筋搭接区箍筋构造

注：1. 本图用于梁、柱类构件搭接区箍筋设置。
2. 搭接区内箍筋直径不小于d/4(d为搭接钢筋最大直径)，间距不应大于100及5d(d为搭接钢筋最小直径)。
3. 当受压钢筋直径大于25时，尚应在搭接接头两个端面外100的范围内各设置两道箍筋。

上图搭接区范围在正常设置的两道箍筋之间加密的一道箍筋浪费钢筋过半。

注 1 中说明“本图用于梁、柱类构件搭接区箍筋设置”，但梁与柱的纵筋搭接情况完全不同。柱纵筋通常分两批“隔一搭一”搭接，故环柱截面周围都有搭接的纵筋，因而在正常设置的两道箍筋之间加密的一道箍筋必须采用封闭箍；但梁纵筋搭接时，环梁截面周围仅有上部纵筋或下部纵筋搭接，因而在正常设置的两道箍筋之间加密的一道箍筋不需要采用封闭箍。

在纵筋搭接范围加密横向钢筋的功能，是为了提高混凝土对钢筋的机械摩擦力。钢筋搭接传力不是依靠两根纵筋的接触，而是依靠混凝土对搭接钢筋的粘结强度，通过混凝土媒介将一根纵筋所受力传到另一根纵筋。但混凝土对钢筋的粘结强度与混凝土包裹钢筋的厚度有关，包裹越厚粘结强度越高，厚度达 5d（d 为纵筋直径）达到峰值。无论柱还是梁，其受力纵筋通常设置在构件表面，纵筋以外的混凝土保护层厚度通常仅不小于直径，粘结强度仅约为厚度达 5d 时的 70%。

搭接钢筋的实质为在构件本体内的自锚固。为了优化搭接钢筋的自锚固功能，优化搭接钢筋之间的传力效果，利用横向钢筋能够提高锚固钢筋机械摩擦力的功能，便作为纵筋搭接范围应加密横向钢筋的科学依据。

现行《混凝土结构设计规范》GB 50010—2010 第 8.3.1 条第 3 款规定：“当锚固钢筋的保护层厚度不大于 5d 时，锚固长度范围内应配置横向钢筋，其直径不应小于 $d/4$，对梁、柱、斜撑等构件间距不应大于 5d，对板、墙等平面构件不应大于 10d，且均不应大于 100mm，此处 d 为锚固钢筋的直径。”该款规定即为纵筋搭接范围应加密横向钢筋的规范依据。

应注意的是，无论提高锚固钢筋机械摩擦力的科学依据还是规范依据，对梁、柱均为加密“横向钢筋”，且应满足其直径不应小于 $d/4$、间距不应大于 5d 两个条件即可实现所需功能。

由于梁纵筋搭接仅有上部纵筋或下部纵筋，不存在环梁截面周围均有搭接钢筋的情况。当正常设置的梁箍筋间距超过搭接纵筋的 5d 时，可在正常设置的两道箍筋之间加密一道竖向肢长不小于 200mm 钩住第一道梁侧面构造纵筋的开口箍，且开口箍的直径为 8mm（搭接纵筋直径不小于 25mm 时）或 6mm（搭接纵筋直径小于 25mm 时），即可满足规范要求，实现特定功能。

【解评 6.7】关于拉筋弯钩构造

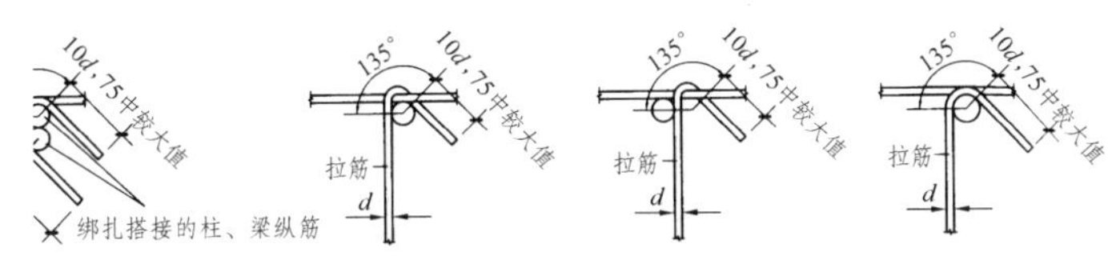

封闭箍筋及拉筋弯钩构造

注：非框架梁以及不考虑地震作用的悬挑梁，箍筋及拉筋弯钩平直段长度可为5d；当其受扭时，应为10d。

上图中包括三种拉筋弯钩构造，一种是正确的，两种是错误的。其中，右数第一图不是拉筋而是单肢箍，主要用作梁箍筋为奇数肢时的箍筋组合和无梁楼盖柱上板带在柱支座附近的抗冲切或抗剪箍筋。右数第二图为构造拉筋，主要用作梁侧面构造筋的拉筋，或可用作剪力墙身的双向或梅花双向拉筋，但不可用作剪力墙边缘暗柱或端柱的受力拉筋。右数第三图才是用作柱拉筋正确的构造方式，即拉筋同时钩住纵筋与箍筋的交叉点。

拉筋主要用作柱的横向钢筋，其功能是模拟柱的三向受压状态，增强柱的抗压能力，拉筋同时具有单肢箍的抗剪功能，但单肢箍不是拉筋，不具有拉筋的科学定义。构造拉筋属于弱拉筋，因其非足强度受力故其性能弱于拉筋，这样的拉筋不可用于柱和剪力墙边缘暗柱或端柱。

将拉筋、构造拉筋、单肢箍不分功能特点混为一谈，会严重误导业界。

【解评 6.8】关于梁并筋方式

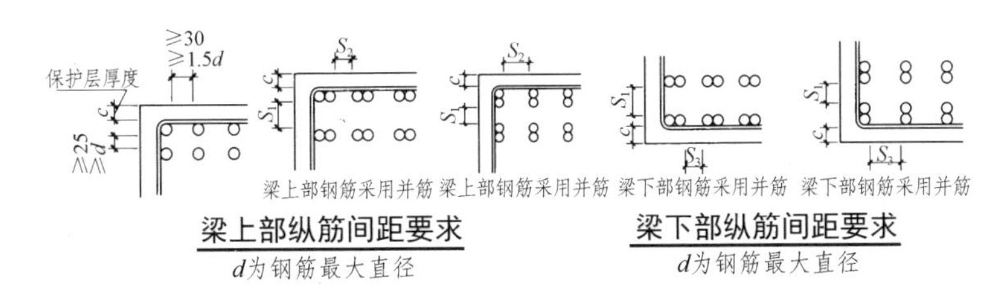

梁上部纵筋间距要求

d为钢筋最大直径

梁下部纵筋间距要求

d为钢筋最大直径

在 1985 年以前，我国的钢筋混凝土设计规范主要借鉴前苏联同类规范，1985 年以后主要借鉴美国同类规范。无论中国、美国还是前苏联的规范，其最高设计原则基本相同，均为极限状态设计原则。

在极限状态设计原则下，构件的破坏以钢筋受拉达到极限抗拉强度、混凝土受压达到极限抗压强度，代表构件的受力状态达到极限状态。在极限状态设计原则下，对构件进行设计配筋时，钢筋抗拉强度均取极限抗拉设计强度，即设计屈服强度。

由于钢筋为足强度受力，相应要求混凝土对钢筋的粘结强度也尽可能达到最高值，以便创造钢筋与混凝土共同工作的最好条件。为此，要求同排受力钢筋之间、钢筋排与排之间必须保持合适的净距，这个合适的净距通常不小于 25mm（美国规范为 1 英寸即 25.4mm），以便钢筋净距之间能够容纳最大颗粒粒径为 20mm 的混凝土，使混凝土完全包裹钢筋，使其对钢筋的粘结强度达到最高值，优化钢筋达到极限抗拉设计强度的工作条件。

由于中美规范均采用极限状态设计原则，在概念上相应有少筋、超筋、适筋三种状况，而设计原则要求必须设计为延性破坏状态（钢筋与混凝土可同时达到极限破坏）的适筋构件，避免设计成可发生脆性破坏的少筋梁或超筋梁。

为此，规范相应规定了最小配筋率和最大配筋率，以防止少筋或超筋脆性破坏。防止超筋的具体措施，是规定了最大配筋率。凡是具有充分设计经验的设计工程师均知道，即便构件设计达最大配筋率，纵筋也不至于过多导致在构件截面中排不开。所以，在长达半个多世纪的设计项目中，几乎没有出现必须并筋才能排开的情况。而若采用并筋方式，混凝土无法完全包裹纵筋，也就不能为达到极限抗拉设计强度的纵筋提供最高的粘结强度，无法优化钢筋与混凝土工作的条件。

与中国和美国不同的是，欧洲的钢筋混凝土构件中存在并筋现象，其原因，是欧洲规范的设计原则是容许应力设计原则而非极限状态设计原则。在容许应力设计原则下，设计工程师在配置钢筋时通常取比钢筋屈服强度低 30％甚至更多，相应配置的钢筋根数较多，确实会出现排不开的情况。由于所配置钢筋在工作时不是发挥最大抗拉强度，相应地，混凝土对钢筋包裹产生的粘结强度已不需要达到最高，所以可以采用并筋方式。

由于中国规范为极限状态设计原则，在极限状态设计原则下推行并筋方式，将分别适用于容许应力设计原则与极限状态设计原则不同的构造方式进行混交，在科学逻辑上存在问题。

而且，目前提出的在构件本体内并筋似乎很容易做到，但所并钢筋在支座内如何锚固，却既无专业教科书讲述，也无相应规范规定，在并筋后的节点构造处理上完全是盲区。

经验表明，完全保持同排钢筋与不同排钢筋净距时，钢筋伸入支座尚存在与另向钢筋交叉的上下关系等位置冲突难题尚未解决，若采用缺乏充分研究储备兀然提出的并筋方式，尤其是采用竖向并筋后，不仅本身的锚固找不到规范依据，更会加剧与另向交叉钢筋在位置冲突上的矛盾。

第七部分
柱构造疑难问题解评

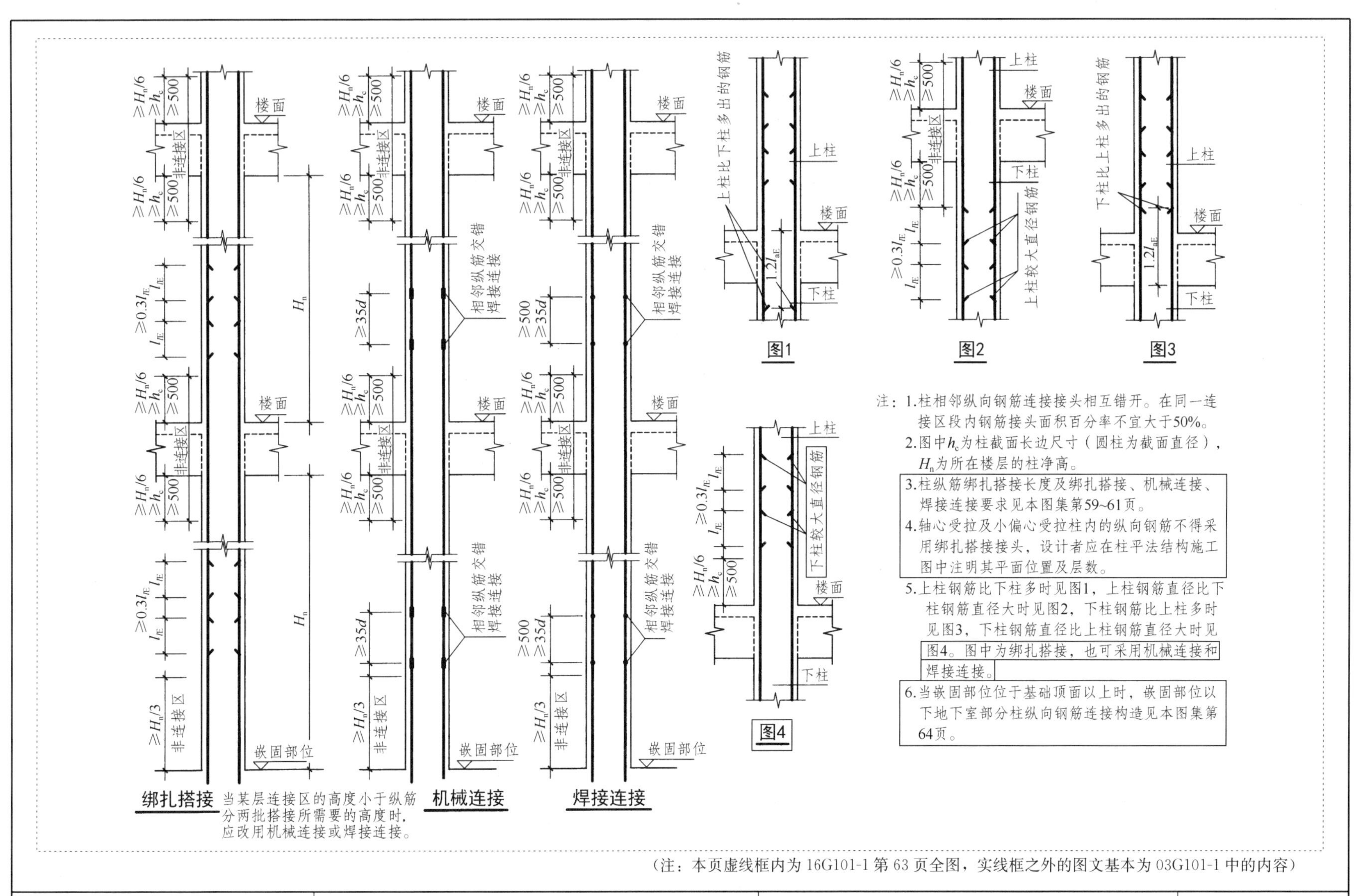

（注：本页虚线框内为16G101-1第63页全图，实线框之外的图文基本为03G101-1中的内容）

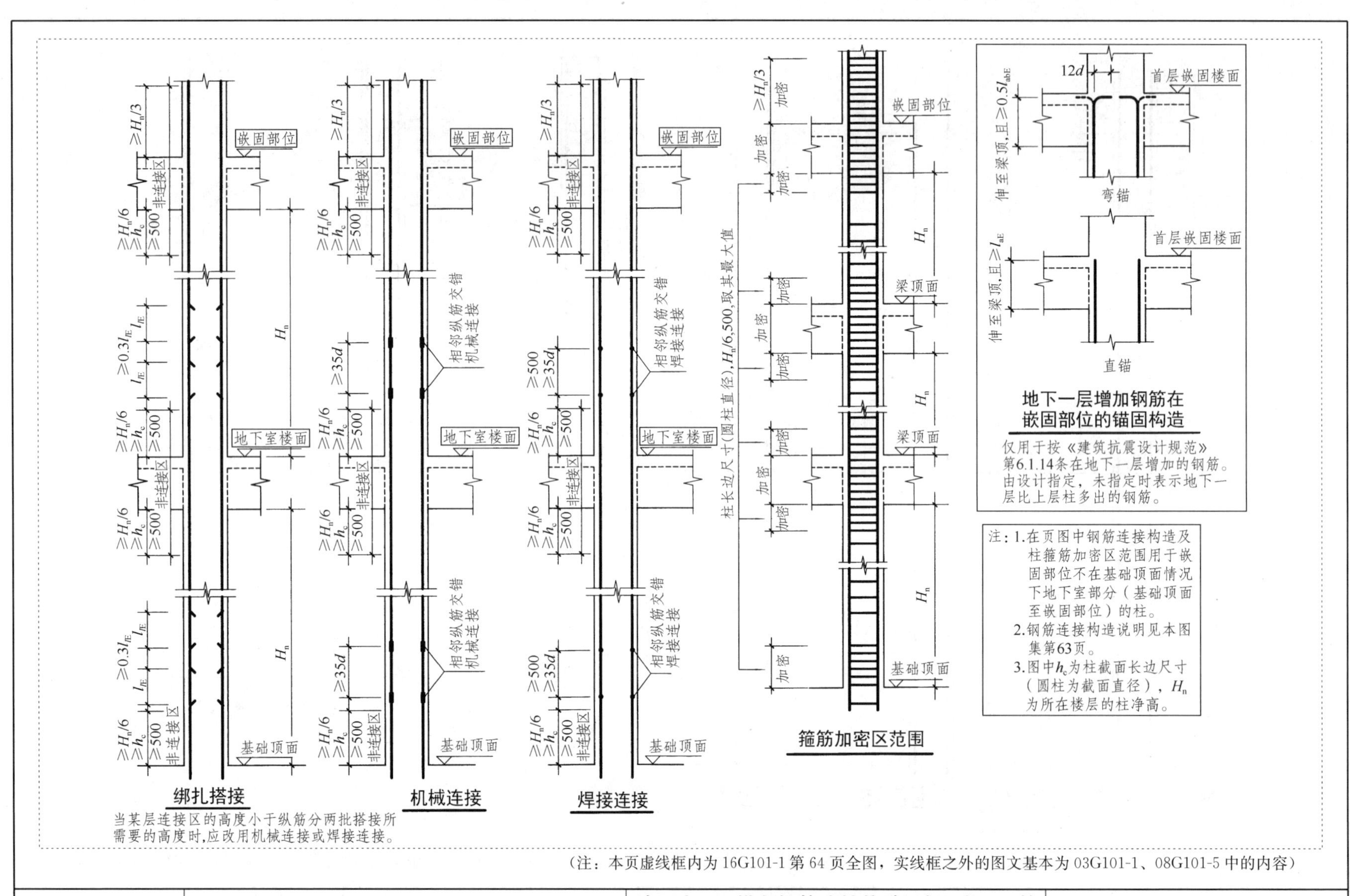
嵌固部位
地下室楼面
基础顶面
非连接区
相邻纵筋交错机械连接
相邻纵筋交错焊接连接
绑扎搭接
当某层连接区的高度小于纵筋分两批搭接所需要的高度时,应改用机械连接或焊接连接。
机械连接
焊接连接
加密
梁顶面
柱长边尺寸(圆柱直径),H_n/6,500,取其最大值
箍筋加密区范围
首层嵌固楼面
伸至梁顶,且≥$0.5l_{abE}$
12d
弯锚
伸至梁顶,且≥l_{aE}
直锚
地下一层增加钢筋在嵌固部位的锚固构造
仅用于按《建筑抗震设计规范》第6.1.14条在地下一层增加的钢筋。由设计指定,未指定时表示地下一层比上层柱多出的钢筋。
注：1.在页图中钢筋连接构造及柱箍筋加密区范围用于嵌固部位不在基础顶面情况下地下室部分（基础顶面至嵌固部位）的柱。
2.钢筋连接构造说明见本图集第63页。
3.图中h_c为柱截面长边尺寸（圆柱为截面直径），H_n为所在楼层的柱净高。
（注：本页虚线框内为16G101-1第64页全图，实线框之外的图文基本为03G101-1、08G101-5中的内容）

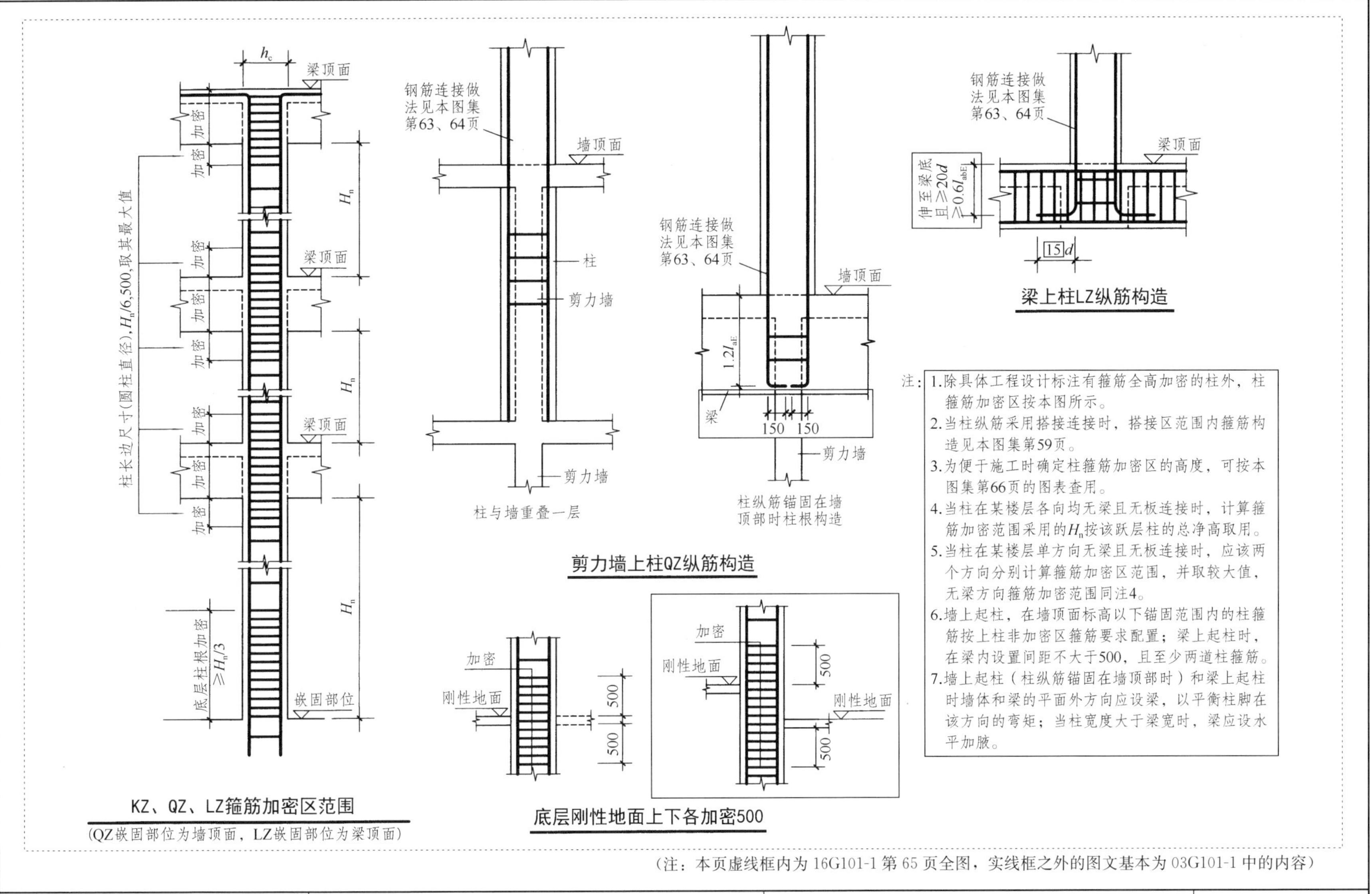

（注：本页虚线框内为16G101-1第65页全图，实线框之外的图文基本为03G101-1中的内容）

抗震框架柱和小墙肢箍筋加密区高度选用表

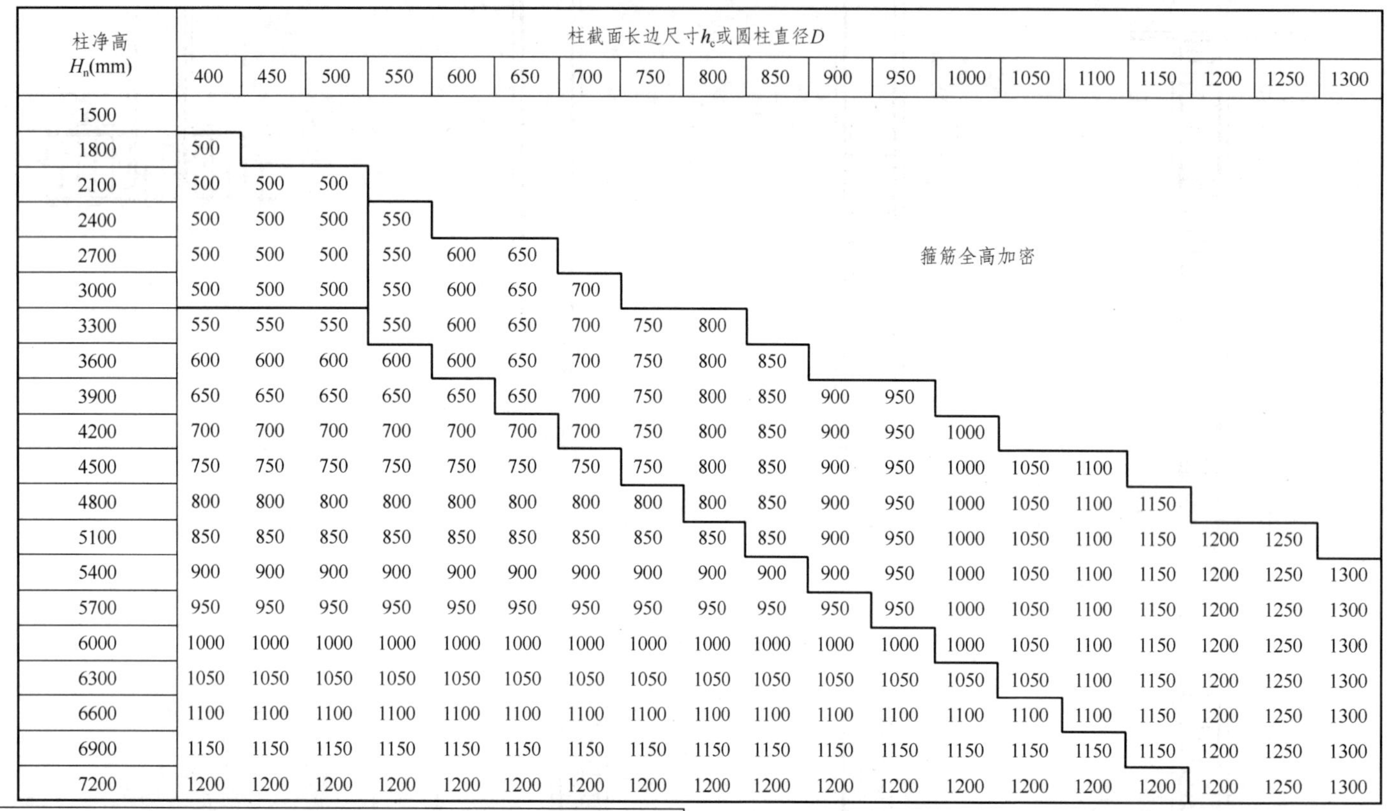

柱净高 H_n(mm)	柱截面长边尺寸h_c或圆柱直径D																		
	400	450	500	550	600	650	700	750	800	850	900	950	1000	1050	1100	1150	1200	1250	1300
1500	箍筋全高加密																		
1800	500																		
2100	500	500	500																
2400	500	500	500	550															
2700	500	500	500	550	600	650													
3000	500	500	500	550	600	650	700												
3300	550	550	550	550	600	650	700	750	800										
3600	600	600	600	600	600	650	700	750	800	850									
3900	650	650	650	650	650	650	700	750	800	850	900	950							
4200	700	700	700	700	700	700	700	750	800	850	900	950	1000						
4500	750	750	750	750	750	750	750	750	800	850	900	950	1000	1050	1100				
4800	800	800	800	800	800	800	800	800	800	850	900	950	1000	1050	1100	1150			
5100	850	850	850	850	850	850	850	850	850	850	900	950	1000	1050	1100	1150	1200	1250	
5400	900	900	900	900	900	900	900	900	900	900	900	950	1000	1050	1100	1150	1200	1250	1300
5700	950	950	950	950	950	950	950	950	950	950	950	950	1000	1050	1100	1150	1200	1250	1300
6000	1000	1000	1000	1000	1000	1000	1000	1000	1000	1000	1000	1000	1000	1050	1100	1150	1200	1250	1300
6300	1050	1050	1050	1050	1050	1050	1050	1050	1050	1050	1050	1050	1050	1050	1100	1150	1200	1250	1300
6600	1100	1100	1100	1100	1100	1100	1100	1100	1100	1100	1100	1100	1100	1100	1100	1150	1200	1250	1300
6900	1150	1150	1150	1150	1150	1150	1150	1150	1150	1150	1150	1150	1150	1150	1150	1150	1200	1250	1300
7200	1200	1200	1200	1200	1200	1200	1200	1200	1200	1200	1200	1200	1200	1200	1200	1200	1200	1250	1300

注：1.表内数值未包括框架嵌固部位柱根部箍筋加密区范围。

2.柱净高（包括因嵌砌填充墙等形成的柱净高）与柱截面长边尺寸（圆柱为截面直径）的比值$H_n/h_c \leq 4$时，箍筋沿柱全高加密。

3.小墙肢即墙肢长度不大于墙厚4倍的剪力墙。矩形小墙肢的厚度不大于300时，箍筋全高加密。

（注：本页虚线框内为16G101-1第66页全表，其中除实线框起的表注外，均基本为03G101-1中的内容）

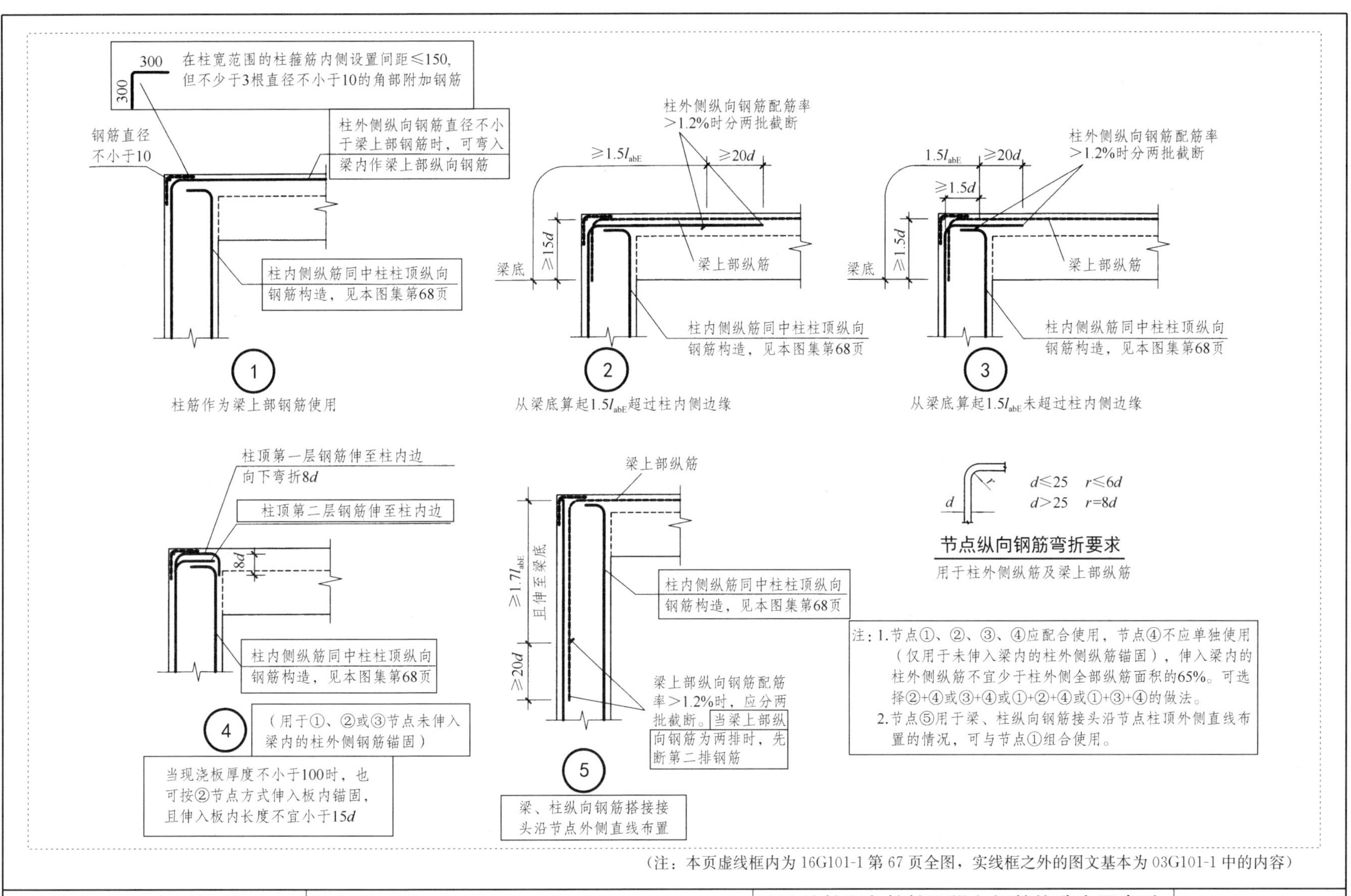

（注：本页虚线框内为16G101-1第67页全图，实线框之外的图文基本为03G101-1中的内容）

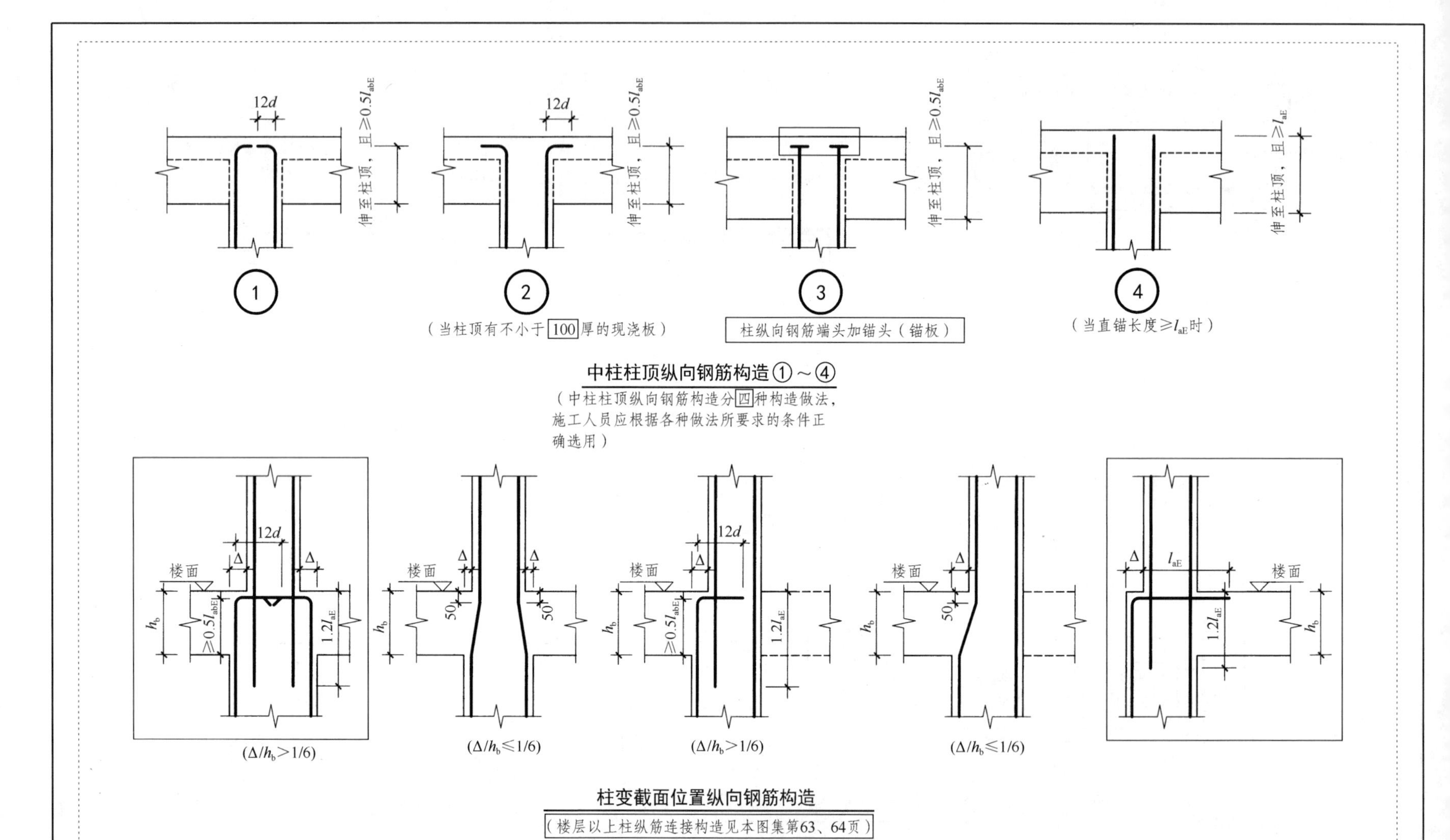

（注：本页虚线框内为16G101-1第68页全图，实线框之外的图文基本为03G101-1中的内容）

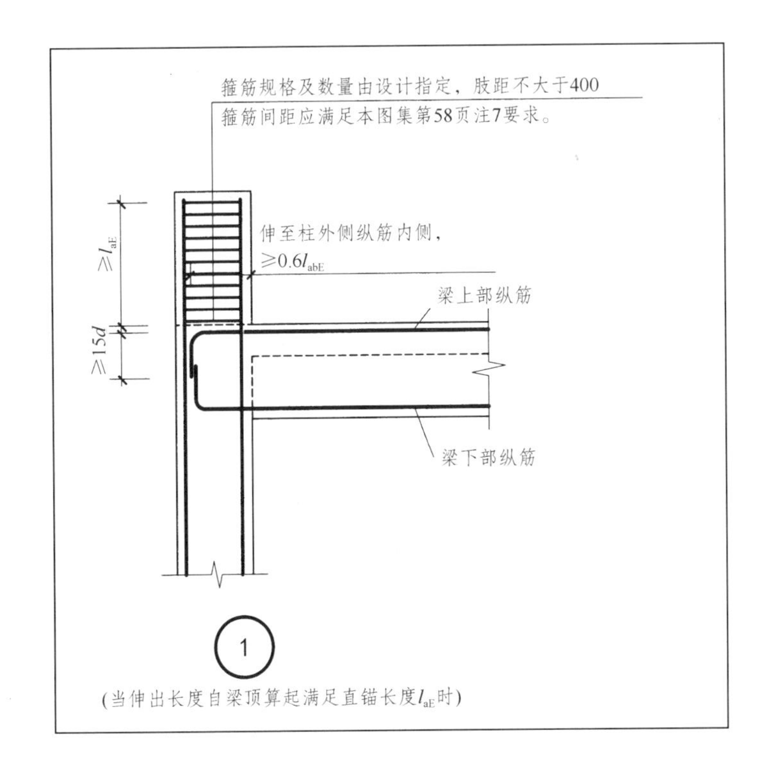

(当伸出长度自梁顶算起满足直锚长度l_{aE}时)

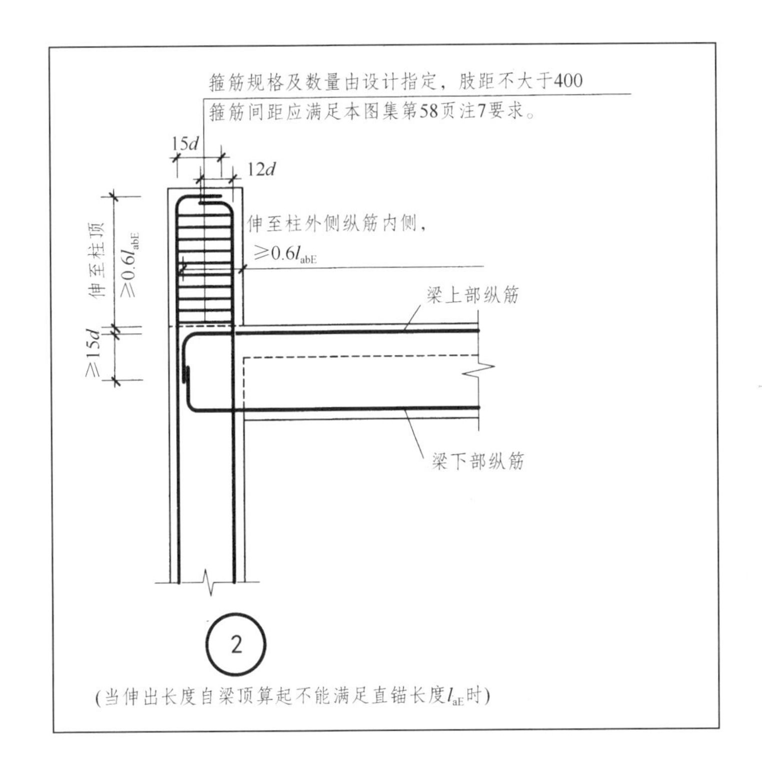

(当伸出长度自梁顶算起不能满足直锚长度l_{aE}时)

注：1. 本图所示为顶层边柱、角柱伸出屋面时的柱纵筋做法，设计时应根据具体抻出长度采取相应节点做法。
2. 当柱顶伸出屋面的截面发生变化时应另行设计。
3. 图中梁下部纵筋构造见本图集第85页。

(注：本页虚线框内为16G101-1第69页全图)

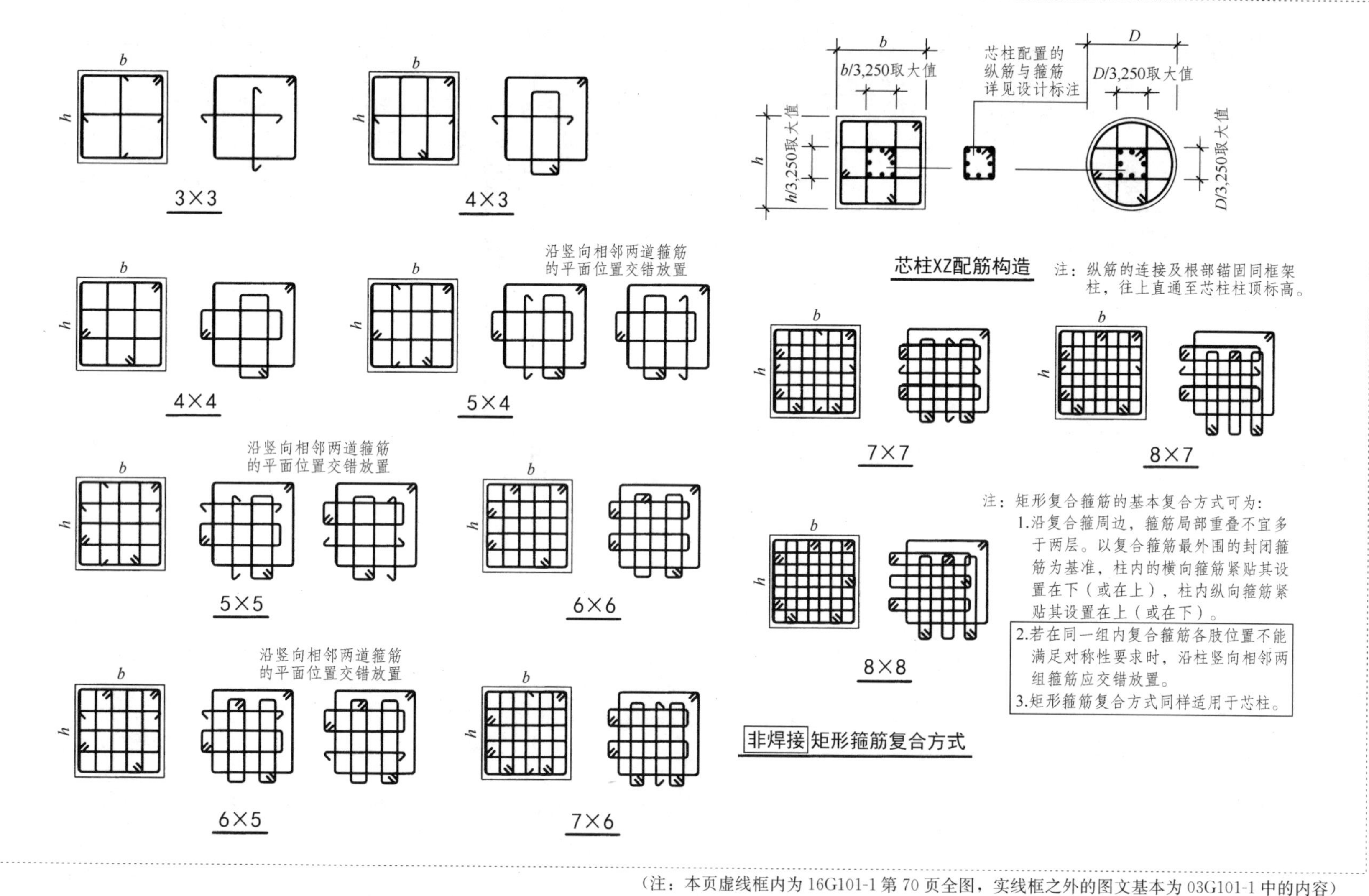

（注：本页虚线框内为16G101-1第70页全图，实线框之外的图文基本为03G101-1中的内容）

【解评 7.1】关于框架柱纵筋的连接区与非连接区

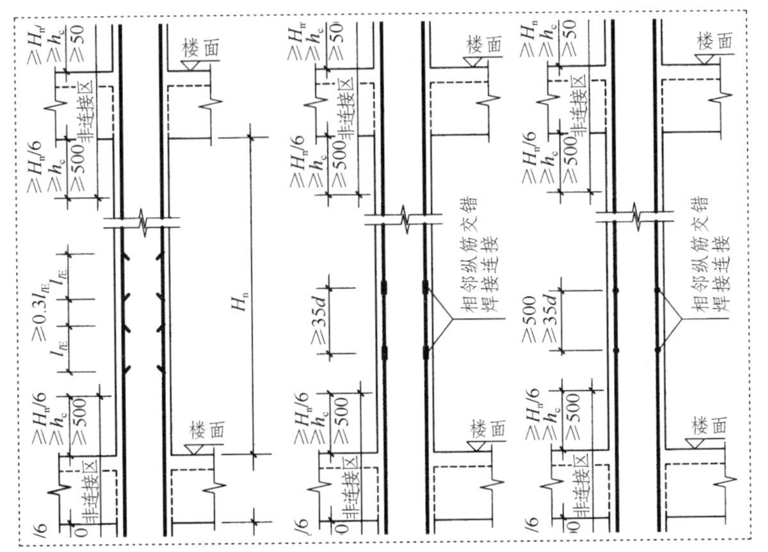

如上图截图所示，框架柱纵筋的非连接区已明确注明，其余部位自然就是连接区。

柱纵筋连接区设置在框架柱中部，主要为了受力合理，其次施工比较方便。框架结构受力时为剪切型变形，框架柱弯矩分布规律，系柱上端和柱下端弯矩最大且反号，弯矩的反弯点在柱中部弯矩最小，因此，连接区在柱中部具有较高的安全度储备。

由于钢筋定尺长度为某固定值，在实际施工时，经常发生钢筋下料尾段较短伸不到非连接区，不能充分利用造成钢材浪费的情况。那么，是否可以不受非连接区的约束，百分之百地利用钢筋定尺长度呢？这在理论上完全可以，在技术上完全可行，但当前采用我国传统的连接方式则做不到。

关于金属线材、管材的连接，国际通行的连接标准，为连接点的强度和刚度不低于线材、管材本体，以满足整体可靠度指标。但我国目前采用的关于框架柱纵筋搭接连接、机械连接、焊接连接三种方式，通常均不能实现连接点的强度和刚度高于线材本体，所以只能限制在“受力较小处”。

【解评 7.2】关于柱纵筋的搭接连接

柱纵筋的搭接连接，“搭接”只是其表现形式而不是实质性内容。搭接连接的实质为钢筋端部在混凝土构件中的**本体锚固**[1]；本体锚固仅涉及构件自身而与其他构件无关；本体锚固与**节点锚固**的功能不同，节点锚固涉及两个构件的连接。

由于搭接连接的实质为钢筋端部的本体锚固，所以要求混凝土提供最优锚固条件。众所周知，锚固力的高低与混凝土对钢筋的粘结强度为确定的因果关系，钢筋外的混凝土越厚，混凝土对钢筋的粘结强度越高，锚固力亦越高。

---

1 平法理论提出钢筋的锚固分为构件的**节点锚固**和**本体锚固**。节点锚固系构件纵筋（通常为被支承构件）在其他构件提供的支座内锚固，且与其他构件的连接密切相关；本体锚固系构件纵筋在本体内自锚，且与其他构件无关。

为优化混凝土对钢筋的粘结强度从而获得较高的锚固力，必须创造钢筋外的混凝土达到一定厚度的条件。

但是，我国传统的钢筋搭接方式，错误地把两根钢筋端部接触并到一起，两根钢筋之间无法浇入混凝土，相当于两根钢筋接触界面的混凝土厚度为零；对于柱截面中部钢筋，其另一个正交面混凝土厚度仅仅为一个最小保护层厚度，两个极其薄弱的正交平面导致混凝土对钢筋的粘结强度大幅降低，对于柱截面的角筋情况更差。综合来看，接触搭接时的粘结强度仅有在钢筋周围全被混凝土包裹时的 2/3 左右，锚固力亦仅为正常锚固时的 2/3 左右。

显然，将两根钢筋接触并在一起的搭接方式，劣化而不是优化了混凝土对钢筋的粘结条件，以这种方式搭接的连接效果，仅能传力 60％左右，远达不到足强度传力，无法达到“连接点的强度和刚度通常应高于线材本体”的科学标准。

综上所述，接触方式的绑扎搭接，可用于非足强度受力的构造钢筋搭接或分布钢筋搭接，但用于受力钢筋搭接是不科学的。若普遍采用接触方式绑扎搭接，只能将搭接区被动设置在“受力较小处”，并将受力较大部位限制为钢筋非连接区，从而造成大量难以充分利用的短钢筋，浪费钢材非常可惜。

此外，由于接触方式绑扎搭接传力效果差，不得不加大搭接长度，100％搭接率时为 1.6 倍锚长，50％搭接率时为 1.4 倍锚长，25％搭接率时为 1.25 倍锚长，整体上加长了约 20％，等于再浪费了约 20％搭接长度的钢材，且仍然未实现足强度传力。

对于受力钢筋，科学的搭接连接方式是非接触搭接，为传播科学方法，原创平法在十多年前的 2004 年便推出了非接触搭接连接的平行搭接和同轴搭接两种方式，两种方式的共同特点均为在两根钢筋的搭接长度范围保持 25mm 的平行净距，以便容纳最大粒径为 20mm 的混凝土颗粒，使混凝土完全包裹钢筋，优化混凝土对钢筋的粘结锚固条件获取最高的本体锚固力。

试验和实践证明，采用 50％搭接率的非接触搭接钢筋，不仅能实现足强度传力，而且能显著提高构件的抗弯、抗偏压极限承载力，非接触搭接的功能效果反而优于贯通纵筋，故可用于任何部位，不必受连接区与非连接区的限制。

采用正确的搭接连接方式，在科学概念上意义重大，在科学用钢方面则可直接产生经济效益。

【解评 7.3】关于柱纵筋的机械连接

柱纵筋机械连接，有直螺纹套筒、挤压套筒、注浆套筒以及粗铁丝密匝捆绑等连接方式，现时我国应用最普遍的是直螺纹套筒连接，已经不再采用的是粗铁丝密匝捆绑连接。

按现代技术标准，机械连接应能做到连接点的强度和刚度不低于线材本体，但实际上注浆套筒和挤压套筒连接比较容易实现，而我国普遍采用的直螺纹套筒连接存在一定问题。

直螺纹套筒连接，需要预先去掉带肋钢筋的肋，然后将实芯墩粗后套丝，保证套丝后的最小直径不小于变形钢筋的公称直径。由于墩粗后再套丝的工艺复杂，在实际工程中往往省略实芯墩粗工序而在直接去掉肋的实芯上套丝，这样做的结果将带肋钢筋的实际截面面积减小了约15%。

柱纵筋采用实芯套丝后的直螺纹机械连接不符合技术规范，这样做因钢筋截面减小，设置在受力较大部位时将存在安全隐患。在这方面应引起业界警觉。

【解评 7.4】关于柱纵筋的焊接连接

柱钢筋的焊接，有闪光对焊、电渣压力焊、帮条焊等方式，其中，对较粗的纵筋，闪光对焊的效果最好，但因逐层向上推高施工柱，其纵筋无法采用闪光对焊，故当前我国主要普遍采用的是电渣压力焊。

电渣压力焊的效果不如闪光对焊，做不到连接点的强度和刚度不低于线材本体，因此必须在柱的受力较小处连接，且框架短柱、框支柱的纵筋不宜采用电渣压力焊。

【解评 7.5】关于柱纵筋配置上下层发生变化

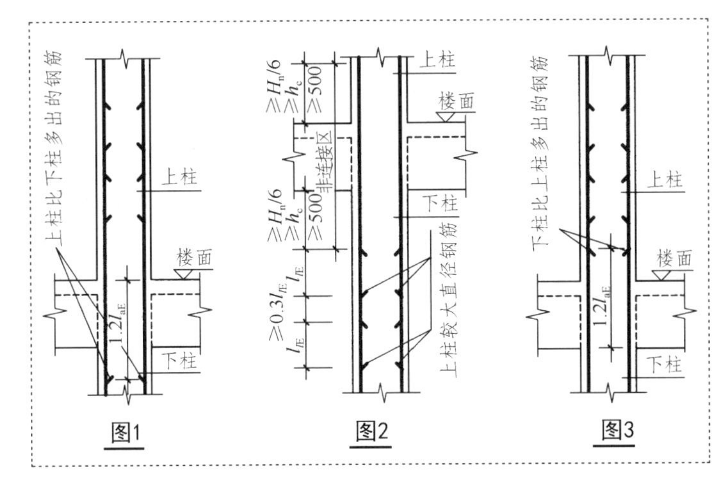

1. 关于图1

图1表示当柱上、下层纵筋同直径，但上层根数多于下层时，将多出纵筋从楼面向下延伸 $1.2l_{aE}$ 构造。应当注意的是，在概念上，上层多出的钢筋不是在楼面以下锚固，而是与下层纵筋连接。尽管纵筋连接的实质是“本体锚固”，但在讨论问题时，宜将“锚固”定义为在支座节点内的锚固，即某构件的钢筋锚固在另一构件，不宜将连接与锚固混为一谈。

柱从支承它的基础往上一直到柱顶，柱钢筋都是连接不是锚固，若称作锚固，那么就会得出二层钢筋锚入一层、三层钢筋锚入二层等显然荒谬的结论。从逻辑上推论，一层柱不是二层柱的支座，二层柱也不是三层柱的支座，柱身在逻辑上不存在锚固概念。明确无论何种情况柱身均不存在锚固概念非常重要，可避免因概念混乱导致的构造混乱。

实际工程中常发生当浇筑好楼面后，才发现上层多出的纵筋未留插筋的情况。此时，施工方面通常采用植筋的方法进行补救。应特别注意，植筋时采用的结构胶不应为有机胶。有机胶的基料通常是环氧树脂类，凡是有机物质均存在不可逆转的老化问题。以有机胶粘物质为主的结构胶的有效寿命通常略长于 10 年，仅适合用于对老旧建筑延寿或改变用途时的加固改造，不适合用于设计寿命为 50 年、70 年建筑中的植筋，十多年有效寿命的材料不应在几十年设计寿命的结构中混用，植筋时应采用无机填充粘结材料。

2. 关于图 2

上页图中的图 2，表示当上、下柱纵筋根数相同，但上柱纵筋直径大于下柱时，应将上柱纵筋向下延伸在下柱连接区进行连接的构造。对此种情况若采用 50%搭接率的注浆套筒机械连接，或者采用非接触搭接连接，可将两批钢筋的搭接连接范围上移至上层楼面以下的非连接区。

施工时若发生将下层柱纵筋已伸至上层连接区，导致无法按照图 2 构造进行施工的操作失误，此时可将上层较大直径的纵筋等强度等截面代换为与下层纵筋直径相同，然后将上层比下层多出的纵筋植筋。采用此种补救措施时，应注意一要与原设计者沟通取得有效变更文件，二是注意植筋不可采用有机结构胶（详见上条论述）。

3. 其他

16G101-1 第 63 页图 4 提供了上层钢筋比下层钢筋直径较小的连接构造（与上下层钢筋同直径的连接构造完全相同），此构造属于结构专业中的“应知应会”。在结构构造体系中，属应知应会的构造通常为结构普通常识，结构普通常识类没有必要在技术性较高的书中赘述。

【解评 7.6】关于“嵌固部位”的柱端箍筋加密

为了实现抗震设计中的“强剪弱弯[1]”，需要在构造上对已经满足“小震”作用下抗剪功能的箍筋进行构造加强，将箍筋间距加密，为简单易行的箍筋构造加强主要措施。

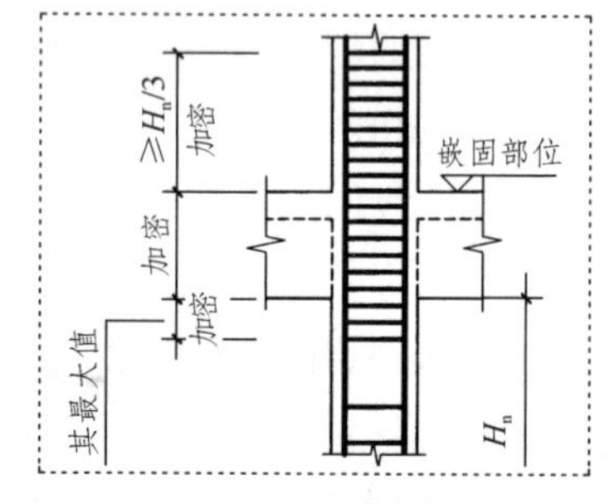

在柱上端和柱下端的加密区中，有一部位的加密区高度要求高达不小于 1/3 柱净高（见右图）。该部位为主体结构底层柱下端的嵌固部位。结构底层不是指地下室的最低一层，而是地面首层。仅标明采用 1/3 柱净高加密的

[1] “强剪弱弯”系指在地震作用时，房屋结构抵抗剪力的抗力储备裕量高于抵抗弯矩的抗力储备裕量。

部位在“嵌固部位”有欠缺，因其未说明该部位在地面首层还是地下。

当有地下室时，结构的嵌固部位仍然在地面首层柱下端即地下室顶板位置，这个嵌固部位是不变的。除此之外，可能还有位于地下室一层地面的“结构计算嵌固端”。应注意，在结构设计说明中常将“结构计算嵌固端”简称为“嵌固部位”，容易导致施工时漏掉最应当加密 1/3 柱净高的地面首层柱下端，而将最高的加密区误加密到了地下室地面位置的柱下端。

在原创平法图集 08G101-5 图集审查会上，曾专题讨论箍筋加密 1/3 柱净高的位置问题，专家的讨论结果是无论具体项目的“结构计算嵌固端”是否下移至地下一层地面，均应在地上首层柱下端采用 1/3 柱净高加密箍筋；当“结构计算嵌固端”下移时，可在地下一层的柱下端也按 1/3 柱净高加密。

【解评 7.7】关于因嵌砌填充墙形成短柱时全高加密柱箍筋

框架结构的受力变形特征为剪切型变形，通常情况下框架柱弯矩的分布规律，为柱上端和柱下端的弯矩最大且反号，弯矩的反弯点在柱中部弯矩最小，但有例外。

当框架柱截面较大，当某层柱的净高 H_n 与柱截面长边 h_c 之比 $\leqslant 4$ 时，该层柱将出现短柱效应（简称“短柱”），即柱弯矩为同号均在柱身一侧，不会出现反弯点。此时，极限作用对该层柱的破坏形式为剪切破坏。为确保短柱的抗剪能力，需要对短柱箍筋全高加密。

当在柱间嵌砌填充墙时，16G101-1 在其 68 页“抗震框架柱和小墙肢箍筋加密区高度选用表”中注明：

> 注：1. 表内数值未包括框架嵌固部位柱根部箍筋加密区范围。
> 2. 柱净高（包括因嵌砌填充墙等形成的柱净高）与柱截面长边尺寸（圆柱为截面直径）的比值 $H_n/h_c \leqslant 4$ 时，箍筋沿柱全高加密。
> 3. 小墙肢即墙肢长度不大于墙厚 4 倍的剪力墙，矩形小墙肢的厚度不大于 300 时，箍筋全高加密。

其中注 2 存在以下问题：

1. “因嵌砌填充墙等形成的柱净高，与柱截面长边尺寸之比不大于 4 时”，要求也按短柱全高加密柱箍筋，这种说法过于简单，欠科学依据。

尽管填充墙以上的柱净高减短，但填充墙未必能实际对柱起嵌固作用。如果填充墙对框架柱并未起到嵌固作用，填充墙以上的柱身不会产生短柱效应。

2. 当填充墙采用非刚性材料时

如采用加气泡沫混凝土砌块或其他轻质材料的砌块，则不会对钢筋混凝土框架柱起嵌固作用，轻质砌块填充墙以上的框架柱不会产生短柱效应。此时，仅需考虑轻质填充墙顶部的钢筋混凝土压顶圈梁对柱的“点作用效应”。而处理柱身点作用效应的构造措施，为将柱箍筋在轻质填充墙压顶圈梁位置上下各需加密500mm，且除角柱外，对中部边柱上下各需加密500mm范围内正常设置的两道双向复合柱箍筋之间，仅需顺填充墙轴线方向增设一道单向加密复合箍（可仅覆盖1/2柱截面），在正交方向不需设置加密复合箍；应注意，正常设置的箍筋仍保持双向复合箍。

3. 当填充墙采用刚性材料的砌块时

应根据填充墙的厚度分析刚性砌块填充墙是否对钢筋混凝土框架柱起到嵌固作用。当刚性砌块填充墙厚小于柱截面宽度的30%时，则对框架柱有较弱的偏心嵌固作用。此时，除角柱外，可在中部边柱正常设置的两道箍筋之间，顺填充墙轴线方向增设一道单向加密复合箍（可仅覆盖1/2柱截面），且在正交方向不需设置加密复合箍。

当刚性砌块填充墙厚度不小于柱截面宽度的30%时，应考虑对框架柱的嵌固作用，且除角柱外，对中部边柱顺填充墙轴线方向增设单向加密复合箍。

【解评7.8】关于墙上起柱与墙重叠一层范围的柱箍筋设置

当墙上起柱采用柱与墙重叠一层的构造方式时，与墙身重叠的柱的性质实际为扶壁柱。对扶壁柱，不需要顺墙身轴线方向采用复合箍筋，即复合箍筋仅需顺墙的平面外方向设置，顺墙平面内不需要设置复合箍。

墙上起柱的独立部分，同框架柱一样均应设置双向复合箍以模拟三向受压状态和抵抗来自各个方向的剪力。但在柱下延与墙身重叠部分的工作机理，与扶壁柱基本相同，但在墙顶面范围受墙上起柱的柱下端内力影响方面与扶壁柱不同，因此，墙顶面以上的柱箍筋应自墙顶面向下一倍柱截面高度内继续设置，但再往下至下层楼面范围，仅需在顺墙厚方向（墙平面外）继续按墙上起柱的复合箍筋设置，而在顺墙身轴线方向（墙平面内）则不需要设置复合箍，墙平面内的刚度很大，顺墙平面内设置复合箍没有作用。

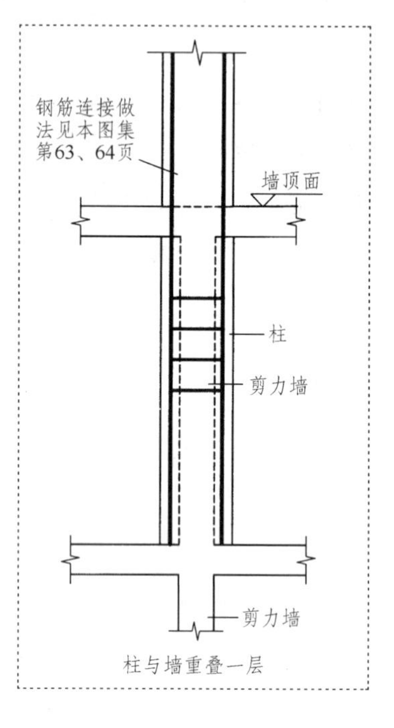

柱与墙重叠一层

此外，在柱与墙重叠一层的部分，柱的角筋和凸出墙面与墙面平行的柱侧面中部筋，应自墙顶面向下延伸至下层楼面；而与墙身重叠即与墙面正交的柱侧面上的中部筋，仅需在墙顶面向下延伸$1.2l_{aE}$，不需要向下延伸至下层楼面。

【解评 7.9】关于地下一层柱增加纵筋的上端构造

16G101-1 第 64 页提供了“地下一层增加钢筋在嵌固部位的锚固构造”（见右图），存在问题如下：

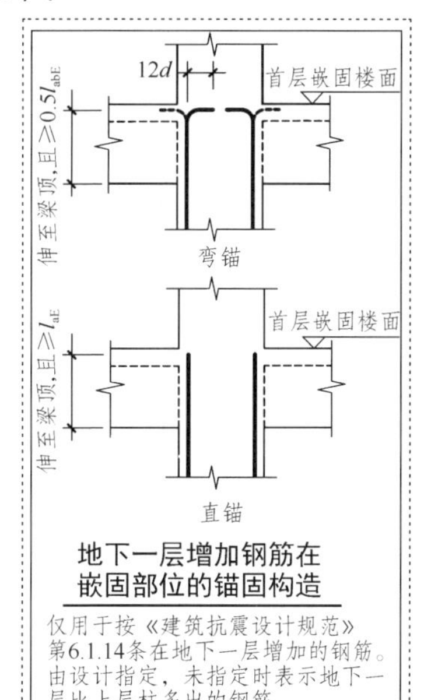

地下一层增加钢筋在嵌固部位的锚固构造

仅用于按《建筑抗震设计规范》第6.1.14条在地下一层增加的钢筋。由设计指定，未指定时表示地下一层比上层柱多出的钢筋。

1. 地下一层增加的钢筋，在嵌固部位不存在所谓的“锚固构造”，只存在钢筋上端的端部构造。因地下一层的柱支承首层楼面梁板，故首层楼面梁的纵筋在柱中锚固，而不是柱往梁里锚固。

2. 上图将增加的钢筋向内或向外“弯锚”不对，一是此处不存在锚固，二是此节点双向梁纵筋交叉穿过钢筋相当密集，再设置弯钩加重钢筋的拥挤程度，使混凝土浇筑困难，难以全面包裹钢筋。

3. 右下图所谓的“直锚”不对，一是此处不存在锚固仅存在上层柱纵筋与下层柱纵筋根数不同时的连接（与上部结构的下层柱纵筋根数多于上层的构造相同）。二是柱支承梁，在梁柱节点，柱是节点主体，梁是节点客体，客体钢筋往主体内锚固而不是主体钢筋往客体中锚固；且柱比梁宽，柱的四根角筋完全在梁之外，若说成在梁里“锚固”显然无科学性。

【解评 7.10】关于梁上起柱嵌固部位的箍筋构造

地震发生时，建筑整体横向摆动，地面首层以下受基坑侧壁的侧向嵌固，致使地面首层柱根部承受的剪力最大。规范要求在该嵌固部位的箍筋加密范围取 1/3 柱净高，系为了确保抗震设计时的“强剪弱弯”。

梁上起柱在建筑的高处，地震发生时梁上起柱与支承该柱的大梁往复同向摆动，计算结果表明局部梁上起柱的柱根部所承受的横向剪力并未暴增，将梁上起柱的柱根部位箍筋加密至 1/3 柱净高，未见相关科学试验依据和规范依据。

【解评 7.11】关于柱纵筋在搭接长度范围的箍筋加密

纵筋采用搭接连接，连接的工作机理为混凝土对两根钢筋分别粘结锚固（本体锚固），通过混凝土介质完成力的传递。

混凝土对钢筋的粘结强度，与钢筋外混凝土的厚度相关，混凝土越厚，对钢筋产生的粘结强度越高，当厚度达到 $5d$（d 为纵筋直径）时，粘结强度达到最高，但柱纵筋的外侧的混凝土仅约为一个纵筋直径略多的最小保护层厚度，这种状况不利于搭接连接传力。

为了提高搭接钢筋的传力效果，可以利用横向钢筋提供的机械粘结力（机械阻力），横向钢筋产生机械粘结力须满足两个条件：

条件 1：横向钢筋间距不大于 5d（d 为搭接纵筋较大直径）；

条件 2：横向钢筋直径不小于搭接纵筋直径的 1/4。

柱纵筋搭接范围，通常位于柱中部，该部位的箍筋间距通常不能满足条件 1，因此需要在正常设置的两道箍筋之间增设一道横向加密箍筋。当搭接纵筋直径小于 25mm 时，增设箍筋为直径 6mm 的方框箍即可；当搭接纵筋直径不小于 25mm 时，增设箍筋为直径 6.5mm 或 8mm 的方框箍即可。正常设置的箍筋为双向复合箍，而在两道正常设置的箍筋之间增设的加密箍筋不需要采用复合箍，其中的科学道理详见【解评 6.6】关于纵向受力钢筋搭接区构造。

【解评 7.12】关于柱纵筋的搭接长度

众所周知，我国传统施工习惯是采用接触绑扎搭接方式。绑扎搭接系由混凝土介质传力，传力的基础是混凝土对钢筋的粘结力。决定混凝土粘结力大小的是混凝土对钢筋的粘结强度，而粘结强度与钢筋以外混凝土的厚度有关。当把两根钢筋并在一起接触搭接时，钢筋搭接范围之间的界面就是两根钢筋的表面，即在界面方向混凝土的厚度基本为零，加之与该界面相交的柱表面距离钢筋表面仅约为混凝土最小保护层厚度，两个面上的混凝土粘结强度均较低。

这样的接触搭接方式，严重劣化了混凝土对钢筋产生粘结强度的条件，相应劣化了柱纵筋的搭接连接条件，传力效果仅有约 60%，不可能实现足强度传力。在构件试验时，通常远未到达极限荷载构件便在纵筋搭接范围过早出现纵向劈裂破坏。

且由于传力效果较差，搭接长度不得不加长，当为 50%接头率时搭接长度为 1.4l_{aE}，100%接头率时搭接长度为 1.6l_{aE}。

受力纵筋科学的搭接方式为非接触搭接。在两根搭接钢筋之间保留 25mm 净距，可以容纳最大粒径为 20mm 的混凝土石子颗粒，使混凝土完全包裹受力纵筋，从而产生较高的粘结强度。当采用非接触搭接时可足强度传力，因此可在任意部位搭接，且搭接长度可减短约 20%。

【解评 7.13】关于中柱柱顶纵筋构造

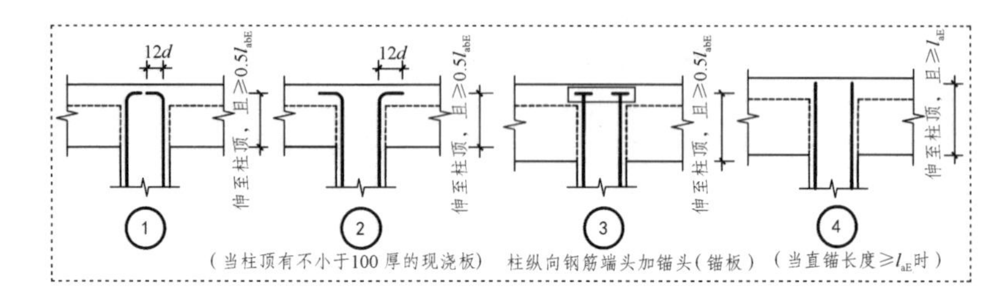

上面的截图为 16G101-1 第 68 页提供的中柱柱顶纵筋构造，其中只有图①符合平法构造原理，其余三种构造均存在问题。

在框架结构中，柱支承梁，柱是梁的支座，梁的纵筋在柱支座中锚固而不是柱的纵筋在梁中锚固。在梁柱节点，柱梁支承关系决定了柱为节点主体，梁为节点客体，作为节点主体的柱纵筋在柱顶应当封闭，以便营造梁纵筋锚固所需要的可靠空间。图①构造即为柱顶封闭构造，其中柱纵筋弯钩应在梁纵筋之上，对梁纵筋可能发生的向上位移提供有效约束。

图②构造显示柱纵筋弯钩朝向柱外，未将柱顶封闭，也不能对梁纵筋可能发生的向上位移提供有效约束。

图③构造的注解为“柱纵向钢筋端头加锚头（锚板）”，加锚头可以，但加锚板有误。锚头通常用于竖向钢筋，锚头表面为曲面形方便混凝土的下落浇筑振捣密实。锚板通常用于横向钢筋的机械锚固，用于竖向钢筋有问题。水平锚板顶在竖向钢筋顶端，锚板下有 90°死角，浇筑混凝土时气泡不易排出，锚板下混凝土难以浇捣密实。此外，水平的锚板面积相对较大，许多矩形锚板封在柱顶，严重阻挡混凝土浇筑时的下落通道，也无法插入振捣棒，很难保证框架柱顶部的钢筋混凝土施工质量。

图④构造显示柱纵筋直接在柱顶截断，柱上端是敞开的，柱纵筋无弯钩不能对梁纵筋可能发生的向上位移提供有效约束。此外，颠倒了锚固关系，屋面梁根本不是框架柱的支座，柱纵筋怎么可能锚入不是其支座的框架梁？由于在框架顶层梁柱节点，存在弯矩与剪力的平衡，柱纵筋为小偏心或大偏心受弯，需要与所支承的梁有可靠的连接。但是，这种连接不可以锚固表述混淆概念，硬去表达，必然别扭。比如图④构造显示柱的四根角筋完全在梁的外面，根本就没有进入梁中，何来在梁中的锚固。

【解评 7.14】关于边柱和角柱柱顶层纵向钢筋构造

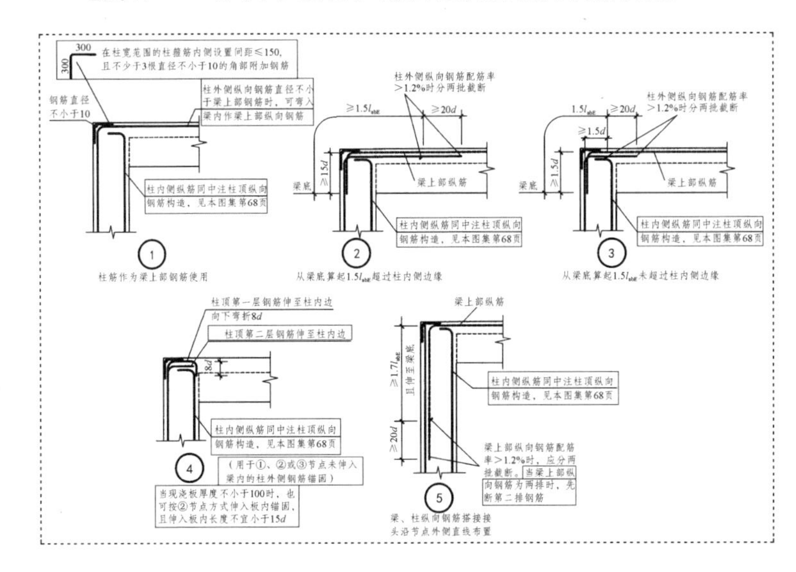

上面的截图为 16G101-1 第 67 页提供的边柱和角柱柱顶纵向钢筋构造，该构造的正规名称为“框架顶层端节点纵筋构造”。

首先应明确框架顶层端节点纵筋构造的功能。抗震结构有三个水准：小震不坏，中震可修，大震不倒。若想实现大震不倒，必须确保节点不散。当框架遭受强震作用时，如果节点震散破坏，框架无法保证不倒。在框架结构中，最容易遭受大震破坏的梁柱节点是框架顶层端节点。若框架顶层端节点被大震震散，其他部位会出现连锁破坏。框架顶层端节点的构造功能，就是保证顶层端节点大震不散从而保证框架大震不倒，故顶层端节点构造比框架楼层端节点构造要更复杂一些。

16G101-1 第 67 页提供的边柱和角柱柱顶纵向钢筋构造，存在的问题如下。

1. 关于节点构造①

节点构造①表示柱纵筋可弯折后直接延伸入梁内作为梁上部支座端抗负弯矩纵筋，需要指出的是，这种状况几乎不存在。

顶层端节点的全部弯矩处于平衡状态，柱上端弯矩与梁端弯矩肯定相等，但相等的弯矩无法配置出相同的纵筋。理由为：其一，柱截面尺寸与梁截面尺寸不同，不可能计算出相同的抗力钢筋截面面积；其二，即便柱截面尺寸与梁截面尺寸完全相同（发生概率极低），因计算柱抗力纵筋应采用偏心受压公式，计算梁抗力纵筋应采用抗弯计算公式，两种计算公式虽然均为内力与抗力平衡的方式，但计算参数不同，不可能计算出相同截面的纵筋；其三，即便计算出相同的配筋截面（发生概率为零），由于柱纵筋宜粗（利于提高纵筋刚度）、梁纵筋宜细（有利于减小梁受弯必然出现裂缝的宽度），高水平的设计工程师也不会对柱和梁配置相同直径的钢筋；其四，柱纵筋与梁纵筋的构造要求不同，柱纵筋要求纵筋最小净距为 50mm，而梁支座上部纵筋净距不小于 30mm，柱纵筋无法平行弯折入梁，且柱比梁宽，柱角筋无法弯入梁中替代梁上部抗负弯矩钢筋。

总之，节点构造①所示柱外侧纵筋弯折入梁作为梁支座上部纵筋使用，既无理论依据又无实际应用意义。

节点构造①的关于“柱内侧纵筋同中柱柱顶纵向钢筋构造”的要求有误。抗震梁柱节点核心部位的纵筋上端构造通常应向内弯折，而 16G101-1 第 68 页提供的四种柱顶构造中的三种不适用于抗震框架顶层柱内侧纵筋，具体问题详见【解评 7.13】关于中柱柱顶纵筋构造。

2. 关于节点构造②

节点构造②为柱外侧纵筋与梁上部纵筋弯折搭接构造。该构造的功能，是当弯折搭接总长度不小于 $1.5l_{abE}$ 时，柱与梁的纵筋可实现有裕量的足强度连接，确保大震节点不散从而实现框架结构大震不倒。

该构造注明“柱外侧纵向钢筋配筋率＞1.2%时弯折入梁后分两批截断”，此为《混凝土结构设计规范》中的相应规定。计算时，以全部柱外侧纵筋的总截面面积除以柱截面面积后的值，进行判断是否分两批截断。

当需要分两批截断时，若将配筋率超过 1.2%的纵筋每批截断 1/2 则浪费钢筋。科学用钢的做法是，将＜1.2%配筋率的钢筋第一批截断，其余钢筋继续延伸 $20d$ 后第二批截断。

节点构造②关于“柱内侧纵筋同中柱柱顶纵向钢筋构造”的要求有误，问题与节点构造①相同。

3. 关于节点构造③

节点构造③与节点构造②的功能相同，仅在形式上柱纵筋与梁纵筋弯折搭接总长度不小于 $1.5l_{abE}$ 时尚未到达柱内侧柱边，且当柱外侧纵向钢筋配筋率>1.2%时后分两批截断，第二批钢筋在第一批钢筋截断点继续延伸 $20d$ 后钢筋继续延伸 $20d$ 后第二批截断截断。

此种情况下节点构造③与节点构造②的不同之处，为柱外侧纵筋与梁纵筋弯折搭接总长度不小于 $1.5l_{abE}$ 时即便柱纵筋弯钩不足 $15d$ 亦应弯钩 $15d$（$15d$ 为垂直投影长度），这是因为构造弯钩投影长度为 $12d$，但受力钢筋弯钩投影长度应为 $15d$。之所以柱纵筋弯钩 $15d$ 后不到柱内侧边缘即尚未伸入到梁内亦可截断，系因当柱外侧纵筋与梁纵筋弯折搭接总长度不小于 $1.5l_{abE}$ 时两者已经实现了足强度弯折搭接连接且有裕量，是否到柱边与该构造的功能无关。

其他如钢筋分两批截断的科学用钢做法，以及柱内侧纵筋柱顶构造存在的问题，详见关于节点构造②解评的相同问题。

4. 关于节点构造④

节点构造④的做法在逻辑上与节点构造②和③有矛盾。如前所述，将柱外侧纵筋与梁纵筋弯折搭接总长度不小于 $1.5l_{abE}$，是为了实现有裕量的足强度受力搭接传力，实现大震节点不散满足“大震不倒”的抗震水准。节点构造④的做法在逻辑上的功能是柱纵筋在柱顶部封闭，为梁纵筋的锚固提供安全的锚固空间。这本来应为中柱柱顶纵筋的功能，用于边柱和角柱应当缺少安全度裕量。

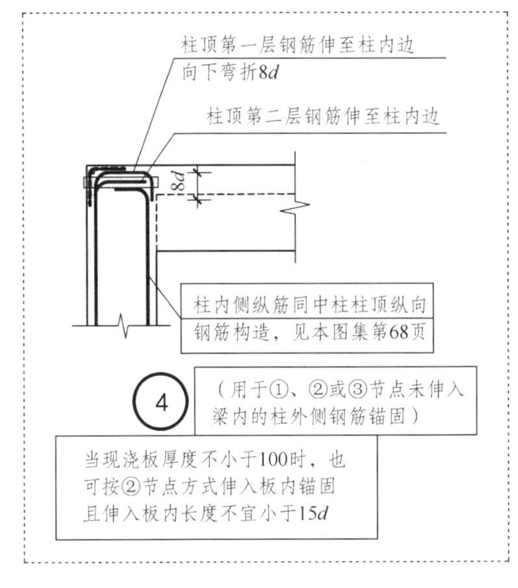

节点构造④的图注“(用于①、②或③节点未伸入梁内的柱外侧钢筋锚固)”以及“当现浇板厚度不小于100时，也可按②节点方式伸入板内锚固，且伸入板内长度不宜小于 $15d$”，这两段图注在逻辑上均不通。

其一，未伸入梁内的柱外侧纵筋弯至柱内侧边缘向下弯折，不是锚固，而是在柱顶部封闭，与锚固无关；其二，如果该纵筋伸入厚度不小于100mm的现浇板内，其实质是伸入到T型梁内与梁上部纵筋实现非接触搭接，而节点构造④却未给出梁上部纵筋的构造做法，究竟是否要求梁纵筋弯钩至梁底在构造上是空白。

此外，节点构造④的引注出现了错把钢筋分“层”当成钢筋分“排”的错误，这种情况通常源于初涉混凝土结构设计或无任何设计经验人的概念不清。

钢筋分层的概念，系指 x 向钢筋与 y 向钢筋分层交叉设置（如板内配置的双向钢筋），或指竖向钢筋与水平钢筋分层交叉设置（如剪力墙中的双向钢筋）。钢筋分层的特征是“相互交叉并相互接触”。

钢筋分排的概念，系指当同一部位的同向纵筋在一排中排不下时排在第二排。钢筋分排的特征是“同向钢筋分排，同排钢筋和各排钢筋之间必须保持规定的净距”。

要求“柱顶第一层钢筋伸至柱内边向下弯折 $8d$”然后“柱顶第二层钢筋伸至柱内边截断”，是《混凝土结构设计规范》中的原话，但其所提到的柱顶第二层钢筋是转过 90°侧面的柱纵筋，与柱外侧纵筋没有任何关系，在节点构造④的图上应当是紧挨柱顶第一层纵筋下方的钢筋断点，而不是与其平行的弯钩。这显然未做过具体工程设计，不清楚钢筋分层与分排的技术概念。

当柱外侧纵筋在柱顶第一层弯折到柱边后再向下弯折 $8d$，已经完全实现封闭框架柱顶的功能。此时，位于其下方与其相接触交叉的另一正交侧面的位于柱顶第二层的纵筋弯钩已不需要弯折到对边后再向下弯折，因其受到第一层纵筋弯钩的有效约束，不可能向上弹出使其在柱顶的构造失效。

节点构造④其他如柱内侧纵筋的柱顶构造存在的问题，详见关于节点构造②解评的相同问题。

5. 关于节点构造⑤

节点构造⑤为柱外侧纵筋伸至柱顶直接截断，梁上部纵筋弯折后与柱外侧纵筋直线搭接连接构造。该构造的功能，是当直线搭接总长度不小于 $1.7l_{abE}$时，柱与梁的纵筋可实现有裕量的足强度连接，确保大震节点不散从而实现框架结构大震不倒。

节点构造⑤注明“梁上部纵向钢筋配筋率>1.2%时，应分两批截断”，此为《混凝土结构设计规范》中的相应规定。计算时，以梁上部纵向钢筋总截面面积除以梁截面有效计算面积后的值，进行判断是否分两批截断。应注意，梁上部纵筋的配禁率计算与柱外侧纵筋的配筋率计算，其截面面积的取值有所不同。柱截面应取全部截面面积 $b \times h$，而梁截面应取有效计算面积 $b \times h_0$，其中 b 为梁宽，h_0 为梁截面有效计算高度。

当梁上部纵向钢筋配筋率>1.2%需要分两批截断时，节点构造⑤注明“当梁上部纵向钢筋为两排时，先断第二排钢筋”，这样做存在以下问题：

问题一：梁上部纵向钢筋配筋率>1.2%且配置为两排时，第一排梁纵筋配筋率通常不会>1.2%，此时将第一排纵筋在第一批全部截断，并不会产生刚度突变引发的构造开裂。

问题二：第一排全部纵筋与柱外侧纵筋已经达到直线搭接总长度不小于 $1.7l_{abE}$，柱与梁的纵筋已可实现有裕量的足强度连接，而第二排梁上部纵筋弯折后向下延伸的部分在第一排弯折后向下延伸的部分应保持不小于 25mm 的净距，即其距离柱纵筋的距离较远，此时，已不需要第二排纵筋对柱与梁的纵筋实现有裕量的足强度连接发挥作用（前排钢筋已经实现足强度连接功能，不需要后排钢筋参与），因此，应先截断第一排梁纵筋，且从科学用钢思路考虑，第二排梁纵筋满足水平段直线长度不小于 $0.4l_{aE}$，弯钩段投影长度为 $15d$，实现第二排梁纵筋的足强度弯钩锚固即可。

节点构造⑤其他如柱内侧纵筋的柱顶构造存在的问题，详见关于节点构造②解评的相同问题。

【解评 7.15】关于柱变截面位置纵筋构造

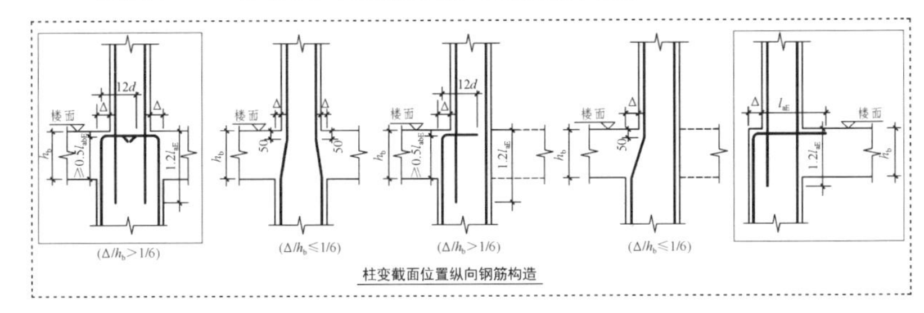

上图为 16G101-1 第 68 页的柱变截面位置纵筋构造，其中的两个构造图应引起特别关注。

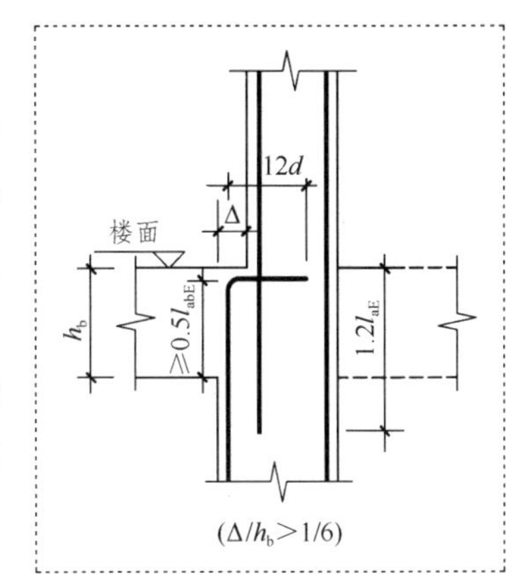

特别关注之一，当边柱向外侧方向变截面或中柱变截面时，变截面一侧的上下柱纵筋采用非接触搭接连接构造，见右图。该图的关注要点为：

要点一：非接触搭接连接恰好位于“非连接区”，且在非连接区最关键的梁柱节点部位。由于非接触搭接连接不仅可足强度传力且有裕量（比贯通钢筋的极限抗力要高），而且不必受接触搭接必须避开非连接区的限制（接触搭接钢筋仅具有贯通钢筋极限抗力的60%～70%）。

要点二：搭接长度的取值，非接触搭接连接可比接触搭接连接减短 20%左右，即当为 100%连接率时搭接长度可为 $1.35l_{aE}$；当为 50%连接率时搭接长度可为 $1.2l_{aE}$；当为 25%连接率时搭接长度可为 $1.05l_{aE}$。图中显示柱左侧纵筋的连接率为 100%，而搭接长度仅为 $1.2l_{aE}$，系因上柱左侧纵筋延伸入下柱，与下柱左侧纵筋非接触搭接不是发生在柱截面周围而是发生在柱内；当在柱截面周围非接触搭接时，纵筋以外的混凝土保护层厚度通常小于 $3d$（d 为搭接纵筋直径），但在柱内非接触搭接，上柱左侧纵筋延伸入截面较大的下柱，非接触搭接的钢筋段的混凝土保护层厚度不小于 $5d$；规范规定搭接长度的计算参数为锚固长度，钢筋外混凝土保护层厚度不小于 $5d$ 时其锚固长度可乘以减短系数 0.7，此为减短搭接长度的依据之一；减短搭接长度依据之二，为下柱右侧的中部纵筋左侧为梁，其钢筋以外的混凝土厚度亦不小于 $5d$，仅下柱两根角筋以外的混凝土厚度较薄；综合平衡两个减短依据，对该位置 100%连接率的非接触搭接连接，其搭接长度取 $1.2l_{aE}$ 比较合理且留有裕量。

要点三：下柱左侧纵筋上端的弯钩，其功能为将上柱变截面后露出的下柱部分柱顶封闭，由于左侧框架梁上部纵筋伸入梁柱节点锚固，已将柱变截面后露出的下柱柱顶的梁宽范围封闭，因此仅需两根柱角筋设置弯钩，其余柱左侧中部筋伸至下柱顶部直接截断。应注意不可将柱左侧中部筋同角筋一样设置弯钩，若设置，弯钩必然挤占与梁纵筋之间的净距，浪费钢筋的同时，还会影响混凝土的浇筑振捣和降低柱混凝土对梁纵筋的粘结强度，劣化梁上部纵筋的锚固条件。

要点四：当上柱变截面减小的柱截面尺寸 Δ 与柱截面高度 h_b 之比不小于 1/6 时，上柱与下柱在柱变截面侧面的纵筋采用非接触搭接连接方式，但其并不意味着当 $\Delta/h_b \leqslant 1/6$ 时不可采用非接触搭接连接方式。通常情况下，当 $\Delta/h_b \leqslant 1/6$ 时我们采用将变截面一侧的下柱纵筋微弯折后延伸入上柱与上柱纵筋连接，这种方式会使梁柱节点的内力变得复杂，且未见翔实的科学试验数据分析。以概念设计思路思考，微弯折向上延伸做法用于中柱可行，但用于边柱可能对抵抗地震作用不利。作者在近 30 年前接触过的英国规范规定，当 $\Delta/h_b \leqslant 1/12$ 时柱变截面一侧的下柱纵筋可微弯折延伸入上柱，我国传统的 $\Delta/h_b \leqslant 1/6$ 可微弯折向上柱延伸规定源于前苏联规范。应注意的是，现行欧洲规范 EN 1990～1993 系列大部分内容基于英国规范，据作者所知，英国规范的几乎所有构造规定均以科学研究试验成果为依据，而我国借鉴前苏联 $\Delta/h_b \leqslant 1/6$ 可微弯折向上柱延伸规定至今未搜索到相关科学研究试验文献。

特别关注之二，当边柱向内侧方向变截面时，变截面一侧的上下柱纵筋连接构造，见右图。

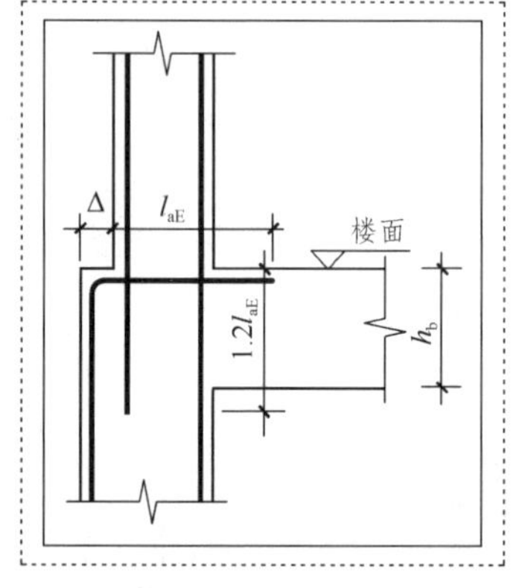

应特别指出，这种变截面方式在实际工程中不存在，有工程可能采用的概率几乎为零。

建筑的外观上下应平直，如果将上层向内退缩创造惟美视觉，在造型上需要向内退不小于 800mm 才会产生效果，而柱变截面充其量不过缩进 100mm～200mm。问题在于若将变截面的边柱向内退缩，不仅给建筑外墙制造麻烦，而且毫无意义地减少上面楼层的建筑面积。我国的几十万设计工程师工作一生也不会这样设计。设计构造通用图的人必须具有丰富的单体结构设计经验，方能持有科学的“以存在决定意识”唯物主义思维方式，若无任何设计经验，容易凭空想制造出“以意识推测存在”的反科学的唯心主义谬误。

【解评 7.16】关于柱顶伸出屋面构造

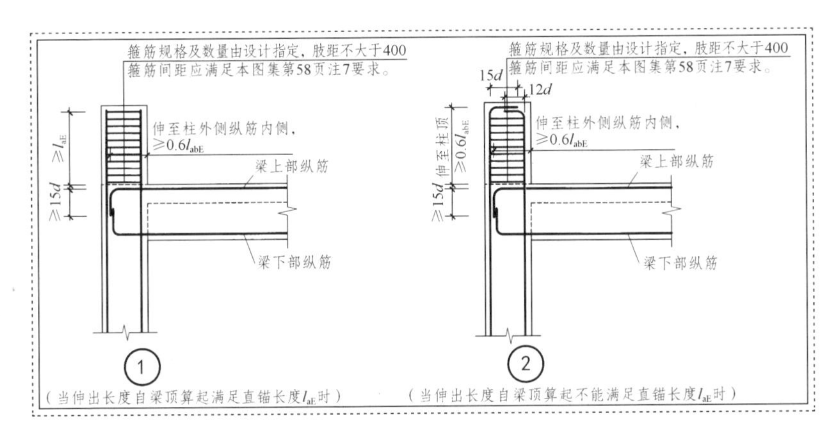

以上截图为16G101-1提供的两种边柱或角柱柱顶伸出屋面构造，其中存在的问题是：

问题一：尽管柱伸出屋面一段高度，但其功能不明确。如前所述，框架顶层端节点构造的功能，抗震结构有三个水准：小震不坏，中震可修，大震不倒。就是保证顶层端节点大震不散，从而保证框架大震不倒。因为框架顶层端节点最容易遭受大震破坏，是抗震框架结构中的薄弱节点；若框架顶层端节点被大震震散，其他部位会发生连锁破坏。顶层端节点构造在强度上必须做到比楼层框架端节点有更高的安全储备。16G101-1提供的这两种柱顶伸出屋面构造，能否代替框架顶层端节点构造存在疑问，其功能目标是否能够实现确保大震节点不散也存在疑问，因未见支持该构造的科学研究试验数据和相应的研究分析报告。

问题二：柱顶伸出屋面，不可能改变此处仍属框架顶层端节点的基本属性。柱顶无论伸出高度是多少，均为顶端无约束的自由端，伸出部分就是一小段悬臂柱，其产生的作用对框架顶层端节点内力平衡的影响很小。采用这种构造，框架顶层端节点在框架整体中的刚性仍然小于楼层框架梁的端节点。且该构造的明显功能只是将柱顶刚性封闭，而刚性封闭柱顶不需要图中设置的两种复杂条件。由于钢筋混凝土构件的刚性角为2∶1（素混凝土或采用非封闭配筋构件如独立基础的刚性角为1∶1），只要伸出高度满足刚性角的要求，即可将柱顶完成刚性封闭，故柱顶伸出屋面不小于1/2柱截面高度且柱纵筋在最上端弯钩12d即可，无需满足图中两种复杂的规定。

问题三：图中要求，梁上部纵筋伸入节点弯折锚固时的平直段长度≥0.6l_{abE}试图使该构造方式达到足强度锚固且有裕量，但实际上在多半情况下不具有可操作性，因柱在顶层截面尺寸通常减至400mm左右（顶层柱截面尺寸过大时经济性较差），去掉柱外侧混凝土保护层、柱纵筋直径、柱纵筋与梁纵筋之间的净距，余下的空间通常能够满足刚性弯锚的 $0.4l_{abE}$ 平直段长度，多数情况无法满足平直段长度 $\geqslant 0.6l_{abE}$。

事实上，只要满足大震时框架顶层端节点不散的功能要求，可以设计出很多种具有适用性、可操作性、易用性的节点构造，有待于业界真正创建解放思想，鼓励创新的科技环境。

【解评 7.17】关于柱箍筋复合方式

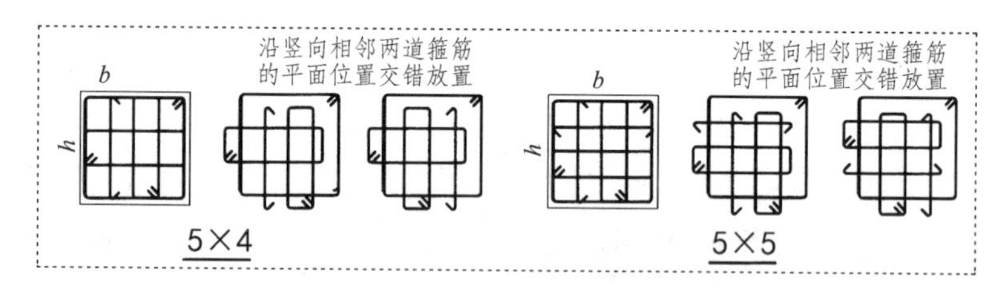

以上截图显示的 5×4、5×5 两种柱箍筋的复合方式，作者经多次在施工工地调查研究，发现两种方式宜分别相应增加一种可选择方式。

柱箍筋下料成型后，机械施工通常将竖向摞起的几十道箍筋用吊车一次性吊起，从竖起的柱纵筋顶部套入下落，然后再人工逐道绑扎。若按图中所示“沿竖向相邻两道箍筋的平面位置交错放置”，由于大箍中部套的小箍平面位置逐道交错，致使将箍筋竖向摞起困难，不利于机械施工，降低了钢筋作业效率。

为此，可将内箍的第 2、4 两肢做成比小箍大的中箍，中间的第 3 肢采用单根拉筋，使奇数肢的箍筋采用对称复合方式，有利于机械作业，提高作业效率。

【解评 7.18】关于柱构造中存在的严重安全隐患

以上所作的柱构造解评，几乎全部为钢筋的构造。应特别注意的是，框架结构系由两种材料构成，两种材料对结构同样重要。在结构抵抗地震时，混凝土材料的重要性甚至高于钢筋，因地震时钢筋首先达到屈服状态，接下来钢筋为保持强度的塑性变形阶段，故构件不会马上遭到破坏；而混凝土一旦达到屈服强度便会碎裂，混凝土碎裂将使钢筋失去支撑，柱纵筋会在碎裂的混凝土部位压屈变形，整个结构便被破坏了。

平法解构原理证明，传统施工方式在框架柱中留下的严重安全隐患，是将现浇框架柱的混凝土施工缝错误地放置在地震发生时的最危险部位。

众所周知，框架在抵抗地震作用时，内力最大部位是柱上端和柱下端，且震害表明柱上端和柱下端是地震破坏时的重灾区。为了避开框架结构的地震破坏重灾部位，规范规定柱上端和柱下端连同中间的节点范围，为钢筋连接的非连接区。其失误是只注意到钢筋的连接达不到足强度传力，却完全忽略了混凝土的连接也是薄弱环节，混凝土施工缝处的强度和刚度，普遍低于连续浇筑成型的框架柱身，科学的做法是应将框架柱的混凝土施工缝留在内力最小的柱中部。

抗震框架结构要求“强柱弱梁、强剪弱弯、强锚固弱杆件”，即抗震设计时柱的安全储备高于梁，抗剪强度的裕量高于抗弯强度，锚固力高于杆件纵筋的极限抗拉强度。

由于传统施工方式将强度和刚度弱于柱身的柱混凝土施工缝设置在柱上端和柱下端的地震破坏重灾部位，使各种“强柱弱梁”的钢筋配置措施可能完全失效。

箍筋抵抗剪力的基础条件，是浇筑密实、强度刚度均优的混凝土。为了实现“强剪弱弯”，规定在剪力较大且地震时最易发生受剪破坏的柱上端和柱下端连同它们之间的节点，全范围进行柱箍筋加密。由于加密箍筋内为强度和刚度降低的混凝土施工缝，可能造成箍筋加密措施失效。

我国传统的框架结构施工顺序，当柱与梁的混凝土强度（即强度等级）相同时，可形象描述为“一竖再一横”；当柱的混凝土强度高于梁时，可形象描述为“一竖一点再一横”。两种情况都存在问题。

关于“一竖再一横”方式，传统施工在“一横”上下分别留了两道施工缝，施工缝刚好位于“一竖”上下两端最大内力处，此处定为钢筋非连接区，却忽略了此处更应定为混凝土非连接区。

关于柱混凝土强度高于梁的“一竖一点再一横”方式，传统施工将高强度的“一竖”浇筑好并凝固后后，再浇筑高强度的“一点”，最后浇筑较低强度的“一横”。这种方式除了错将施工缝置于“一竖”上下两端最大内力处，还存在其他问题。

采用商品混凝土浇筑高强度的“一点”不具有适用性和易用性。柱节点相距离散，每点混凝土浇筑量很少，商品混凝土输送频繁移位，施工困难。多数施工企业除了应付检查外，都将“一点”和“一横”合并采用较低强度的混凝土浇筑已是业界公开的“秘密”。

将“一点”按低强度的混凝土浇筑，在最重要的梁柱节点上将强度等级高于梁的混凝土框架柱在强度上打了折扣。此外，即便完全按程序施工，浇筑完高强度的“一点”后再浇筑低强度的一横，也颠倒了高低强度混凝土的浇筑顺序。科学的浇筑顺序为先浇筑低强度混凝土，待其凝固后再浇筑高强度混凝土。后浇的高强度混凝土能够以高粘结强度连接低强度混凝土，而后浇的低强度混凝土只能以低粘结强度连接高强度混凝土，两者连接效果孰优孰劣勿需赘言。

如果说将强度和刚度均弱于连续浇筑混凝土的施工缝，错误地放在地震作用时框架柱的最薄弱点造成混凝土框架结构的安全“漏洞”，这个“漏洞”在地震未发生时对结构并无影响，但当地震发生时，这个“漏洞”会迅速变为摧毁建筑的“黑洞”。

改变去除安全漏洞的施工方式并不困难，仅需变换一下施工顺序，将“一竖再一横”和“一竖一点再一横”均改为“一横再一竖”；此时的“一横”，需要空出梁柱节点不小于大小为9～16个柱截面的梁板后浇；此时的“一竖”，为下半层至上半层包括中间的梁柱节点（小短横）一次浇筑成型。

我们可把“一横再一竖”和“一横一点再一竖”的施工方法，形象、简明地用“大H施工法”一词描述，只是这个大写的H需要先写一横，后写两竖而已。将许多大写的H竖向叠加，就形成了框架结构的简图。

采用“大H施工法”浇筑好一个“H”后，当楼层以上只有凝固的半层柱时，即开始安装支撑上层梁板的脚手架；待上层梁板浇筑混凝土（空出梁柱节点范围）并凝固后，上半层柱的模板也具有了稳定的支撑点。

采用“大H施工法”先浇筑上层梁板时，应确保脚手架、模板和浇筑后梁板的整体横向稳定。应采取有效措施避免发生横向失稳。此外，对框架—核心筒或框架—剪力墙结构（包括短肢剪力墙），由于剪力墙承载楼层荷载但其仅为第一振型的弯曲型变形不受楼层梁板构件的约束，所以抗震剪力墙的施工缝既可留在层间位置，也可留在楼层高度位置；当剪力墙施工缝留在楼层高度位置时，整层高的剪力墙或核心筒可为框架柱采用“大H施工法”提供稳定的横向支撑。

“大H施工法”的科学性在于：

1.“大H施工法”能彻底消除抗震框架柱的安全隐患，有效加强受力最大、最易遭受地震破坏的柱上端和柱下端部位，让构成框架柱的混凝土和钢筋两种材料在抵抗地震作用时均能发挥最大抗力，使抗震设计柱对纵筋和箍筋采取的多项加强措施有了基础支撑，将“钢筋笼子结构”真正建成“钢筋混凝土结构”。

2.“大H施工法”将施工缝留在柱中部，高度恰好在施工人员的胸口至肩部，非常方便施工人员凿毛连接面和清理、冲洗施工缝上的浮浆碎渣，容易确保施工缝的连接质量，也非常方便监理人员快速、直观检查施工缝界面处理质量，确保柱混凝土在施工缝连接处的施工质量。

3.“大H施工法”能彻底解决业界因操作困难不得不将梁柱节点用低强度混凝土浇筑，导致梁柱节点强度不合格的质量难题；彻底纠正了被颠倒的高低强度混凝土浇筑顺序。“大H施工法”不仅将施工缝自然留在了抗震最安全的柱中部，而且当柱的混凝土强度高于梁时实现了高强度后浇，不仅与先浇筑已凝固的低强度混凝土粘结更牢固，而且可解除梁混凝土强度不应低于柱混凝土强度两档的限制。高强度混凝土后浇时，前后浇筑的混凝土强度差越大，高强度混凝土对低强度混凝土的粘结效果越好。

此外，“大H施工法”仅变换了框架结构竖向构件与横向构件的施工顺序，采用该法总的施工作业量与传统施工方法基本相同，因而对结构总体的施工进度没有影响。

第八部分
墙构造疑难问题解评

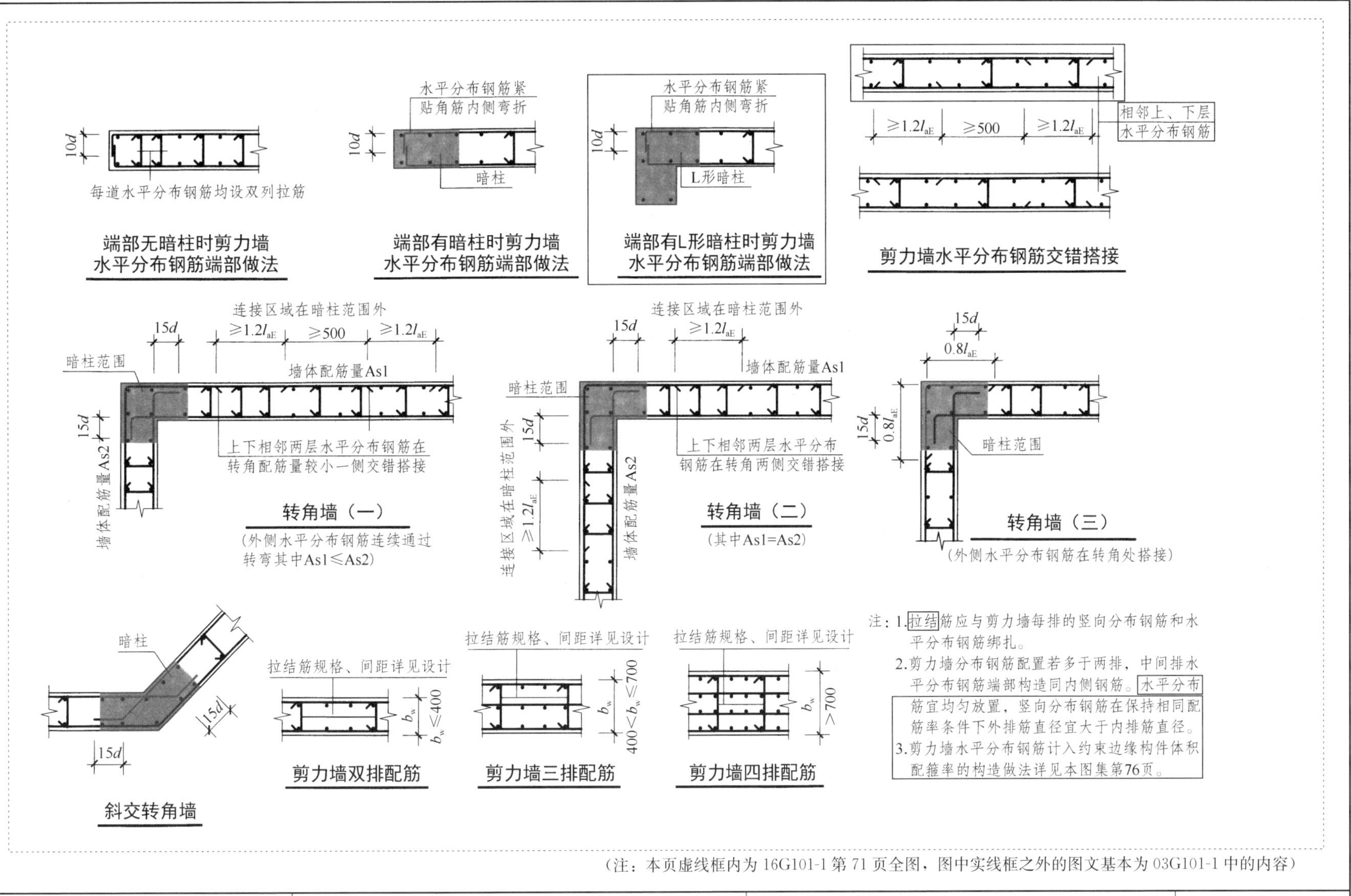

注：1.拉结筋应与剪力墙每排的竖向分布钢筋和水平分布钢筋绑扎。
2.剪力墙分布钢筋配置若多于两排，中间排水平分布钢筋端部构造同内侧钢筋。水平分布筋宜均匀放置，竖向分布钢筋在保持相同配筋率条件下外排筋直径宜大于内排筋直径。
3.剪力墙水平分布钢筋计入约束边缘构件体积配箍率的构造做法详见本图集第76页。

（注：本页虚线框内为16G101-1第71页全图，图中实线框之外的图文基本为03G101-1中的内容）

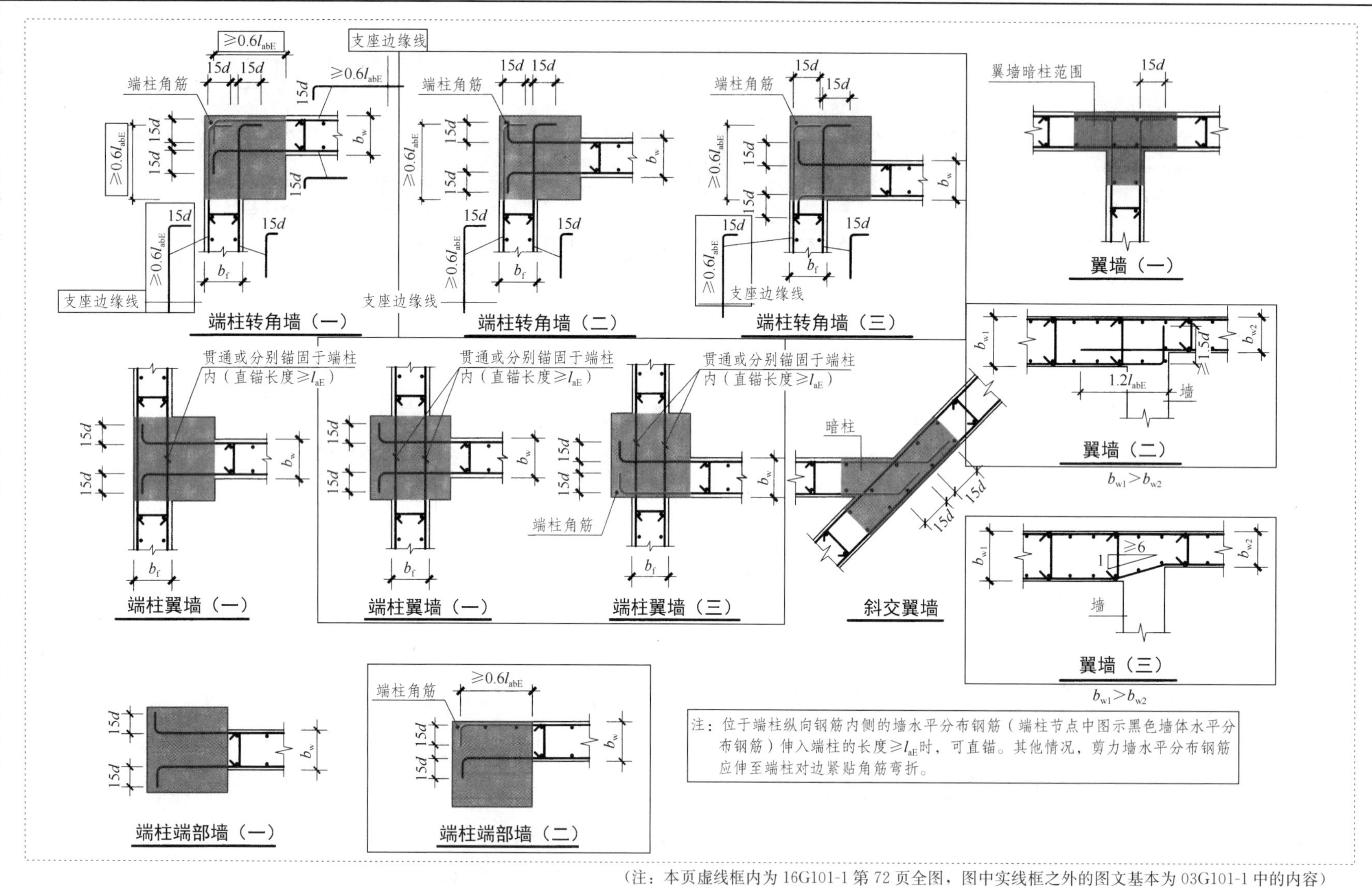

（注：本页虚线框内为16G101-1第72页全图，图中实线框之外的图文基本为03G101-1中的内容）

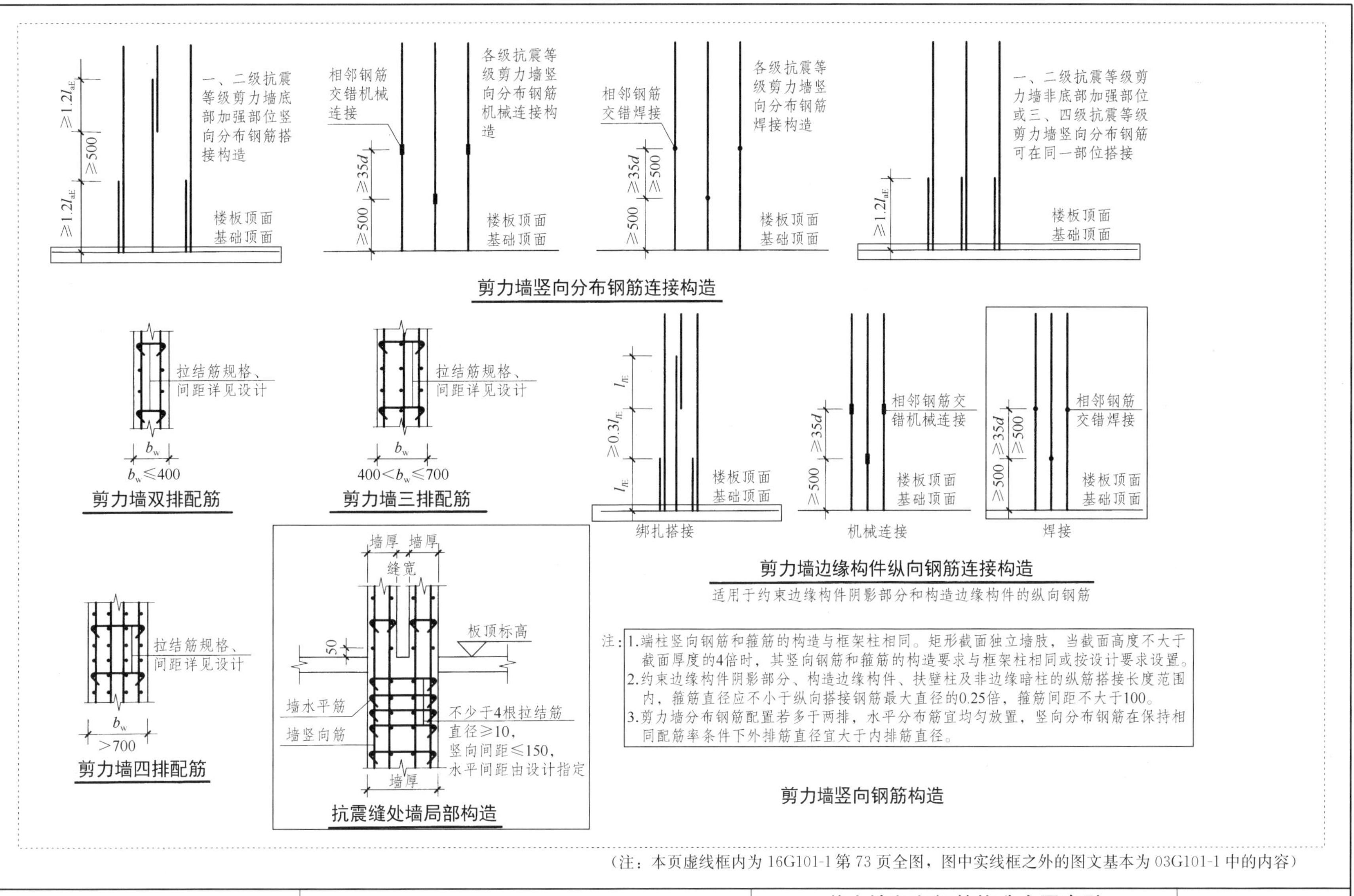

（注：本页虚线框内为16G101-1第73页全图，图中实线框之外的图文基本为03G101-1中的内容）

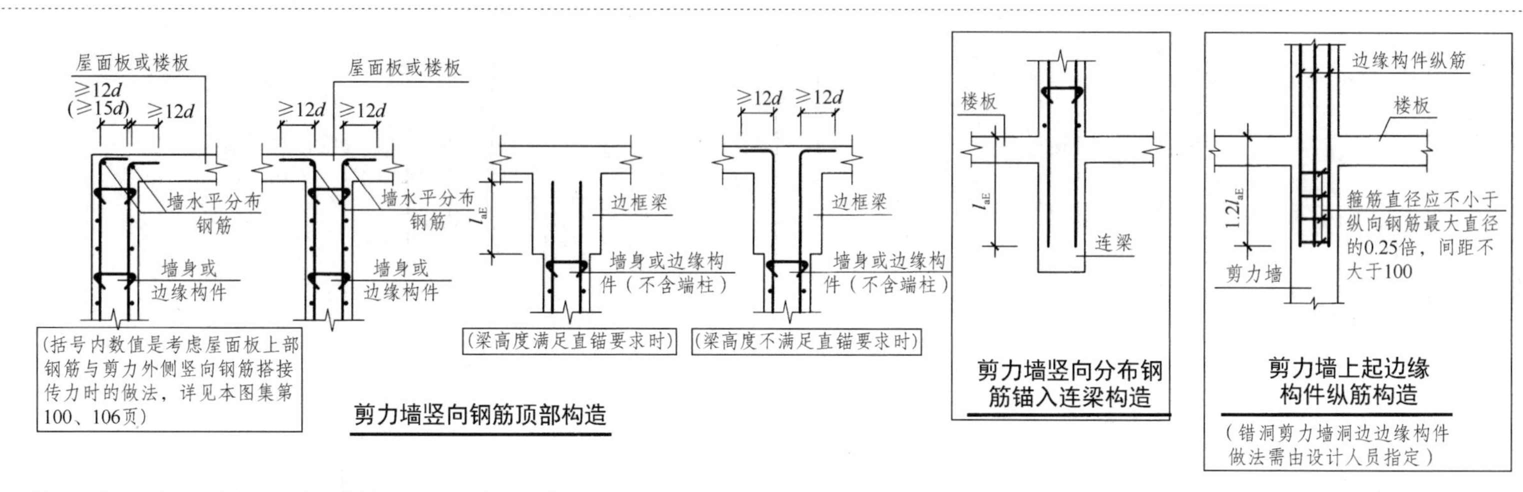

剪力墙竖向钢筋顶部构造

剪力墙竖向分布钢筋锚入连梁构造

剪力墙上起边缘构件纵筋构造

（错洞剪力墙洞边边缘构件做法需由设计人员指定）

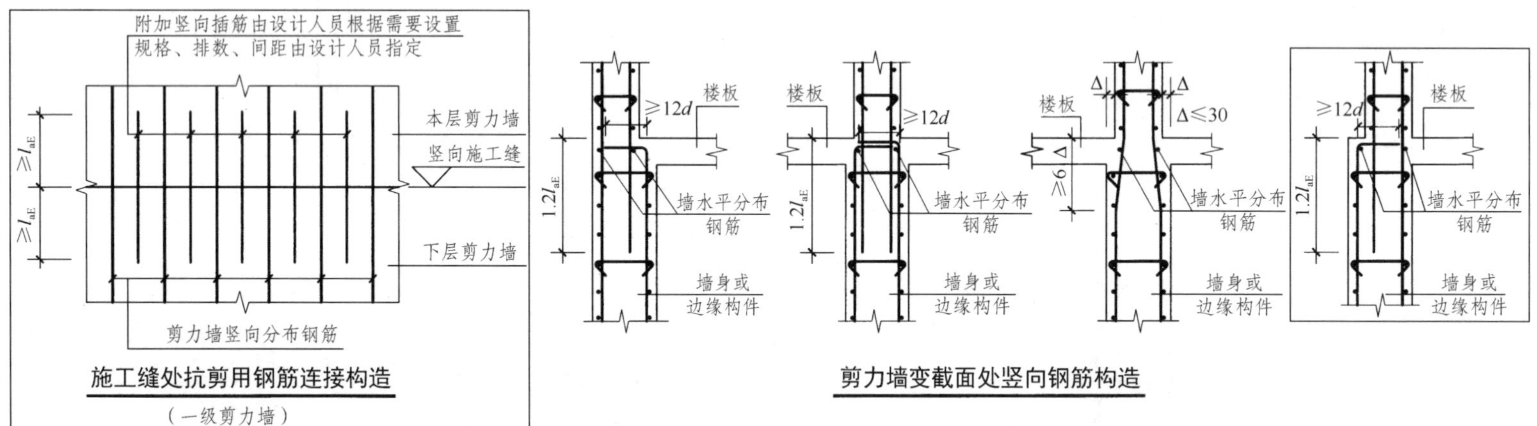

施工缝处抗剪用钢筋连接构造

（一级剪力墙）

剪力墙变截面处竖向钢筋构造

注：剪力墙层高范围最下一排拉结筋位于底部板顶以上第二排水平分布钢筋位置处，最上一排拉结筋位于层顶部板底（梁底）以下第一排水平分布钢筋位置处。

（注：本页虚线框内为16G101-1第74页全图，图中实线框之外的图文基本为03G101-1中的内容）

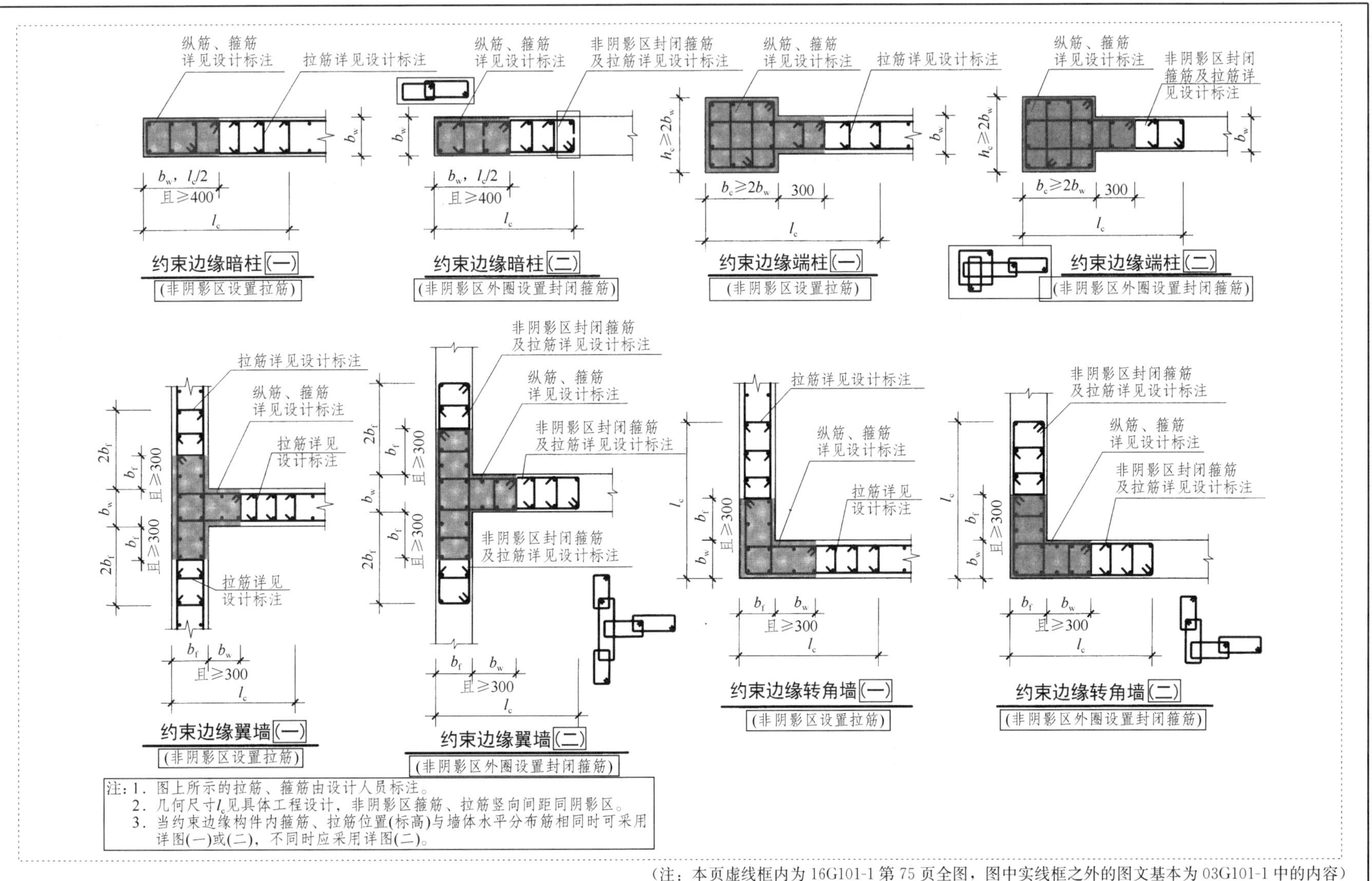

注：1．图上所示的拉筋、箍筋由设计人员标注。
2．几何尺寸l_c见具体工程设计，非阴影区箍筋、拉筋竖向间距同阴影区。
3．当约束边缘构件内箍筋、拉筋位置(标高)与墙体水平分布筋相同时可采用详图(一)或(二)，不同时应采用详图(二)。

（注：本页虚线框内为16G101-1第75页全图，图中实线框之外的图文基本为03G101-1中的内容）

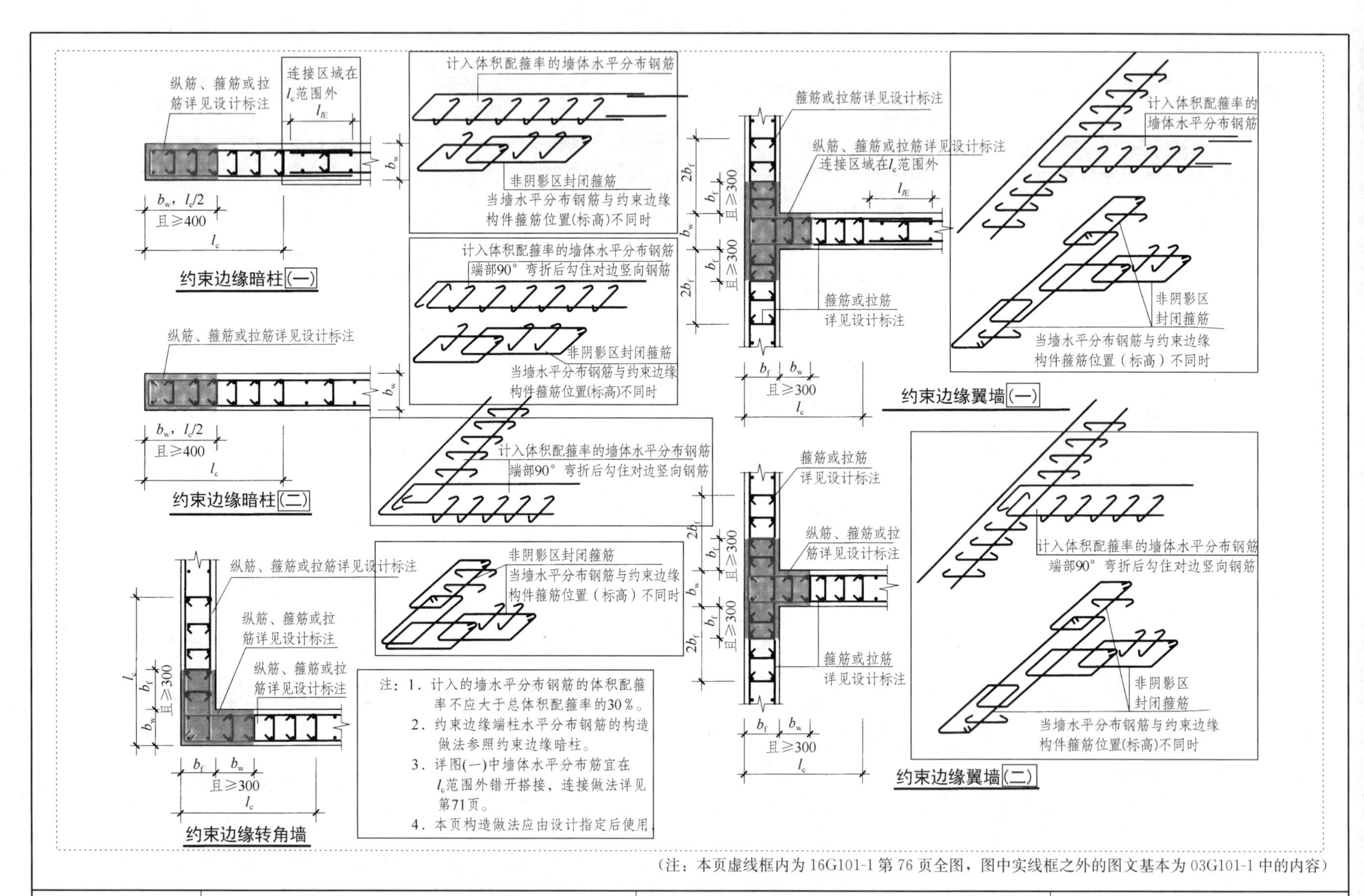

注：1. 计入的墙水平分布钢筋的体积配箍率不应大于总体积配箍率的30%。
2. 约束边缘端柱水平分布钢筋的构造做法参照约束边缘暗柱。
3. 详图(一)中墙体水平分布筋宜在l_c范围外错开搭接，连接做法详见第71页。
4. 本页构造做法应由设计指定后使用。

（注：本页虚线框内为16G101-1第76页全图，图中实线框之外的图文基本为03G101-1中的内容）

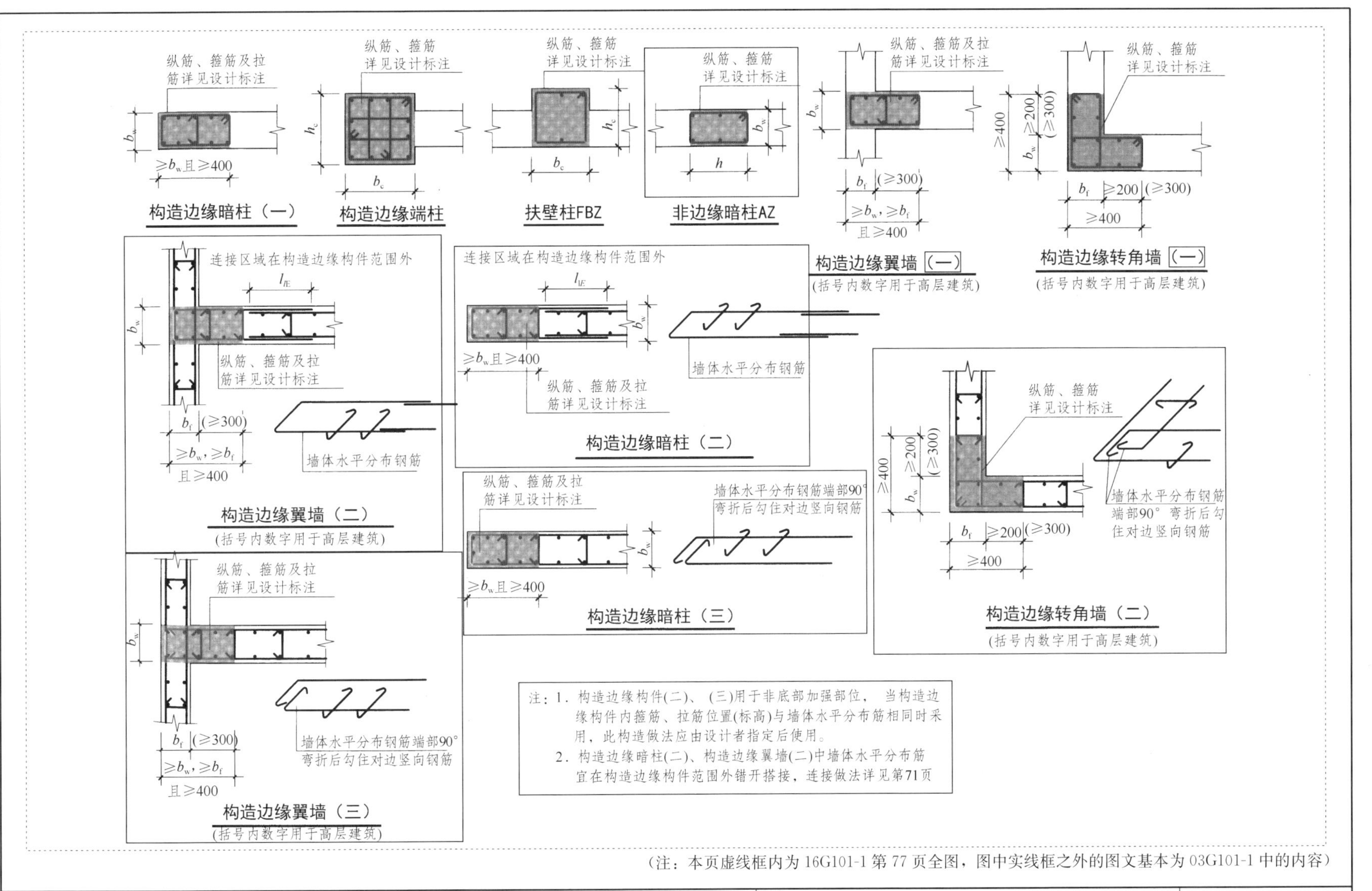

（注：本页虚线框内为16G101-1第77页全图，图中实线框之外的图文基本为03G101-1中的内容）

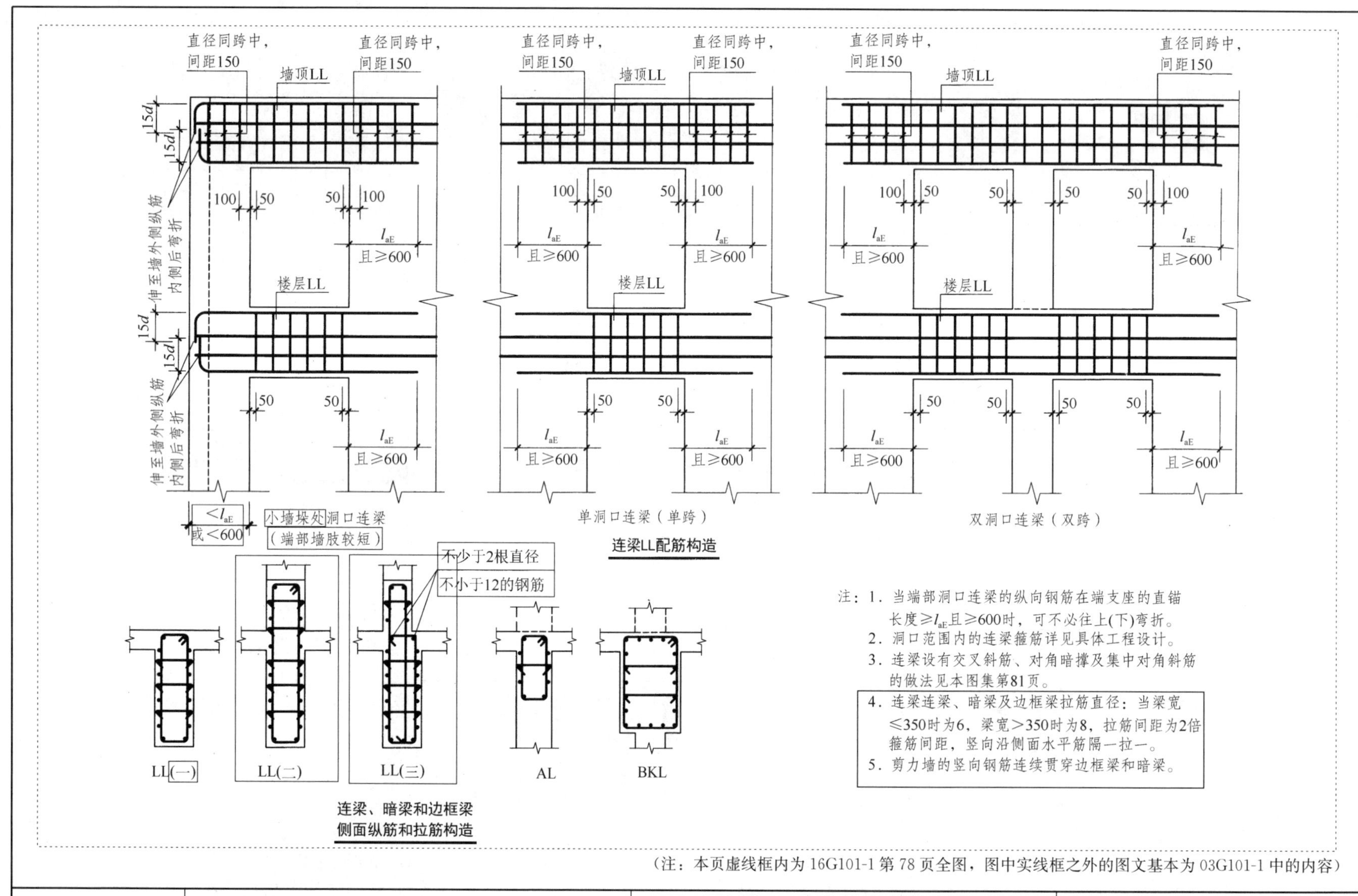

（注：本页虚线框内为16G101-1第78页全图，图中实线框之外的图文基本为03G101-1中的内容）

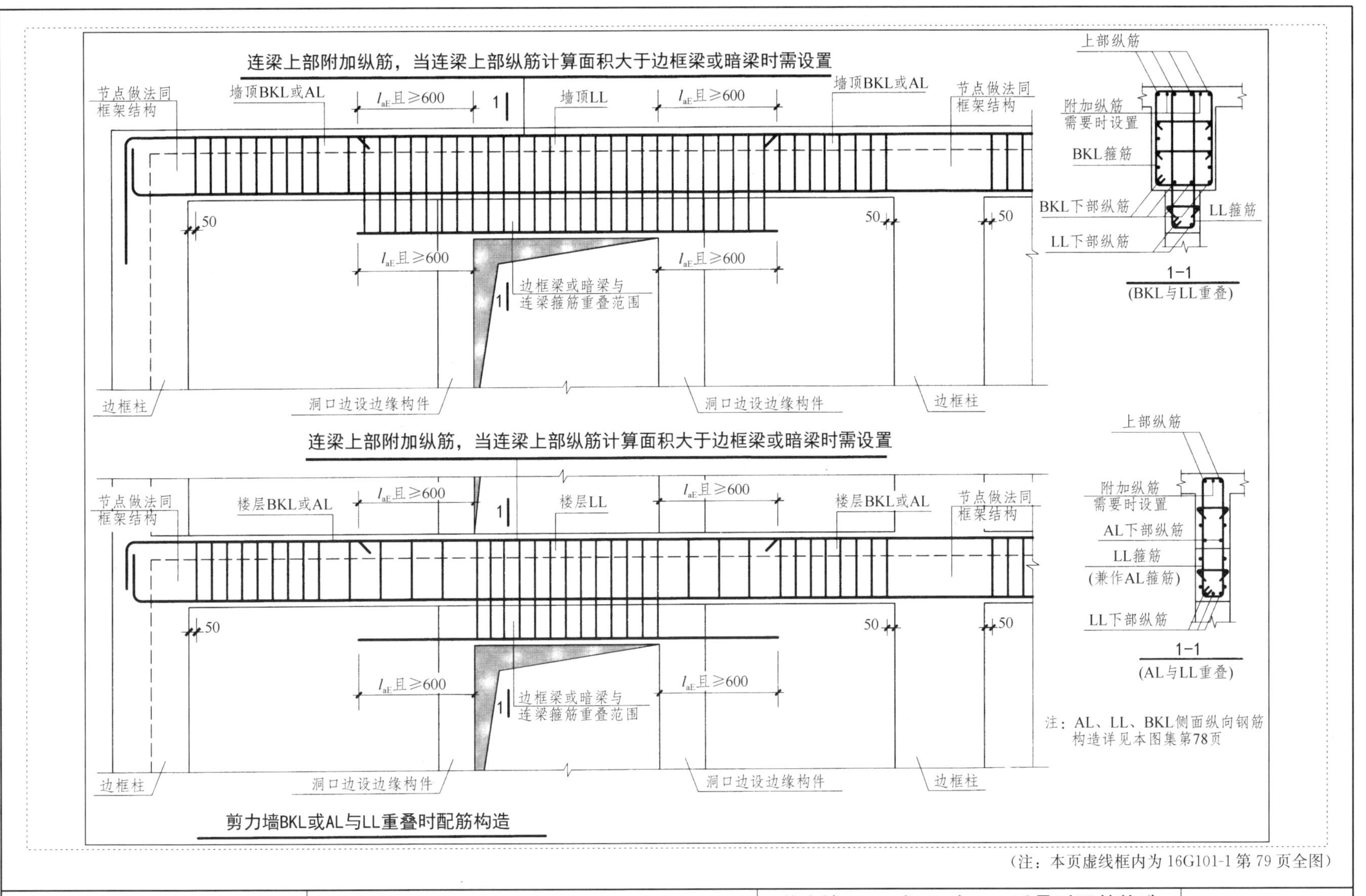

（注：本页虚线框内为 16G101-1 第 79 页全图）

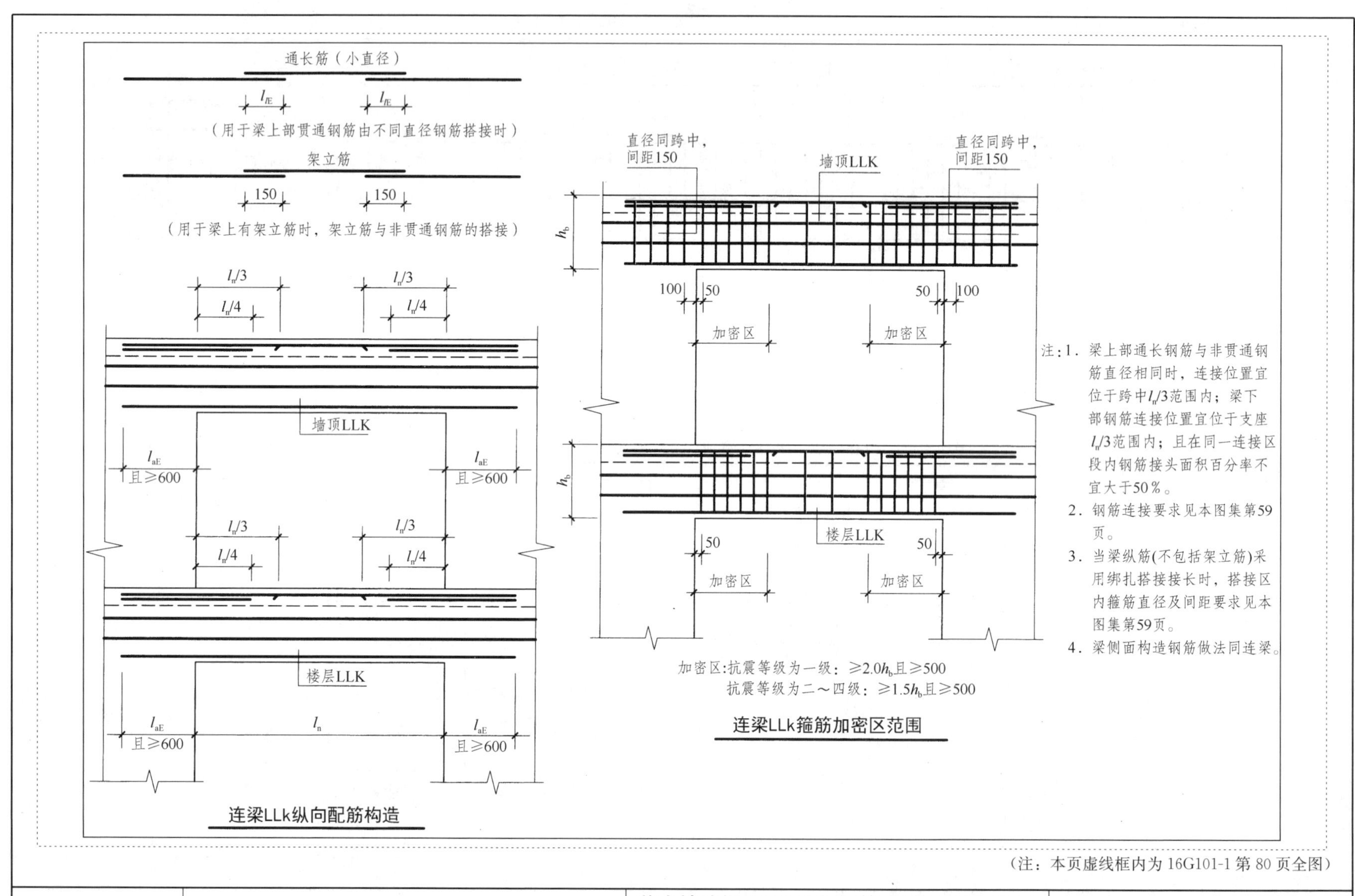

（注：本页虚线框内为16G101-1第80页全图）

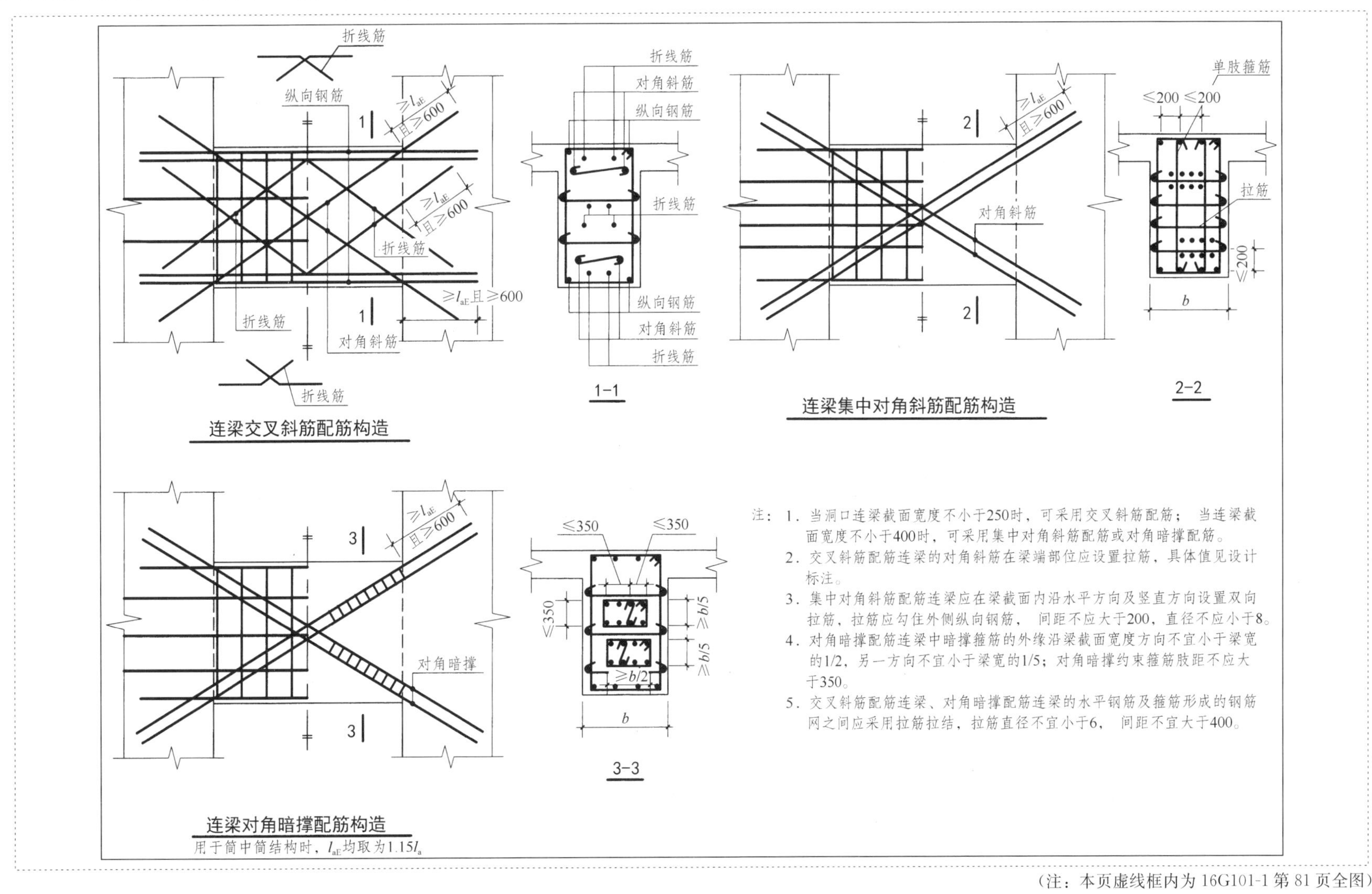

注：1. 当洞口连梁截面宽度不小于250时，可采用交叉斜筋配筋；当连梁截面宽度不小于400时，可采用集中对角斜筋配筋或对角暗撑配筋。
2. 交叉斜筋配筋连梁的对角斜筋在梁端部位应设置拉筋，具体值见设计标注。
3. 集中对角斜筋配筋连梁应在梁截面内沿水平方向及竖直方向设置双向拉筋，拉筋应勾住外侧纵向钢筋，间距不应大于200，直径不应小于8。
4. 对角暗撑配筋连梁中暗撑箍筋的外缘沿梁截面宽度方向不宜小于梁宽的1/2，另一方向不宜小于梁宽的1/5；对角暗撑约束箍筋肢距不应大于350。
5. 交叉斜筋配筋连梁、对角暗撑配筋连梁的水平钢筋及箍筋形成的钢筋网之间应采用拉筋拉结，拉筋直径不宜小于6，间距不宜大于400。

（注：本页虚线框内为16G101-1第81页全图）

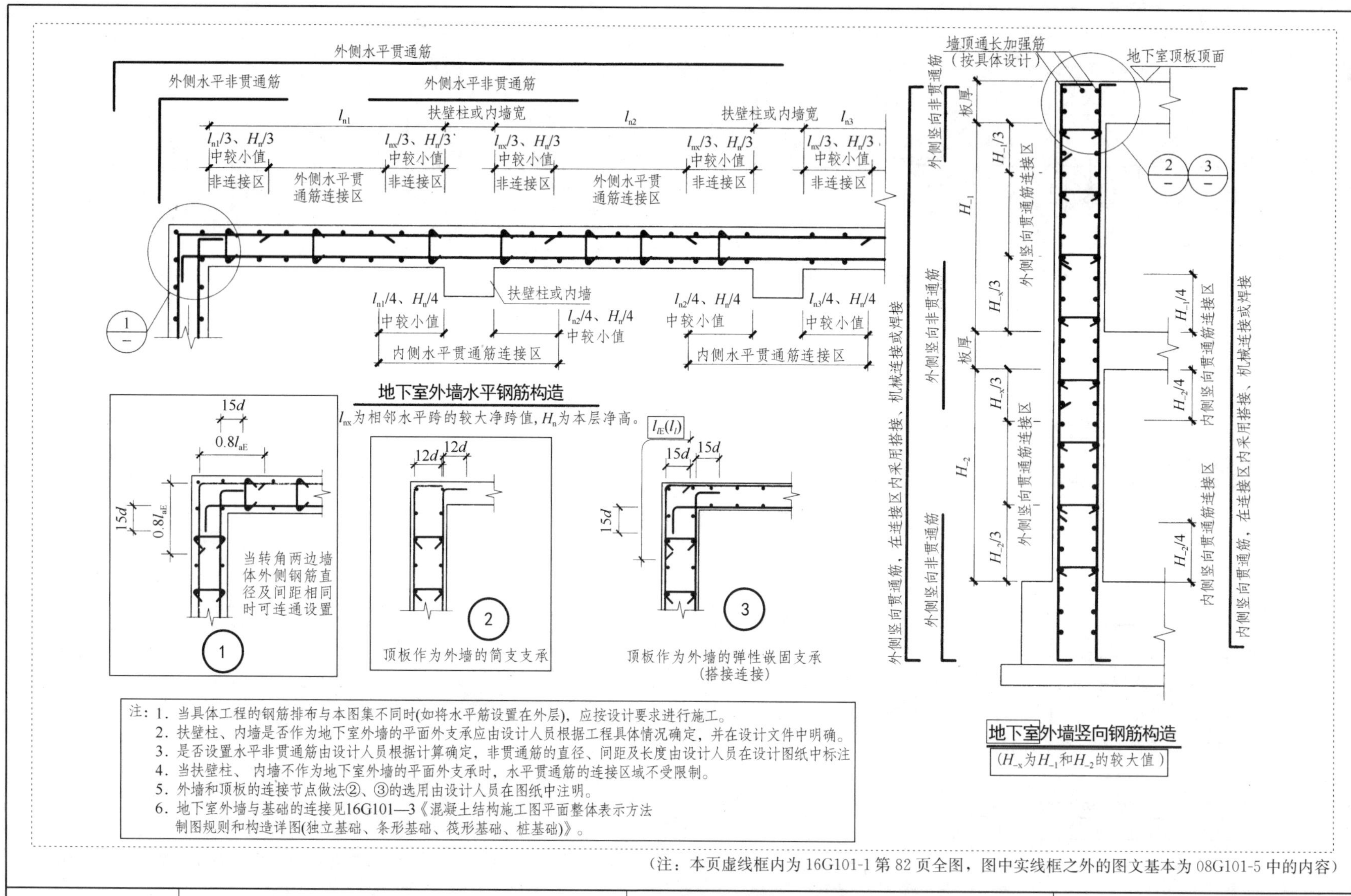

注：1. 当具体工程的钢筋排布与本图集不同时(如将水平筋设置在外层)，应按设计要求进行施工。
2. 扶壁柱、内墙是否作为地下室外墙的平面外支承应由设计人员根据工程具体情况确定，并在设计文件中明确。
3. 是否设置水平非贯通筋由设计人员根据计算确定，非贯通筋的直径、间距及长度由设计人员在设计图纸中标注
4. 当扶壁柱、内墙不作为地下室外墙的平面外支承时，水平贯通筋的连接区域不受限制。
5. 外墙和顶板的连接节点做法②、③的选用由设计人员在图纸中注明。
6. 地下室外墙与基础的连接见16G101—3《混凝土结构施工图平面整体表示方法制图规则和构造详图(独立基础、条形基础、筏形基础、桩基础)》。

（注：本页虚线框内为 16G101-1 第 82 页全图，图中实线框之外的图文基本为 08G101-5 中的内容）

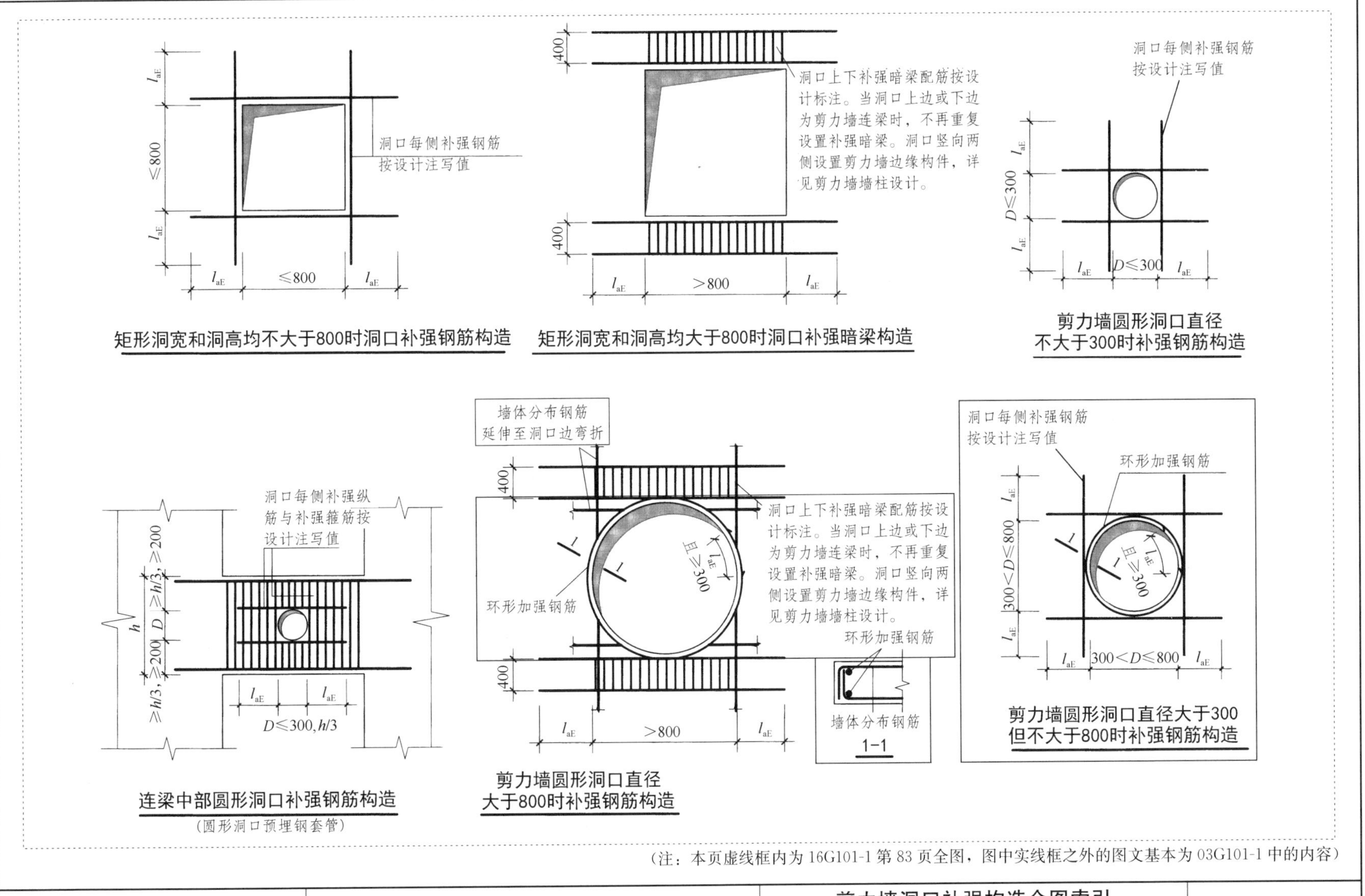

（注：本页虚线框内为16G101-1第83页全图，图中实线框之外的图文基本为03G101-1中的内容）

【解评 8.1】关于 16G101-1 第 72 页剪力墙水平分布钢筋构造中存在的主要问题

主要问题 1、剪力墙水平筋端部构造在暗柱与短柱中不应相同

剪力墙水平筋端部构造的功能，是连接翼墙或转角墙，以便在抵抗地震作用时共同工作。应当指出的是剪力墙与翼墙、剪力墙与转角墙不具有支承与被支承关系，即翼墙或转角墙不是所指剪力墙的支座，而是平行关系，因此，剪力墙水平分布筋在端部不是锚固功能，而是连接功能。虽然连接的实质也是混凝土对钢筋的粘结锚固，但应将连接与锚固的功能加以区别，以免概念发生混乱。

当剪力墙端部为暗柱时，暗柱未凸出墙身，剪力墙水平分布筋与暗柱箍筋在同一层面，在两道箍筋之间通过，外侧仅为较薄的混凝土保护层，故水平分布筋在端部采用横穿翼墙或转角墙墙厚然后弯钩 $15d$ 即可实现连接功能。但当剪力墙端部为端柱时，由于端柱凸出墙身，增大了墙端部的刚度，此时短柱成为剪力墙与翼墙、转角墙连接的枢纽，剪力墙水平筋伸入端柱将进入一个周围混凝土厚度超过 $5d$ 的空间，混凝土对其可产生最大粘结强度（若为锚固则锚固长度可以乘以 0.7），所以不需要套用剪力墙水平筋在暗柱表面穿过的构造方式。

在 16G101-1 第 72 页中，端柱转角墙（一）、（二）、（三），端柱翼墙（一）、（二）、（三），以及端柱端部墙（一）、（二）中，剪力墙水平分布筋在端柱未凸出墙身一侧构造应与墙端部为暗柱时相同（即伸至尽端外侧钢筋内侧位置弯钩 $15d$），在端柱凸出墙身一侧的构造仅需伸入 $0.4l_{aE}$ 后弯钩 $15d$ 或者直锚 l_{aE} 即可（按粘结强度条件推论此 l_{aE} 尚可乘以 0.7）。

另外，端柱转角墙（一）、（二）、（三）和端柱端部墙分别要求位于端柱未凸出墙身一侧的剪力墙水平筋伸入端柱 $0.6l_{aE}$ 没有科学依据也未见规范依据。按逻辑推论，此种情况如果需要伸入端柱 $0.6l_{aE}$，那么当墙端部为暗柱时也应伸入暗柱 $0.6l_{aE}$，这显然存在逻辑矛盾。

主要问题 2、翼墙（二）、（三）为错误构造

下图为 16G101-1 第 72 页的翼墙（二）、（三）截图：

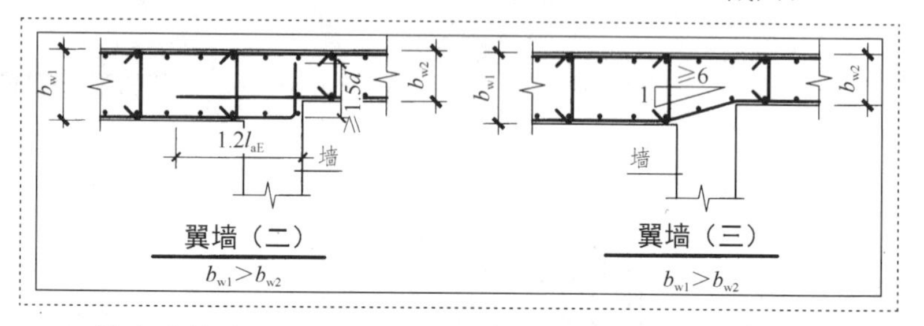

剪力墙的定义为墙水平截面的长度为不小于 8 倍墙厚且不大于 8m，由于水平截面的长度为墙厚的 8 至 25 倍，故墙平面刚度非常大用作抗震结构的第一道防线，而剪力墙平面外的刚度较小，通常不将其平面外的抗力作用计入该方向的抗力需求。

由于剪力墙较薄，在平面内抵抗地震作用时必须确保不发生平面外失稳破坏。为此，严格限制墙的水平长度不大于 8m，而且要求墙体平面内关于中心线对称和平面外关于轴心线对称，即墙体在水平两个方向上的刚度对称，方能在抵抗地震横向作用时平衡摆动，不发生平面外失稳破坏。

由于剪力墙抵抗地震作用时为弯曲型变形，其仅有第一振型而无高次振型，决定了墙体虽然承载楼层荷载但其变形不受楼层的约束，这是剪力墙与剪切型框架柱的典型区别。由于剪力墙承载楼层荷载越往高处越少，所以可每隔一定高度减小墙厚，即剪力墙可整体变截面，但不可在水平方向变截面，否则会使剪力墙抵抗地震作用时发生扭曲，加大发生平面外失稳破坏的风险。

"翼墙（二）"和"翼墙（三）"所示构造完全错误。错误之一，不应在水平方向减小截面，此将导致剪力墙左右摆动抵抗地震作用时发生不对称偏摆；错误之二，更不应将减小的截面偏向一侧，此将导致剪力墙左右摆动时发生平面外扭曲。

建筑外形设计或在剪力墙一端设有竖向薄片造型，此时结构可将较薄的竖向墙体底部悬挑作为荷载附在剪力墙上；或当剪力墙抗震等级较低、楼层较少结构整体不太高时，如果不得已采用平面内横向变截面，也应将减薄的墙体关于墙中心线对称，而不应当偏向一侧；或者建筑方案必须将减薄的墙偏向一侧，则应满足其他相关强度和刚度条件，而此时已属偶尔应用的特殊构造，不应放在解决量大面广问题的通用构造图集中[1]。

【解评 8.2】关于 16G101-1 第 73 页剪力墙竖向钢筋构造中存在的主要问题

下图为 16G101-1 第 73 页的剪力墙竖向分布钢筋搭接连接截图：

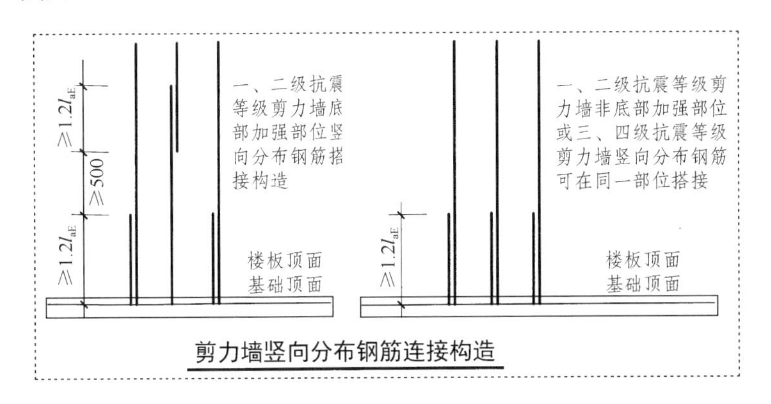

剪力墙竖向分布钢筋连接构造

03G101-1 剪力墙竖向分布筋搭接连接的起点，不是直接从"基础顶面、楼板顶面"开始搭接，而是距离基础顶面、楼板顶面≥0，且无上限。

[1] 虽然 16G101-1 称为标准设计，但所谓"标准设计"系沿用计划经济时期从前苏联学来的名称，其实质应为通用设计而非标准设计。在现代建筑结构体系中，只有设计标准（我国为 GB 打头代号的设计规范）并无标准设计；设计具有创造属性，在满足规范规定可靠度前提下，可以创新设计各种不同的构造，而不应将其中的某种称为"标准"，否则会妨碍创新，阻断技术进步。

竖向分布钢筋搭接连接起点距离基础顶面、楼板顶面≥0，在力学方面的科学道理，系剪力墙为弯曲型变形，其承载楼层荷载（支承楼面板等构件）但在抵抗地震作用时的变形并不受楼层的约束，抵抗横向力时的受力状态也不受楼层的控制（这是剪力墙与框架柱在受力变性机理方面的典型区别）。因此，剪力墙竖向分布钢筋的连接可以在任意高度位置。若竖向分布钢筋的搭接连接范围恰好与楼层板交叉，不仅没有任何问题，反而会因剪力墙与楼层板的“十字刚度效应”会增强搭接连接钢筋的传力效果。

国内不少施工现场因楼层板恰好位于剪力墙竖向分布筋搭接接头之间而把成批钢筋截去一段，造成大量钢筋下脚废料，浪费大量钢材，非常可惜。这还是执行 03G101-1 时未充分理解平法研究成果将“竖向分布钢筋搭接连接起点距离基础顶面、楼板顶面≥0”规定造成的失误，如果按 16G101-1 的盲目取消“≥0 规定”施工，则直接造成钢筋浪费。

竖向分布钢筋搭接连接起点距离基础顶面、楼板顶面≥0 规定在技术、经济方面的科学道理，正是考虑到钢筋的固定定尺长度并非“楼层高度+搭接连接长度”之和的整倍数，下料取整后的尾段将造成不方便再利用的大量钢筋下脚料，而“≥0 规定”则能够完全用足钢筋的定尺长度，既方便施工，又能实现科学用钢。

由于 16G101-1 的编制者不了解剪力墙的受力状态，不掌握 03G101-1 中关于竖向分布钢筋搭接连接研究成果的科学、技术、经济方面的道理，随意删除 03G101-1 中的“≥0 搭接起点规定”，直接给施工造成浪费钢材的不良后果。

【解评 8.3】关于 16G101-1 第 73 页剪力墙边缘构件纵向钢筋连接构造存在的主要问题

下图为 16G101-1 第 73 页剪力墙边缘构件纵向钢筋连接构造截图：

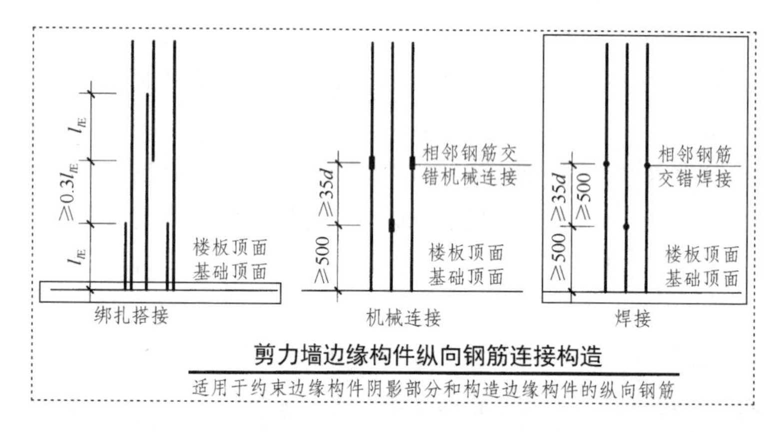

剪力墙边缘构件纵向钢筋连接构造

适用于约束边缘构件阴影部分和构造边缘构件的纵向钢筋

上图所示三种连接方式，都存在实际无法实现足强度传力的重大问题。

1. 关于边缘构件纵向钢筋采用搭接连接存在的重大问题

“功能”、“性能”、“逻辑”是平法解构原理的三大要素。

搭接连接的功能是实现可靠的足强度传力；为了实现足强度的传力功能，必须创造优化传力所需的性能条件。搭接连接所需优化的性能，是混凝土对搭接钢筋段的粘结强度，即粘结强度越高，搭接连接的传力效果越好。

为描述方便，此处采用“虚拟钢筋外切四平面”，来直观、形象地分析搭接连接钢筋在混凝土中的粘结强度。

假设紧贴钢筋模拟四个正交平面与其相切，每个平面分别与构件相应表面平行，此时，当平面外的混凝土厚度达到 $5d$（d 为钢筋直径）时，关于该平面的混凝土粘结强度达到最高；且当钢筋外四个模拟平面的混凝土厚度均达到 $5d$ 时，混凝土对钢筋的整体粘结强度达到最高。由于钢筋均分布在构件表面内一个混凝土保护层位置，即与构件表面平行的一个虚拟平面外的混凝土厚度仅为最小保护层厚度或小于 $3d$，故在这个平面上混凝土对钢筋的粘结强度不高，虽然其他三个相邻正交虚拟平面外的混凝土厚度达到 $3d$ 甚至 $5d$，由于有一个虚拟平面外的混凝土厚度薄，致使混凝土对钢筋的整体粘结强度仅约为最高粘结强度的 75%左右。

当钢筋采用接触搭接连接时，在接触搭接范围的两根钢筋之间共用一个虚拟平面，相对于任何一根钢筋的平面外混凝土厚度为零，大幅降低这个虚拟平面上混凝土对钢筋的粘结强度，直接劣化而不是优化混凝土对搭接钢筋段的粘结强度。性能的劣化相应带来功能劣化，其后果是接触搭接无法实现足强度传力功能。

由于我国普遍采用接触绑扎搭接连接，无法实现搭接钢筋的足强度传力，故要求框架柱纵筋采用搭接连接时应在受力较小处，相应严格规定柱纵筋的连接区位于柱上下两端箍筋加密区以外的框架柱中部。由于框架结构的剪切型变形呈现出以层为规律性变化的内力分布特征，故而在框架柱中部的纵筋连接区的柱弯矩值仅约为柱上端或下端 1/2，因此，虽然接触搭接后果劣化了传力功能，但所传递的应力仍能满足柱中部的内力需求。

问题在于，剪力墙为受楼层位置影响甚微的弯曲型受力变形，在抵抗横向地震作用时，剪力墙左右摆动，其两侧的边缘构件反复受拉和受压，边缘构件在楼层全高范围没有受力较小处。边缘构件的纵向钢筋将承受极限拉力及压力，而接触绑扎搭接连接的边缘构件纵向钢筋不可能承受住极限拉力，显然，这种接触搭接连接方式用于剪力墙边缘构件纵筋的连接是不可靠的。

在 16G101-1 第 59 页关于“统一连接区段内纵向受拉钢筋绑扎搭接接头”构造附注的第 5 条，明确规定“轴心受拉及小偏心受拉构件中不应采用绑扎搭接。”剪力墙水平截面的尺寸较大，在抵抗地震横向作用时为小偏心受压构件（竖向力作用点在截面内），明明按第 59 页注中规定“不应采用绑扎搭接”，却在第 73 页提供了绑扎搭接构造。剪力墙为小偏心受压构件，这两处规定属于前后自相矛盾的严重错误。

2. 关于边缘构件纵向钢筋采用机械连接实际存在的重大问题

钢筋机械连接有多种连接方式，如：注浆套筒机械连接，挤压套筒机械连接（冷挤压或热挤压），直螺纹套筒机械连接，等等。欧、美、日、澳等国家和地区普遍采用注浆套筒机械连接，我国基本上普遍采用直螺纹套筒机械连接。

直螺纹套筒机械连接的工艺，首先磨掉变形钢筋的肋，然后将变形钢筋的芯部墩粗后套丝，去除丝扣后的钢筋接头直径不小于变形钢筋的公称直径。

作者在调查研究中发现，由于墩粗工艺操作复杂，墩粗后钢筋长度缩短连带出算量等结算问题，在具体施工操作时通常除去肋部后便直接在变形钢筋芯部套丝，如此操作必减小钢筋截面面积。

通常变形钢筋的肋部约占截面面积的10%左右，去除肋部后钢筋截面减小到90%；在芯部直接套丝后，去除丝扣高度的实际截面面积仅相当于原变形钢筋截面面积的75%左右，这样一来直径25mm的钢筋截面面积将减小至约相当于直径22mm的钢筋，直径20mm的钢筋截面面积减小至小于直径18mm的钢筋。

如果不加墩粗直接套丝的不规范机械连接用于框架柱纵筋的连接，由于连接限制在柱中部受力较小处的连接区，减小截面后的机械连接头尚可满足柱中部较小的内力要求，但用于剪力墙边缘构件特别是剪力墙底部加强区约束边缘构件的纵筋连接，由于在边缘构件中找不到受力较小处，采用这种不规范的连接工艺显然存在严重问题。

3. 关于边缘构件纵向钢筋采用焊接连接存在的重大问题

我国对框架柱和剪力墙边缘构件纵筋的焊接连接，基本普遍采用电渣压力焊。业界普遍知晓电渣压力焊的焊接效果不如闪光对焊，达不到焊接点的强度与刚度不低于线材本体部分，所以规范不允许将钢筋竖起采用电渣压力焊后再水平放置用作梁的抗弯纵筋，而接续竖向延伸的框架柱和剪力墙边缘构件纵筋无法采用质量较好的闪光对焊。

与上一条采用消减钢筋有效截面的直螺纹机械连接的情况类似，当焊接连接效果不如闪光对焊的电渣压力焊用于框架柱纵筋的连接时，由于连接限制在柱中部受力较小处的连接区，达不到不小于线材本体强度的电渣压力焊接头尚可满足柱中部较小的内力要求，但用于剪力墙边缘构件特别是剪力墙底部加强区约束边缘构件的纵筋连接，由于在边缘构件中找不到受力较小处，采用电渣压力焊连接显然存在严重问题。

综合以上对剪力墙边缘构件采用搭接连接、机械连接、焊接连接的解评，可看出我国在钢筋的连接工艺上需要加大研究力度，尽快改变近30年未有明显进步的状况。现代技术标准是金属线材和管材连接点的强度和刚度应不低于非连接点，而尽快改进后采用世界发达国家普遍采用的施工简便传力非常可靠的注浆套筒机械连接方式，能够彻底解决现存问题。

当前着力推广的装配式钢筋混凝土结构，由于装配预制构件的钢筋连接位置几乎全部位于内力最大的现浇混凝土构件的非连接区（在应力较大的节点部位），而现有连接工艺无法保证装配式结构的安全度，真若着力推广，会倒逼有关方面研究、推广先进钢筋连接技术，否则装配式工艺存在严重短板。

【解评 8.4】关于 16G101-1 第 74 页所示实际不存在的剪力墙竖向分布钢筋锚入连梁构造

右图为 16G101-1 第 74 页提供的“剪力墙竖向分布钢筋锚入连梁构造”截图，该构造的最大问题是这样的构造实际不存在。

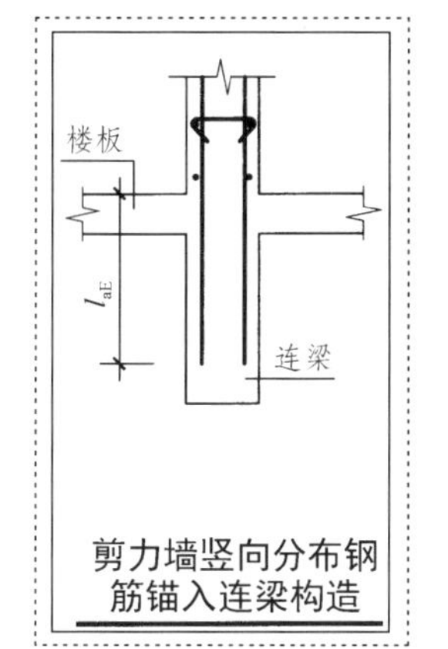

剪力墙竖向分布钢筋锚入连梁构造

剪力墙连梁为连接两片剪力墙的构件，其功能是确保所连接的两片剪力墙在抵抗地震横向作用时共同工作。

众所周知，两片剪力墙由各层设置的连梁连接后，在层间形成门洞或窗洞，换句话说连梁上部和下部都是洞口，是空气。在洞口或空气中根本不存在剪力墙竖向分布钢筋，16G101-1 第 74 页提供的“剪力墙竖向分布钢筋锚入连梁构造”是虚拟的空想。

借平法之名向业界推出不存在的构造，可能存在严重误导负面效果。初涉结构设计的人员由于缺少经验，可能会错误地联想到可以设计剪力墙交错洞口，以为上层的剪力墙可以错入部分下层连梁，上层剪力墙在平面内的水平长度大于下层将造成刚度突变，突变的刚度会打乱规律性变形，变形规律被打乱必将导致应力突变，从而干扰剪力墙实现抵抗地震作用的正常功能。简言之，剪力墙在其平面内的水平截面尺寸沿高度一层大一层小再一层大一层小的交错洞口设计，抗侧力刚度重复突变、为显著错误的结构设计。

为有效抵抗地震作用，我们采用平面内刚度较大的剪力墙作第一道防线（框架柱作第二道防线），且为保证剪力墙在抵抗地震作用时的工作稳定（规律性变形），结构设计所遵循的《建筑抗震设计规范》GB 50011—2010（以下简称《抗规》）、《混凝土结构设计规范》GB 50010—2010（以下简称《混规》和《高层建筑混凝土结构技术规程》JGJ 3—2010（以下简称《高规》）均要求剪力墙平面内刚度不应出现突变。例如：**“3.4.1 建筑设计应根据抗震概念设计的要求明确建筑形体的规则性。……注：形体指建筑平面和立面、竖向剖面的变化。”**（《抗规》第 3.4 节**建筑形体及其构件布置的规则性**强制性条文）；

“3.4.2 建筑设计应重视其平面、立面和竖向剖面的规则性对抗震性能和经济合理性的影响，……其抗侧力构件的平面布置宜规则对称、侧向刚度沿竖向宜均匀变化、竖向抗侧力构件的截面尺寸和材料强度宜自下而上逐渐减小，避免侧向刚度和承载力突变。”（《抗规》第3.4节）；“抗震墙洞口宜上下对齐”（《抗规》第6.1.8条第5款）；“门窗洞口宜上下对齐，成列布置，形成明确的墙肢和连梁；宜避免造成墙肢宽度上下悬殊的洞口设置；抗震设计时，一、二、三级剪力墙的底部加强部位不宜采用上下洞口不对齐的错洞墙，全高均不宜采用局部重叠的叠合错洞墙。”（《高规》第7章剪力墙结构设计第7.1.1条第3款）。

保持剪力墙洞口上下对齐，是抗震设计的基本要求。如果出于建筑功能或造型设计需要相邻上下层洞口交错，如建筑外观花样布窗，或建筑内部平面布置功能所需时，那么，结构设计应采取的科学措施，应以各层交错洞口竖向所占最大宽度范围设置较宽的结构洞口，洞口完全上下对齐，连梁连接的两片剪力墙平面内宽度分别上下一致，无刚度突变。当设有结构洞口的剪力墙浇筑成形后，在结构洞口单侧（逐层分别在左侧、右侧）用砌体或其他材料填充墙形成建筑设计错洞造型。

原创平法通用构造设计自20多年前在业界推广时，非常注重抗震构件构造的科学合理性。编制者借平法之名添加的虚拟构造以及可能产生的负面误导，责任与原创平法无关。

【解评8.5】关于16G101-1第74页所示剪力墙上起边缘构件纵筋构造

右图为16G101-1第74页提供的“剪力墙起边缘构件纵筋构造”截图，图名下方注有“错洞剪力墙洞边边缘构件做法需由设计人员指定”，这为设计人员错误地设计国家规范严格限制的错洞剪力墙提供构造参考。

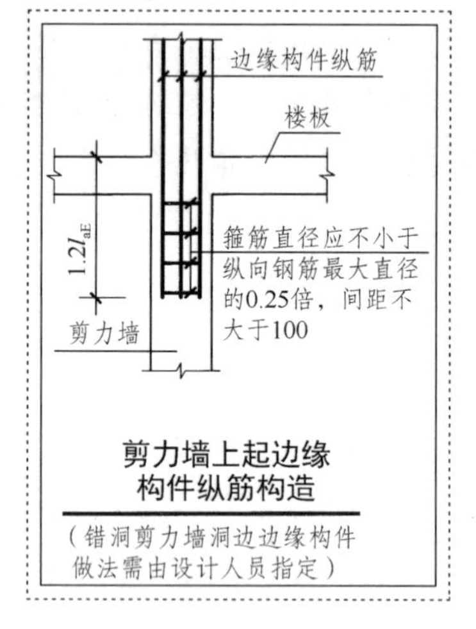

剪力墙上起边缘构件纵筋构造
（错洞剪力墙洞边边缘构件做法需由设计人员指定）

由前所述，在结构设计领域只有“设计标准”，没有“标准设计”，所谓标准设计系沿用了不符合市场规律的计划经济时期的传统说法，因为设计是一种用途广泛的创造性活动，在满足设计标准规定的可靠度条件后，可以有各种形式的设计，这样才能丰富创新成果，推动技术进步。因此，所谓标准设计实质是“通用设计”，而通用设计的功能是解决量大面广的普遍性问题。错洞剪力墙并非绝对不可设计，但需要更多严格的限制条件，因此属于构造中应用极少的特殊性问题。显然，解决应用极少的特殊性构造不是通用设计的功能。

16G101-1 第 74 页提供的“剪力墙起边缘构件纵筋构造”还可能具有两方面的误导作用，其一，误导设计者设计规范明文禁止的“局部重叠的叠合错洞墙。”（详见《高规》第 7 章剪力墙结构设计第 7.1.1 条第 3 款）；其二，混淆地下室中的抗震墙与剪力墙在科学定义上的区别。

结构研究领域所定义的剪力墙，系指抵抗地震作用时在空中摆动，地震横向加速度导致的往复性横向剪力与地震横向卓越速度导致的地震能量，全部由出地面至最高顶面的剪力墙本体抵抗与吸收。由于出地面的剪力墙为薄壁型面状构件，容易发生平面外扭曲，为防止剪力墙平面外扭曲引起失稳破坏，研究证实剪力墙平面内的水平宽度最大不超过 8m。但是，此定义并不适用于地面以下地下室结构中的抗震墙。

地下室结构中的钢筋混凝土墙，地震中随大地板块横向晃动故称为地下室抗震墙。地下室抗震墙在地震发生时横向运动同时受地面以上剪力墙横向摆动下传变形影响，产生横向地震作用力与地震能量，但其受力机理与能量吸收方式与出地面的剪力墙明显不同。

地下室抗震墙与地上剪力墙抵抗横向地震作用的不同主要表现在承受地震作用的“量”不同，且导致不同的条件是地下室结构整体受周围土层嵌固，所产生相当部分的横向地震力由基坑侧壁嵌固作用抵消，所产生相当部分的地震能量由基坑侧壁嵌固作用耗散，且因地下室结构整体嵌固在土层之中，横向运动不会发生平面外失稳破坏，所以地下室抗震墙的水平长度可长达几十米（一片长达几十米的地下室抗震墙上可以起多片剪力墙），这是在形状上地下室抗震墙与剪力墙最为显著的区别。

在本条解评截图中可见，剪力墙边缘构件锚入的墙体引注为“剪力墙”而不是“地下室抗震墙”，此举将误导初学者混淆剪力墙与地下室抗震墙不同的科学定义，并模糊两者在墙体水平长度上的区别。

【解评 8.6】关于 16G101-1 第 74 页所示剪力墙变截面处竖向钢筋构造

下图为第 74 页提供的“剪力墙变截面处竖向钢筋构造”截图，该批构造的问题在第 4 图。第 1 至 3 图系 03G101-1 中内容，第 4 图为 16G101-1 新加内容。第 1 图及第 4 图均表达剪力墙外墙变截面构造，两图不同点为前者在内侧变截面，后者在外侧变截面。

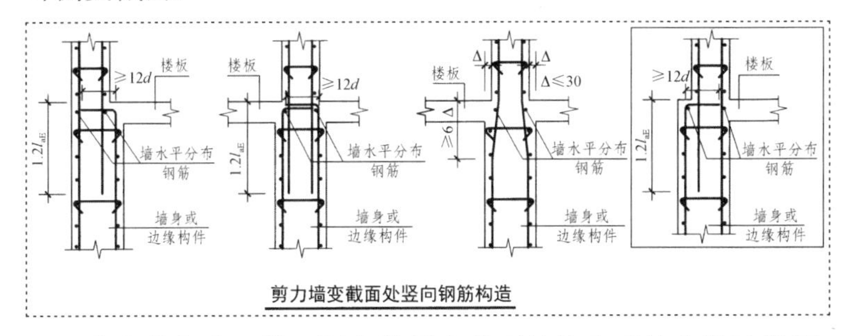

剪力墙变截面处竖向钢筋构造

应在此指出，第 4 图在外侧变截面的构造不符合设计规则在外侧变截面将导致外墙退后，不仅影响建筑外墙的美观，给建筑外墙装饰制造麻烦，而且投资方也不会同意从该层往上的建筑整体面积毫无意义地缩小一圈，设计界几乎无人做此类反常设计。

【解评 8.7】关于 16G101-1 第 75、77 页所示构造将误导剪力墙端部外层钢筋发生构造不协调错误

下为 16G101-1 第 75 页图注第 3 条和第 77 页图注第 1 条截图：

> 3.当约束边缘构件内箍筋、拉筋位置（标高）与墙体水平分布筋相同时可采用详图（一）或（二），不同时应采用详图（二）。

> 注：1.构造边缘构件（二）、（三）用于非底部加强部位，当构造边缘构件内箍筋、拉筋位置（标高）与墙体水平分布筋相同时采用，此构造做法应由设计者指定后使用。

两页注中都包含边缘构件内箍筋、拉筋位置（标高）与墙体水平分布筋相同时采用某某相关构造的词句，其相关构造是将剪力墙水平分布筋与边缘构件水平设置的箍筋并排接触设置，此为非常突出的构造不协调错误。

每一种钢筋都有自身构造方式，当两种钢筋位于同一层面时，不应将两种钢筋的构造简单重叠，不应各顾各，而应协调两种钢筋构造令其均处于最优环境条件，避免发生构造不协调错误。

边缘构件箍筋与墙体水平分布筋均无“标高”定义，只有“分布间距”定义。第 75、77 页的注，实际要求当边缘构件暗柱箍筋间距与墙体水平分布筋间距相同，且每道暗柱箍筋和水平分布筋位于同一水平面时，采用两页所示的相应构造。这样做必然使水平分布筋与暗柱箍筋并排接触，导致两种钢筋构造不协调。

当暗柱箍筋与墙体水平分布筋间距相同时，应将两者在高度上错开 1/2 分布间距，即墙体水平分布筋在两道暗柱箍筋中间距任何一道箍筋均不小于 25mm 净距的位置通过，如此将使混凝土分别完全包裹暗柱箍筋和墙体水平分布筋，实现两种钢筋的构造协调。

我们的结构是“钢筋混凝土结构”不是“钢筋笼子结构”，钢筋只允许局部短距离并行重叠（复合箍筋大小箍局部小段接触），而不应随意并行接触绑扎，每道钢筋都应考虑给混凝土留下合理的空间，这种合理空间即为科学设置的钢筋净距。不仅受力钢筋之间应保持合理净距，构造钢筋之间也应保持合理净距。在保持合理净距方面，业界的普遍性问题是只关注受力筋，忽略了构造筋。

无论是受力筋还是构造筋，若将两种钢筋并行接触，钢筋之间混凝土无法浇入，并行接触的钢筋隔断了混凝土外表面保护层与构件内部混凝土的联系，不连续的混凝土在浇筑凝固后收缩不均匀，不均匀收缩将在混凝土表面出现构造裂缝。由于构件表面混凝土被并行接触的钢筋与构件内部混凝土隔离，当遭遇强烈地震时，可能导致构件表面混凝土成片脱落，进而削弱构件整体刚度，产生对抗震不利的后果。

【解评 8.8】关于 16G101-1 第 78 页剪力墙连梁的构造错误

以下为 16G101-1 第 78 页“连梁、暗梁和边框梁侧面纵筋和拉筋构造”截图，其中LL（二）、LL（三）为16G101-1新加的构造。

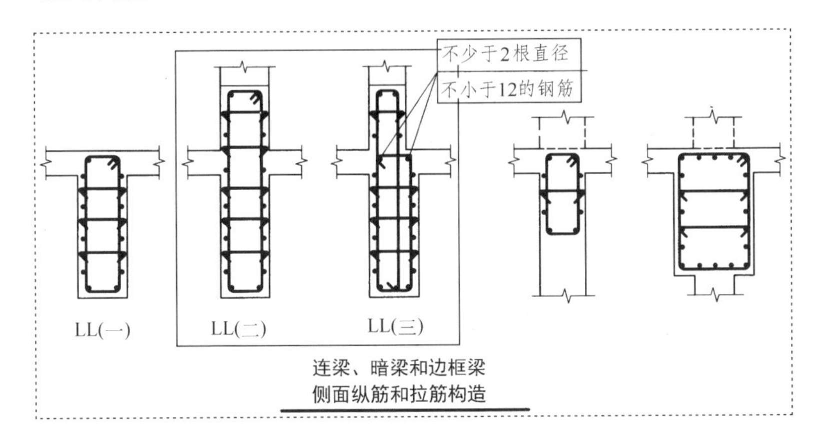

连梁、暗梁和边框梁
侧面纵筋和拉筋构造

LL（二）和LL（三）表示连梁顶面高出楼面构造。当连梁顶面高出楼面时，通常连梁上方是窗洞不是门洞；当连梁上方为窗洞时，连梁高度若自下层窗上平至上层窗台，该连梁的高度通常较高，其跨高比通常不大于2.5。

当连梁跨高比不大于2.5时，按规范构造要求应设置“交叉斜筋”或“集中对角斜筋”、“对角暗撑”，显然，图LL（三）的构造无法设置对称的交叉斜筋或集中对角斜筋，甚至无法设置对角暗撑。

当剪力墙抵抗强烈地震作用时，剪力墙连梁的工作状态极其严峻。震害表明，当连梁跨高比较小时，连梁两端上下两个部位（连梁正面四角）最容易发生破坏，故各国规范非常注重小跨高比连梁的四角构造。图LL（三）的构造将造成连梁平面外扭曲，加之无法顺利采用对角斜向钢筋构造，连梁上部偏心减薄部分极易提前发生破坏。

当某层楼面以上剪力墙变截面减薄时，连梁顶面宜在楼层地面，高起的窗台以下部分可采用配筋砌体或混凝土窗台板，而不宜采用偏心变截面的连梁。

【解评8.9】关于16G101-1第79页剪力墙BKL或AL与LL重叠时配筋构造的浪费钢筋问题

16G101-1第79页将原创平法中剪力墙暗梁纵筋或边框梁中部筋与连梁纵筋的搭接构造改为贯通连梁，是不了解暗梁和边框梁功能盲目作出的改动，改动的后果是直接浪费了钢筋。

当剪力墙抵抗地震作用时左右摆动，为了使剪力墙边缘不发生受拉或受压破坏，以设置边缘构件予以加强。但在强烈地震作用下剪力墙身可能发生竖向劈裂破坏，且剪力墙身一旦发生竖向劈裂，由于裂缝尖端有应力集中效应，数倍甚至十数倍放大的应力会连续劈开剪力墙，此时，所设置的暗梁或边框梁便会起到阻止竖向劈裂裂缝继续延伸扩展的作用。

由于剪力墙可能发生的竖向劈裂位于剪力墙中部区域，与上下均为洞口的连梁没有任何关系，所以，暗梁纵筋或边框梁中部筋完全不需要贯穿连梁，硬性贯穿只会造成钢材浪费。

在做通用设计时，明确构件和构造的功能和性能非常重要，如果不知道功能和性能则极易作出伪构造。

【解评 8.10】关于 16G101-1 第 81 页连梁交叉配筋构造

16G101-1 第 81 页绘制的三种连梁构造，来源为《混凝土结构设计规范》GB 50010—2010 第 11.7.10 条，应用前提是连梁跨高比不大于 2.5。但 79 页的注中漏掉了这个前提。

跨高比不大于 2.5 连梁刚度非常大，当剪力墙抵抗地震作用左右摆动时，连梁刚度越大，对剪力墙延性的约束效应越大，连梁两端上下部位（连梁正面四角）最容易发生破坏和连带剪力墙边缘部位发生局部破坏。将跨高比不大于 2.5 连梁配置交叉斜筋、集中对角斜筋、对角暗撑的构造非常复杂，且并非最佳设计方案。若对其进行设计优化，完全可将跨高比不大于 2.5 的高连梁改成跨高比大于 2.5 的双连梁，或改为过梁加跨高比大于 2.5 的连梁等取代。跨高比大于 2.5 的连梁不仅受力合理、构造简单，而且施工方便，容易保证质量。

【解评 8.11】关于剪力墙构造体系中的构造缺位问题

在我国剪力墙构造体系中，最显著的构造缺位，是没有短肢剪力墙的边缘加强构造。

短肢剪力墙系指墙截面的水平长度介于 4 至 8 倍墙厚之间，超过 8 倍墙厚且不超过 8m 时为剪力墙。短肢剪力墙在我国多、高层住宅结构中占相当大比重，因至今业界尚无关于短肢剪力墙边缘的通用构造，不少设计者便在短肢剪力墙上简单地套用剪力墙边缘构件构造，伴生出许多的施工方面的问题。

边缘的概念，是边缘的宽度占墙体平面内宽度的 1/10～1/4；除去边缘后墙身应占 4/5～1/2，且边缘所占比例越小抗力效应越大，即边缘受力纵筋合力点的抵抗力臂越大，因而抵抗力矩越大。

我国业界通行的剪力墙边缘构件，是根据剪力墙平面内宽度为 8 倍墙厚至 8m 的定义而定，其在底部加强区的最大宽度 l_c 根据不同的抗震等级规定为 $0.1h_w$～$0.25h_w$ 之间（h_w 为墙体平面内宽度或称作水平截面高度），完全符合物理学关于物体边缘的定义。但是，将关于剪力墙的边缘构件构造用于墙体水平截面高度仅为 4～8 倍墙厚的短肢剪力墙上就错了。

短肢剪力墙上错误套用剪力墙边缘构件构造在形式上的不良后果，是出现墙身占整个宽度的比例竟然小于“边缘”，墙身为极窄的竖条甚至没有墙身，或两边所谓的“边缘暗柱”竟连在一起的奇怪现象；奇怪现象导致施工方面执行剪力墙水平分布筋应伸至墙端再弯钩 $15d$ 的构造时产生困惑，不知如何去做，硬去套用剪力墙水平分布筋构造，钢筋明显重叠造成构造不协调通病。

短肢剪力墙上错误套用剪力墙边缘构件构造在内容上的不良后果，是显著减小短肢剪力墙边缘纵筋合力作用点的抵抗力臂，从而显著减小抵抗力矩，受力性能劣化，加大纵筋用钢量，浪费钢材。

短肢剪力墙边缘构造的研究，已列为原创平法的研究内容。

第九部分
梁构造疑难问题解评

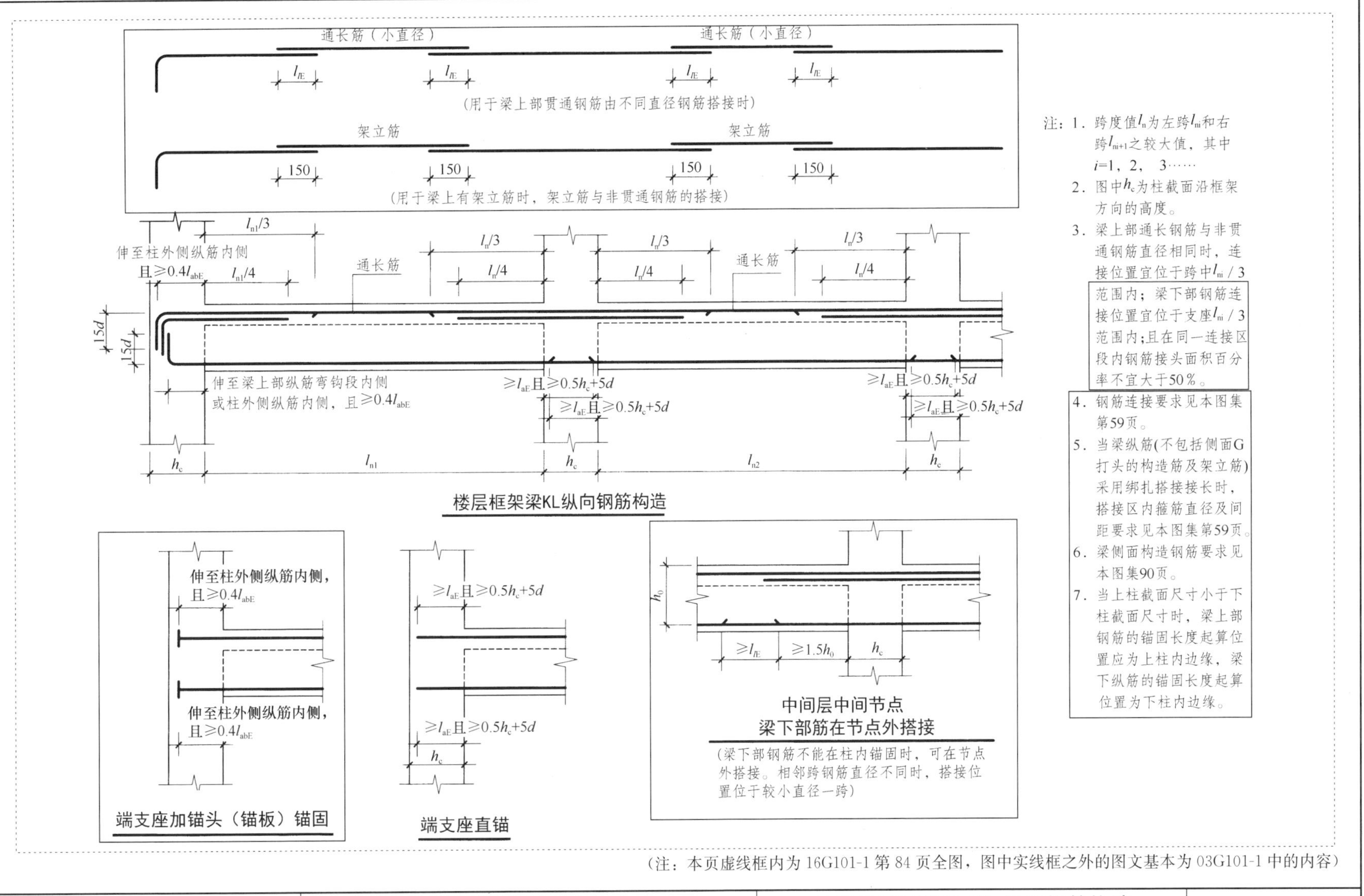

通长筋（小直径）
通长筋（小直径）
l_{lE}
（用于梁上部贯通钢筋由不同直径钢筋搭接时）
架立筋
架立筋
150
（用于梁上有架立筋时，架立筋与非贯通钢筋的搭接）
$l_{n1}/3$
伸至柱外侧纵筋内侧
且≥$0.4l_{abE}$
$l_{n1}/4$
通长筋
$l_n/3$
$l_n/4$
通长筋
15d
伸至梁上部纵筋弯钩段内侧
或柱外侧纵筋内侧，且≥$0.4l_{abE}$
≥l_{aE}且≥$0.5h_c+5d$
h_c
l_{n1}
l_{n2}
楼层框架梁KL纵向钢筋构造
注：1．跨度值l_n为左跨l_{ni}和右跨l_{ni+1}之较大值，其中i=1，2，3……
2．图中h_c为柱截面沿框架方向的高度。
3．梁上部通长钢筋与非贯通钢筋直径相同时，连接位置宜位于跨中$l_{ni}/3$范围内；梁下部钢筋连接位置宜位于支座$l_{ni}/3$范围内；且在同一连接区段内钢筋接头面积百分率不宜大于50%。
4．钢筋连接要求见本图集第59页。
5．当梁纵筋(不包括侧面G打头的构造筋及架立筋)采用绑扎搭接接长时，搭接区内箍筋直径及间距要求见本图集第59页。
6．梁侧面构造钢筋要求见本图集90页。
7．当上柱截面尺寸小于下柱截面尺寸时，梁上部钢筋的锚固长度起算位置应为上柱内边缘，梁下纵筋的锚固长度起算位置为下柱内边缘。
伸至柱外侧纵筋内侧，
且≥$0.4l_{abE}$
伸至柱外侧纵筋内侧，
且≥$0.4l_{abE}$
端支座加锚头（锚板）锚固
≥l_{aE}且≥$0.5h_c+5d$
≥l_{aE}且≥$0.5h_c+5d$
h_c
端支座直锚
h_0
≥l_{lE}
≥$1.5h_0$
h_c
中间层中间节点
梁下部筋在节点外搭接
（梁下部钢筋不能在柱内锚固时，可在节点外搭接。相邻跨钢筋直径不同时，搭接位置位于较小直径一跨）
（注：本页虚线框内为16G101-1第84页全图，图中实线框之外的图文基本为03G101-1中的内容）

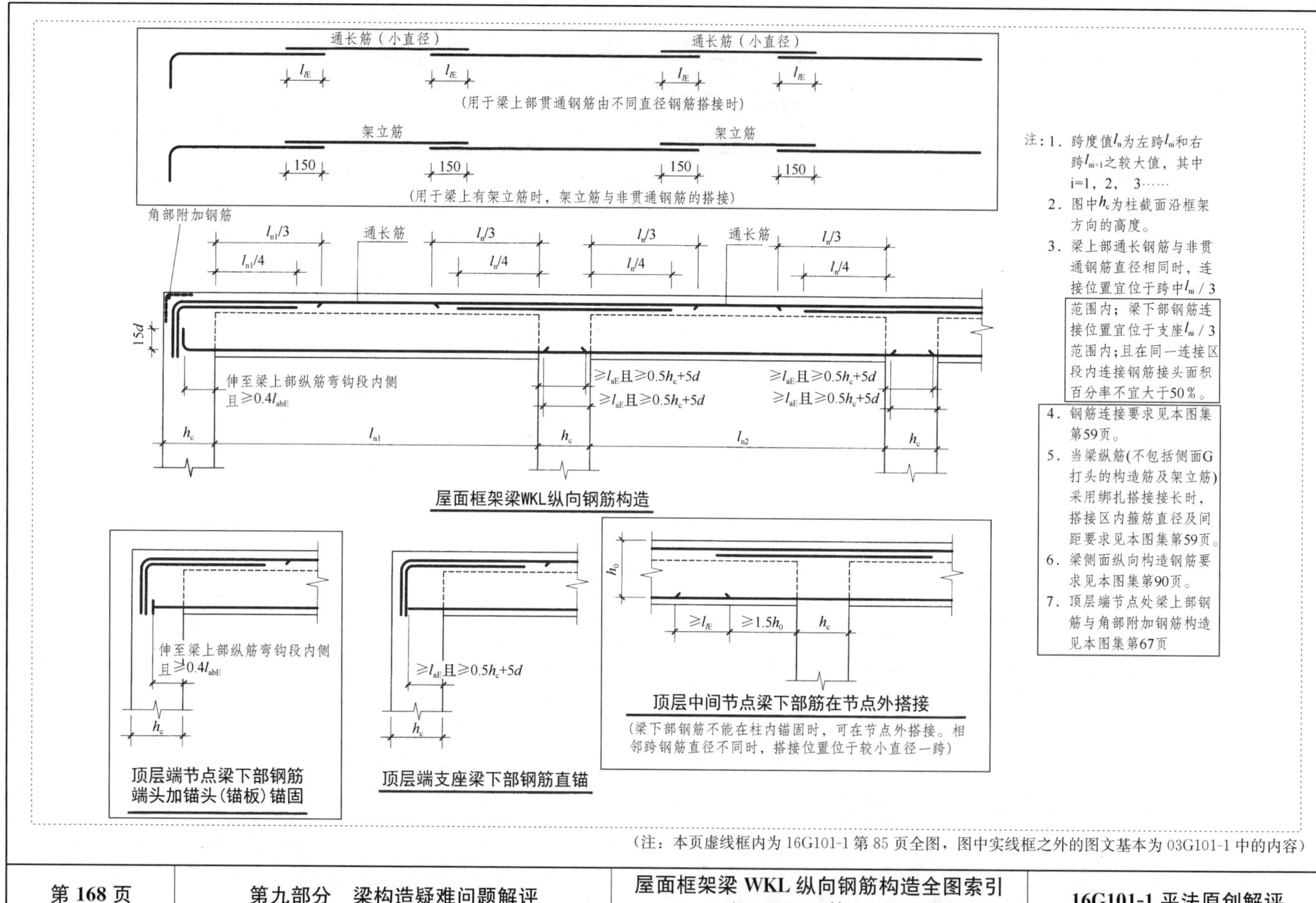

（注：本页虚线框内为16G101-1第85页全图，图中实线框之外的图文基本为03G101-1中的内容）

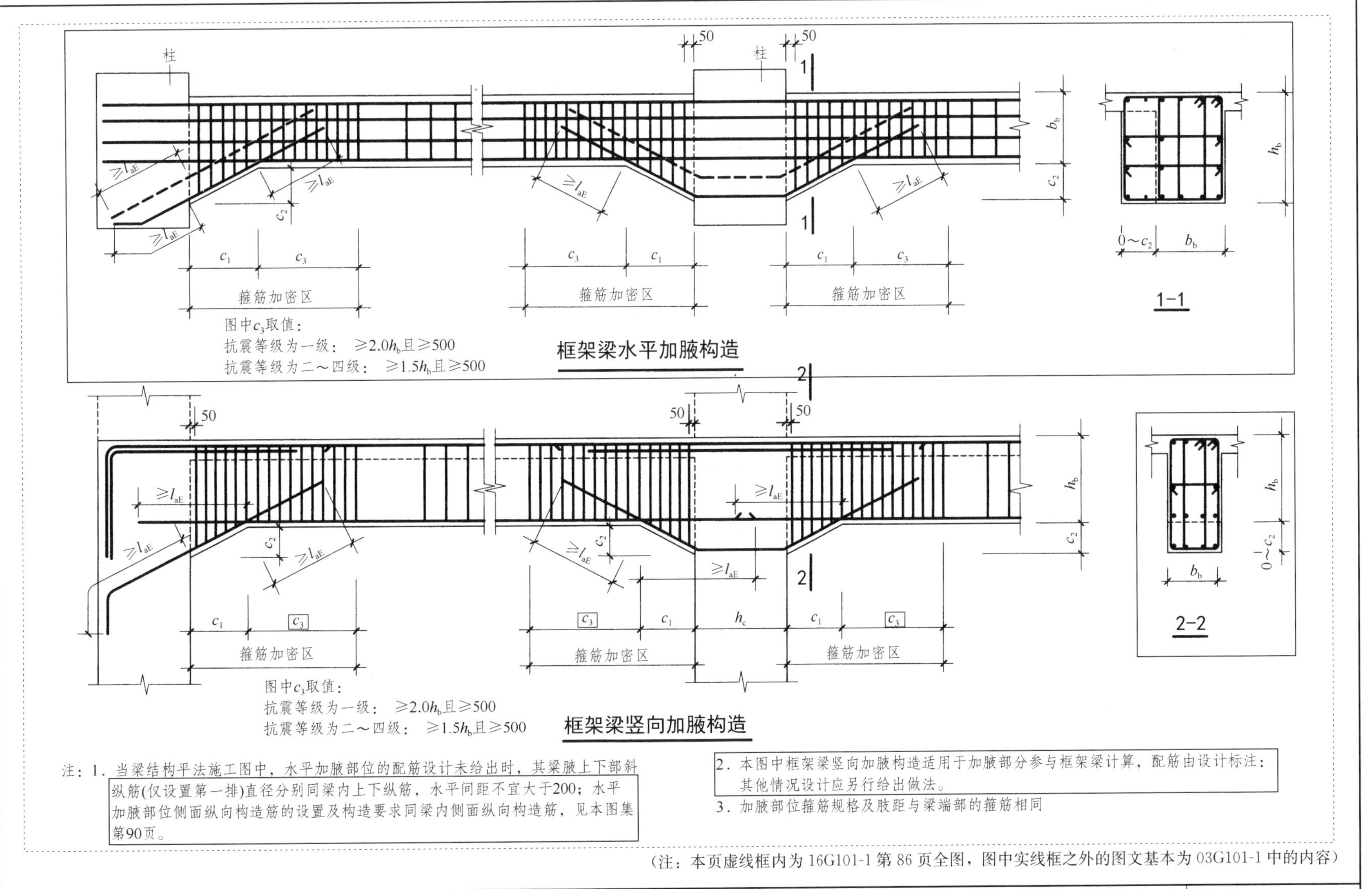

框架梁水平加腋构造

框架梁竖向加腋构造

注：1．当梁结构平法施工图中，水平加腋部位的配筋设计未给出时，其梁腋上下部斜纵筋(仅设置第一排)直径分别同梁内上下纵筋，水平间距不宜大于200；水平加腋部位侧面纵向构造筋的设置及构造要求同梁内侧面纵向构造筋，见本图集第90页。

2．本图中框架梁竖向加腋构造适用于加腋部分参与框架梁计算，配筋由设计标注；其他情况设计应另行给出做法。

3．加腋部位箍筋规格及肢距与梁端部的箍筋相同

（注：本页虚线框内为16G101-1第86页全图，图中实线框之外的图文基本为03G101-1中的内容）

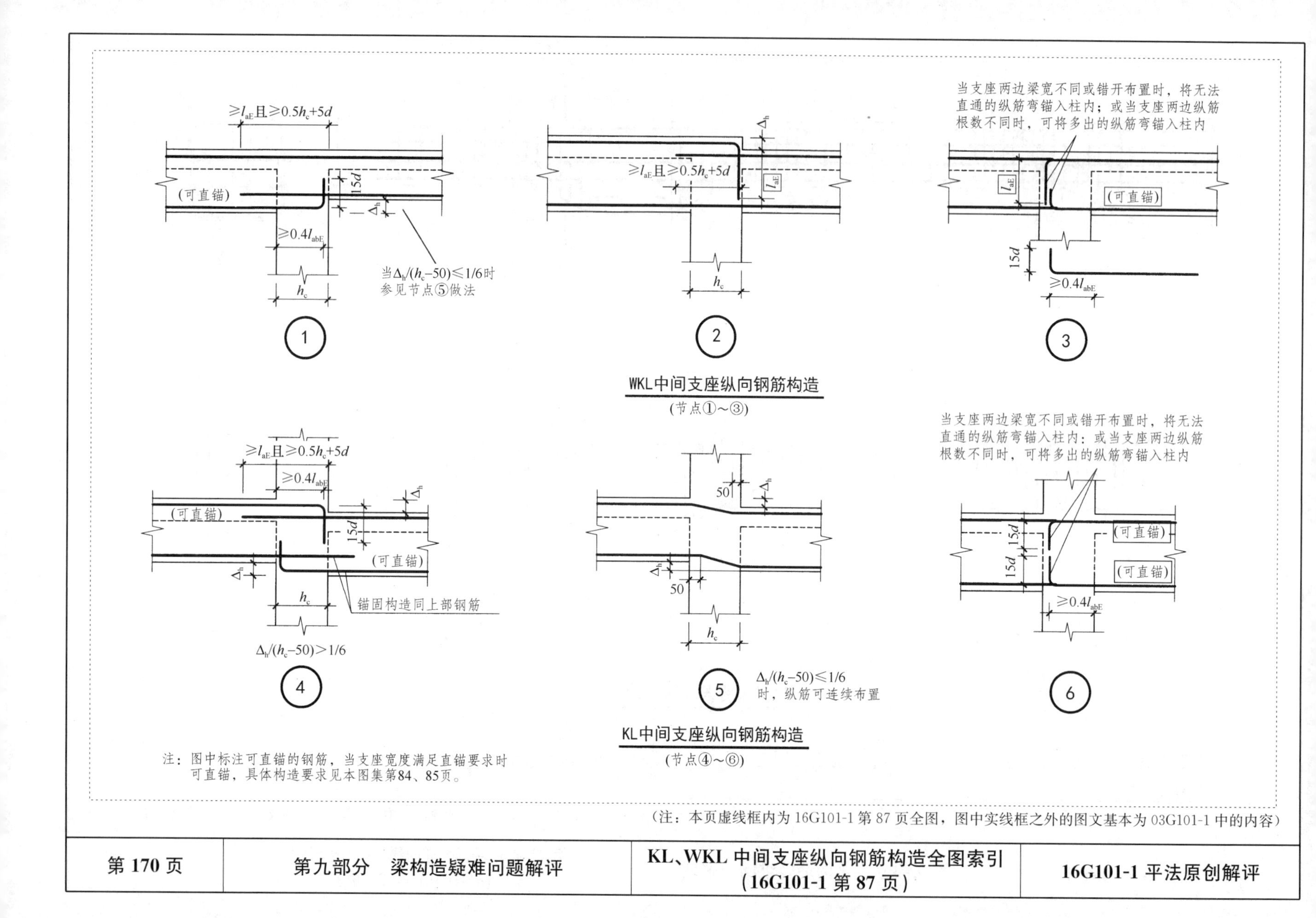

（注：本页虚线框内为16G101-1第87页全图，图中实线框之外的图文基本为03G101-1中的内容）

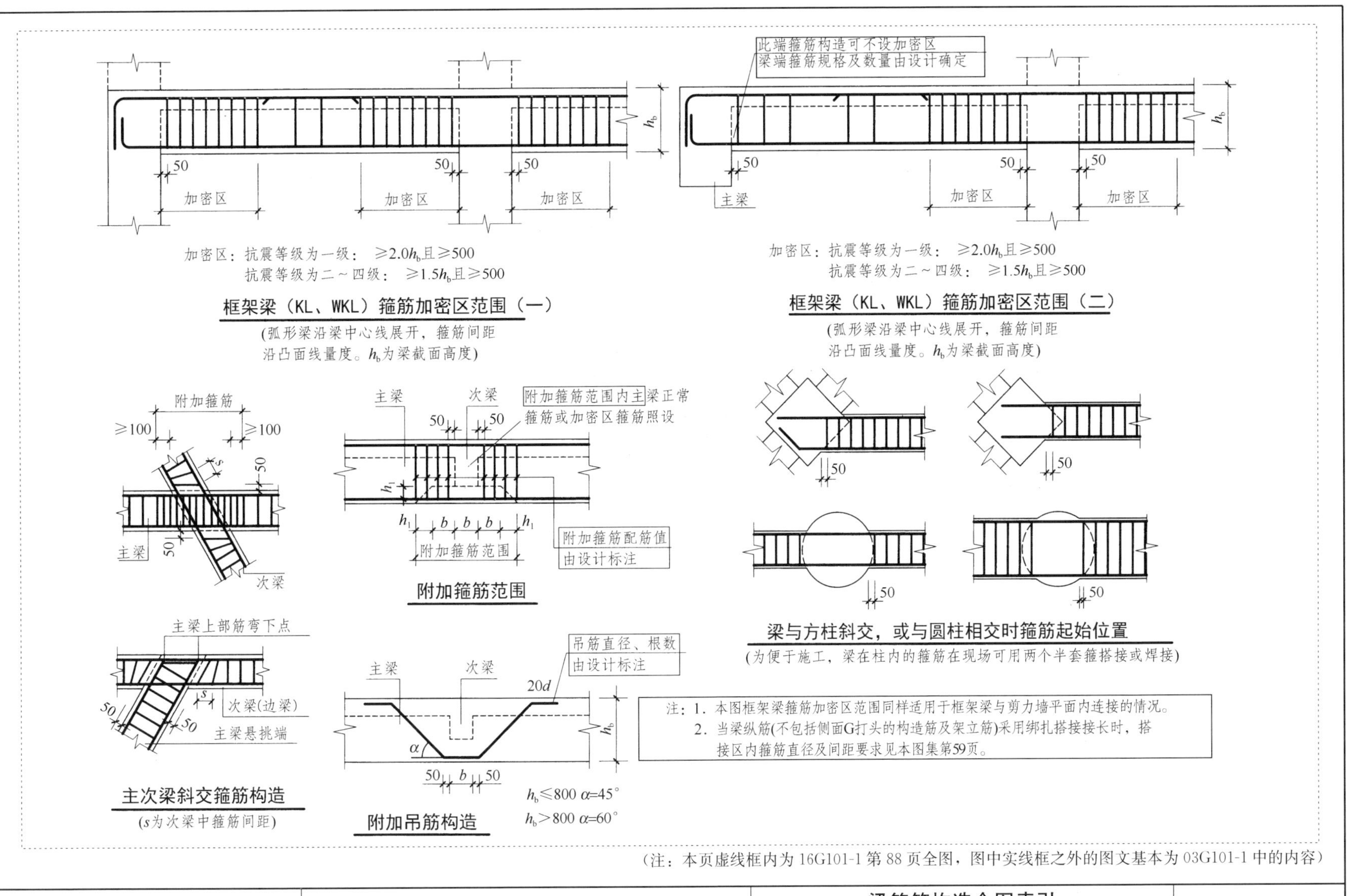

（注：本页虚线框内为16G101-1第88页全图，图中实线框之外的图文基本为03G101-1中的内容）

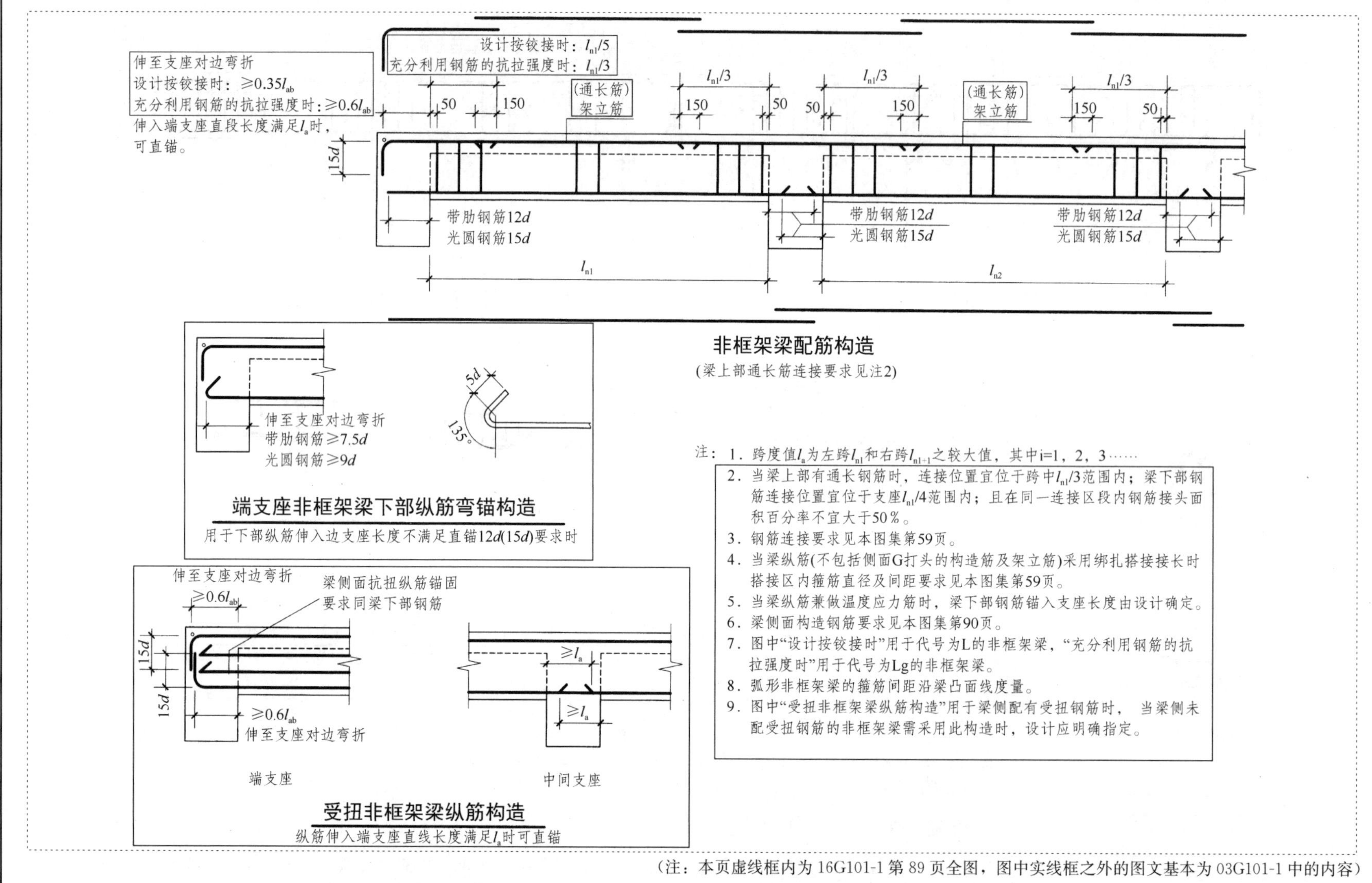

(注：本页虚线框内为16G101-1第89页全图，图中实线框之外的图文基本为03G101-1中的内容)

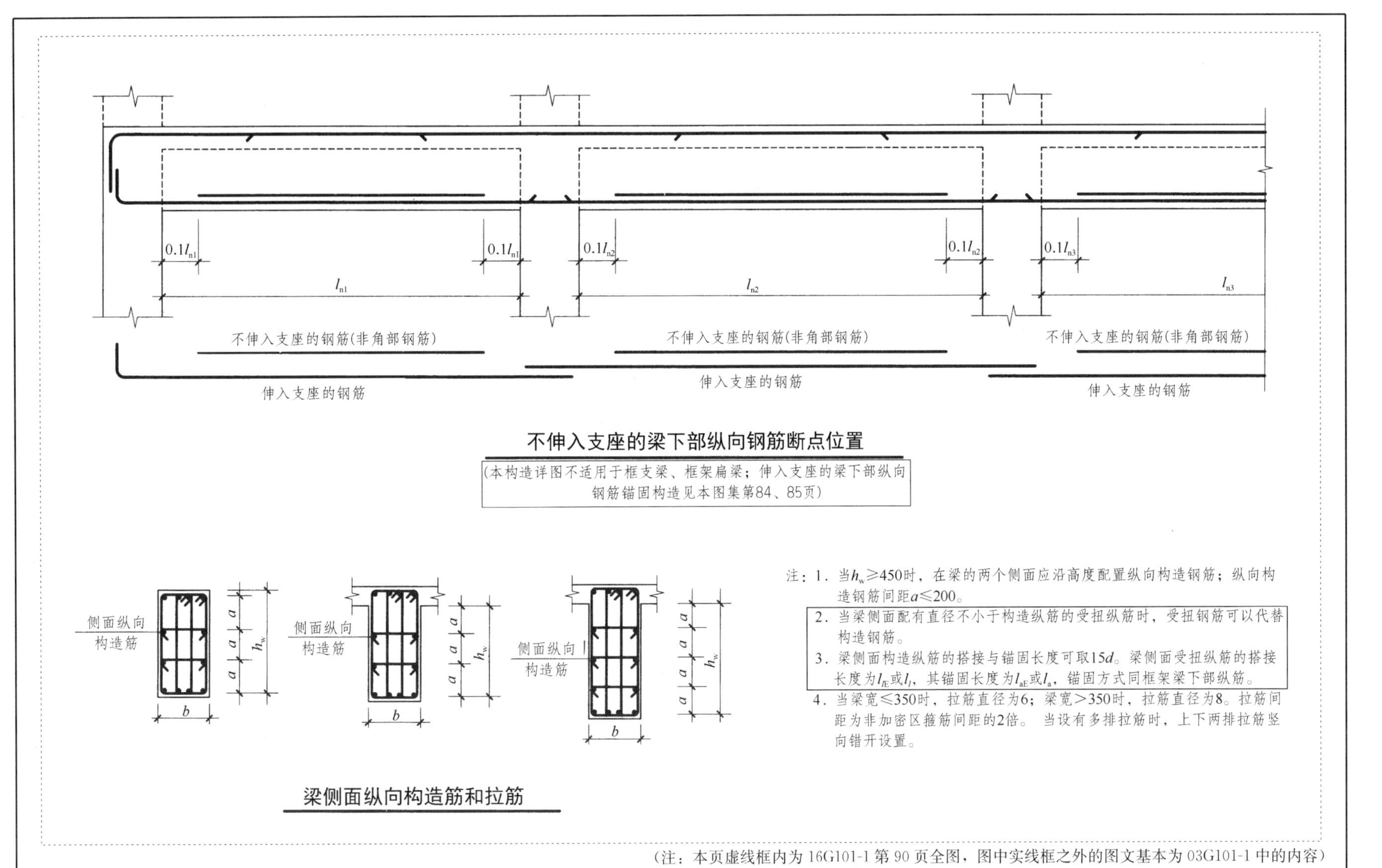

（注：本页虚线框内为16G101-1第90页全图，图中实线框之外的图文基本为03G101-1中的内容）

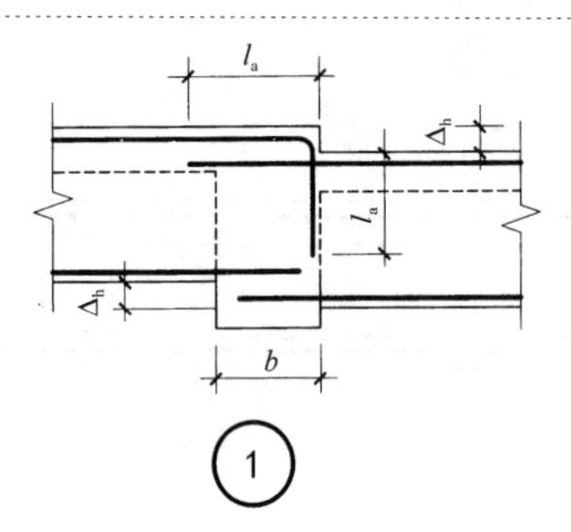

①

支座两边纵筋互锚
梁下部纵向筋锚固要求见本图集第89页

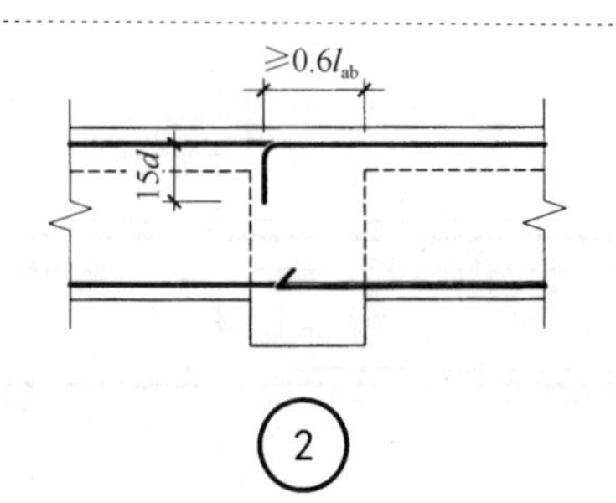

②

当支座两边梁宽不同或错开布置时，将无法直通的纵筋弯锚入梁内。或当支座两边纵筋根数不同时，可将多出的纵筋弯锚入梁内
梁下部纵向筋锚固要求见本图集第89页

非框架梁L中间支座纵向钢筋构造（节点①～②）

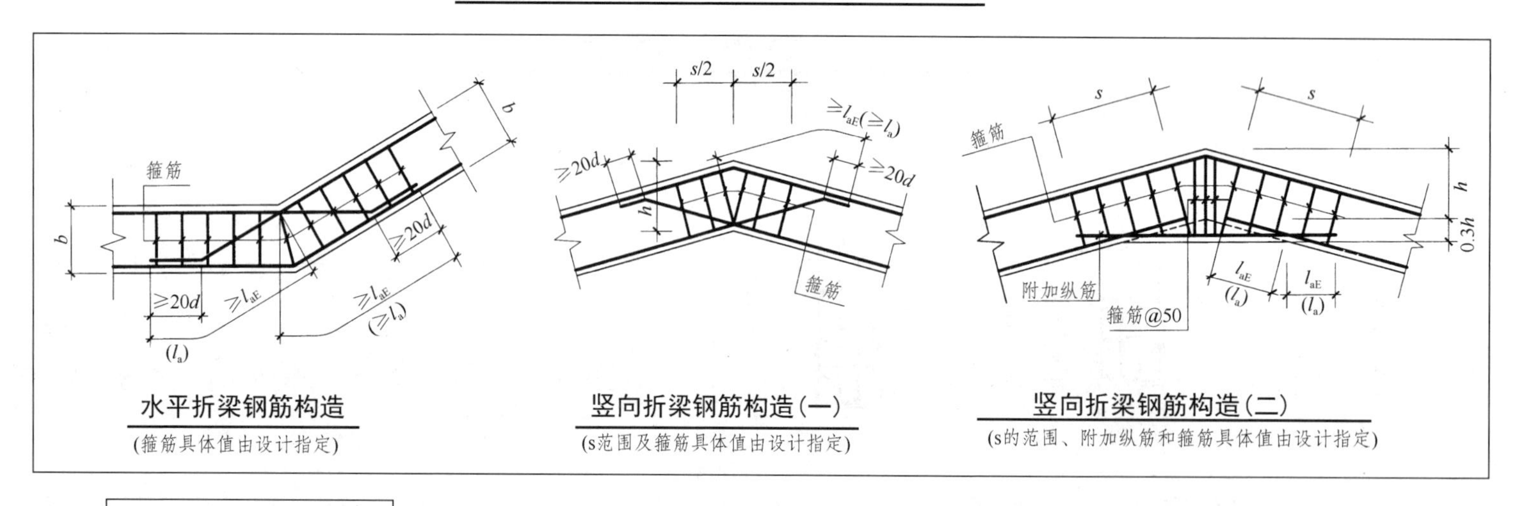

水平折梁钢筋构造
（箍筋具体值由设计指定）

竖向折梁钢筋构造（一）
（s范围及箍筋具体值由设计指定）

竖向折梁钢筋构造（二）
（s的范围、附加纵筋和箍筋具体值由设计指定）

注：括号内数字用于非框架梁。

（注：本页虚线框内为16G101-1第91页全图，图中实线框之外的图文基本为03G101-1中的内容制）

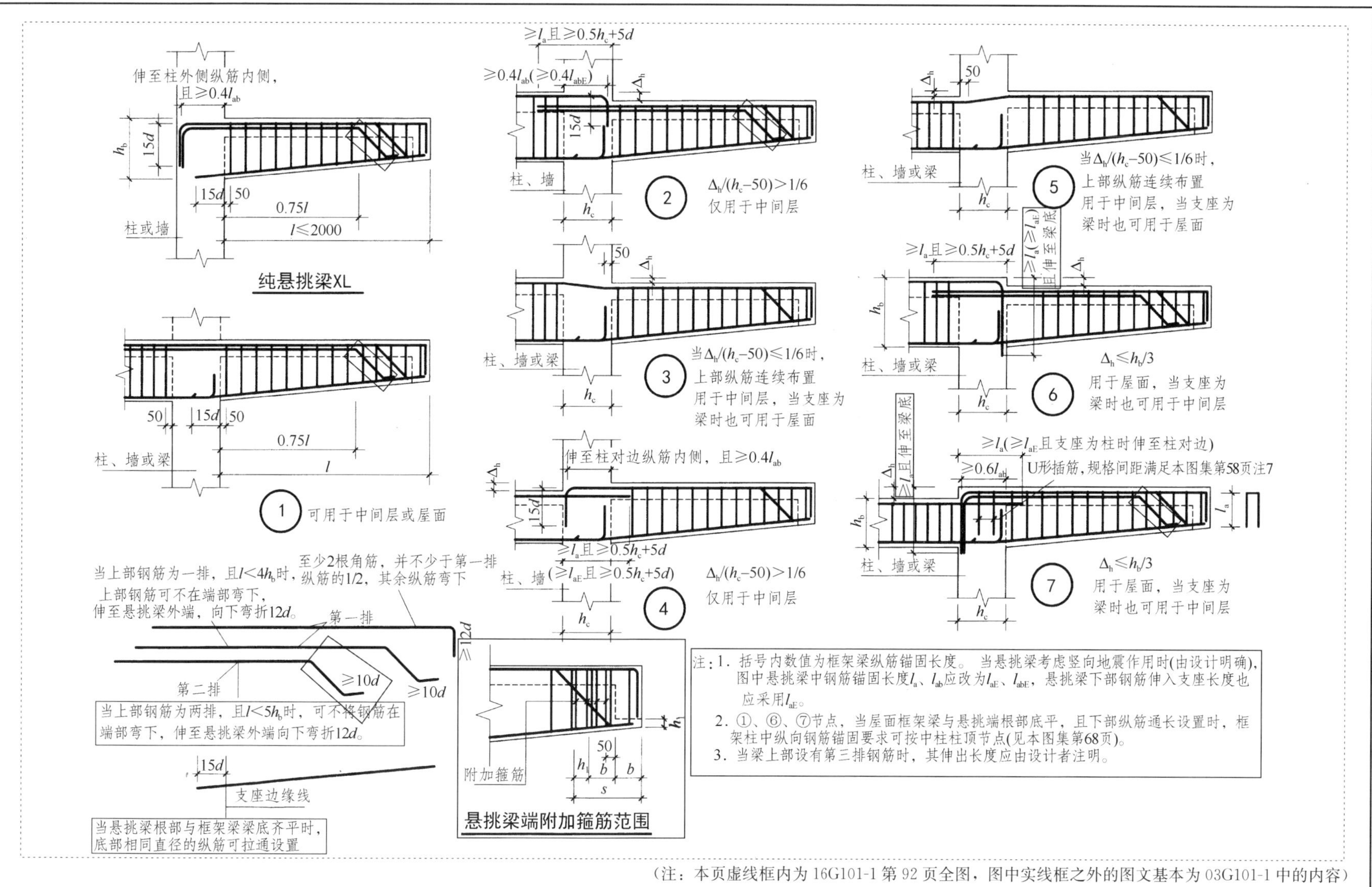

（注：本页虚线框内为16G101-1第92页全图，图中实线框之外的图文基本为03G101-1中的内容）

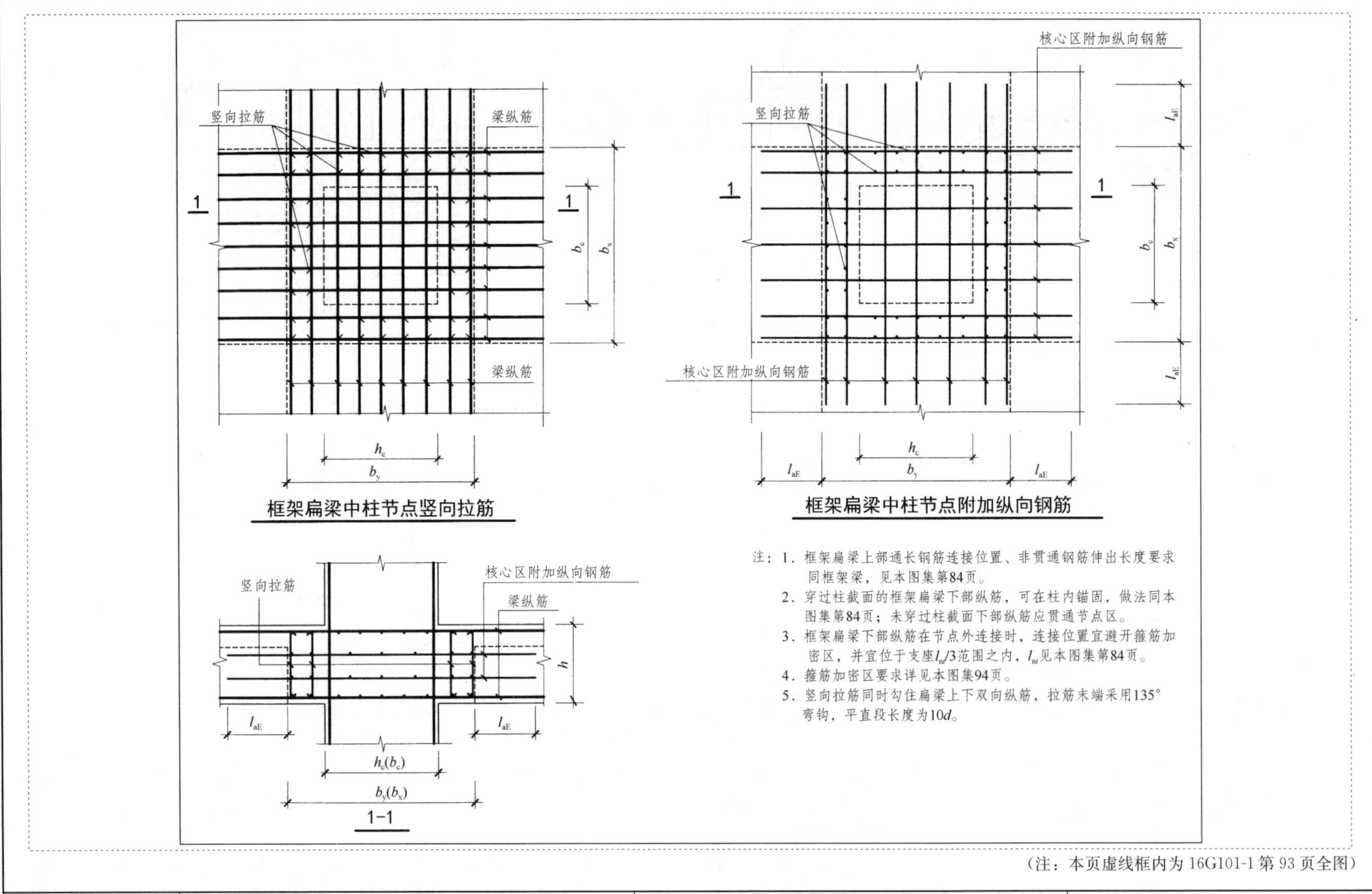
核心区附加纵向钢筋
竖向拉筋
梁纵筋
1
1
b_c
b_x
梁纵筋
h_c
b_y
框架扁梁中柱节点竖向拉筋
竖向拉筋
1
1
l_{aE}
b_c
b_x
核心区附加纵向钢筋
l_{aE}
h_c
l_{aE}
b_y
l_{aE}
框架扁梁中柱节点附加纵向钢筋
核心区附加纵向钢筋
竖向拉筋
梁纵筋
h
l_{aE}
l_{aE}
$h_c(b_c)$
$b_y(b_x)$
1-1
注：1．框架扁梁上部通长钢筋连接位置、非贯通钢筋伸出长度要求同框架梁，见本图集第84页。
2．穿过柱截面的框架扁梁下部纵筋，可在柱内锚固，做法同本图集第84页；未穿过柱截面下部纵筋应贯通节点区。
3．框架扁梁下部纵筋在节点外连接时，连接位置宜避开箍筋加密区，并宜位于支座l_{ni}/3范围之内，l_{ni}见本图集第84页。
4．箍筋加密区要求详见本图集94页。
5．竖向拉筋同时勾住扁梁上下双向纵筋，拉筋末端采用135°弯钩，平直段长度为10d。
（注：本页虚线框内为16G101-1第93页全图）

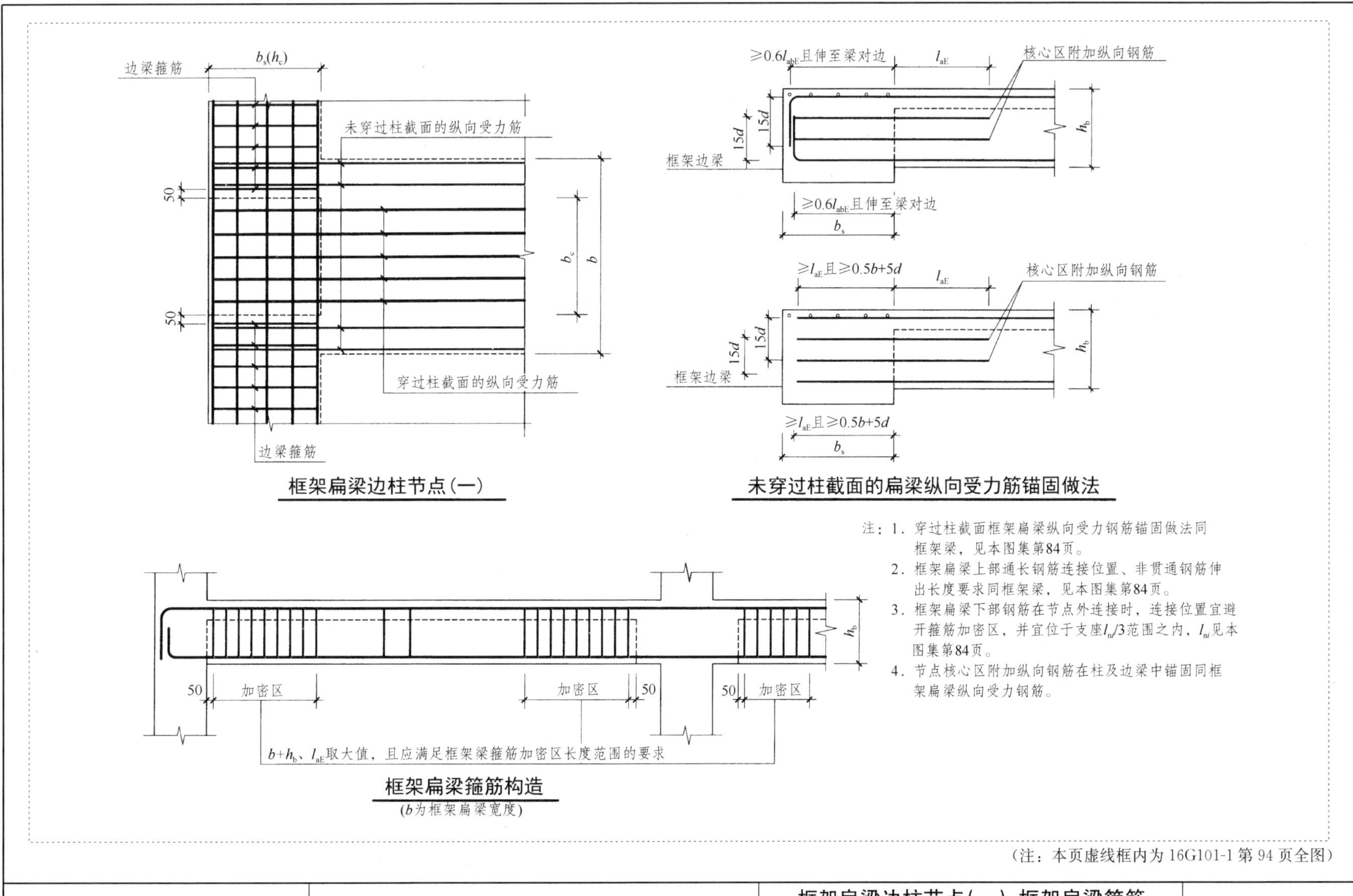

注：1．穿过柱截面框架扁梁纵向受力钢筋锚固做法同框架梁，见本图集第84页。

2．框架扁梁上部通长钢筋连接位置、非贯通钢筋伸出长度要求同框架梁，见本图集第84页。

3．框架扁梁下部钢筋在节点外连接时，连接位置宜避开箍筋加密区，并宜位于支座l_{ni}/3范围之内，l_{ni}见本图集第84页。

4．节点核心区附加纵向钢筋在柱及边梁中锚固同框架扁梁纵向受力钢筋。

（注：本页虚线框内为16G101-1第94页全图）

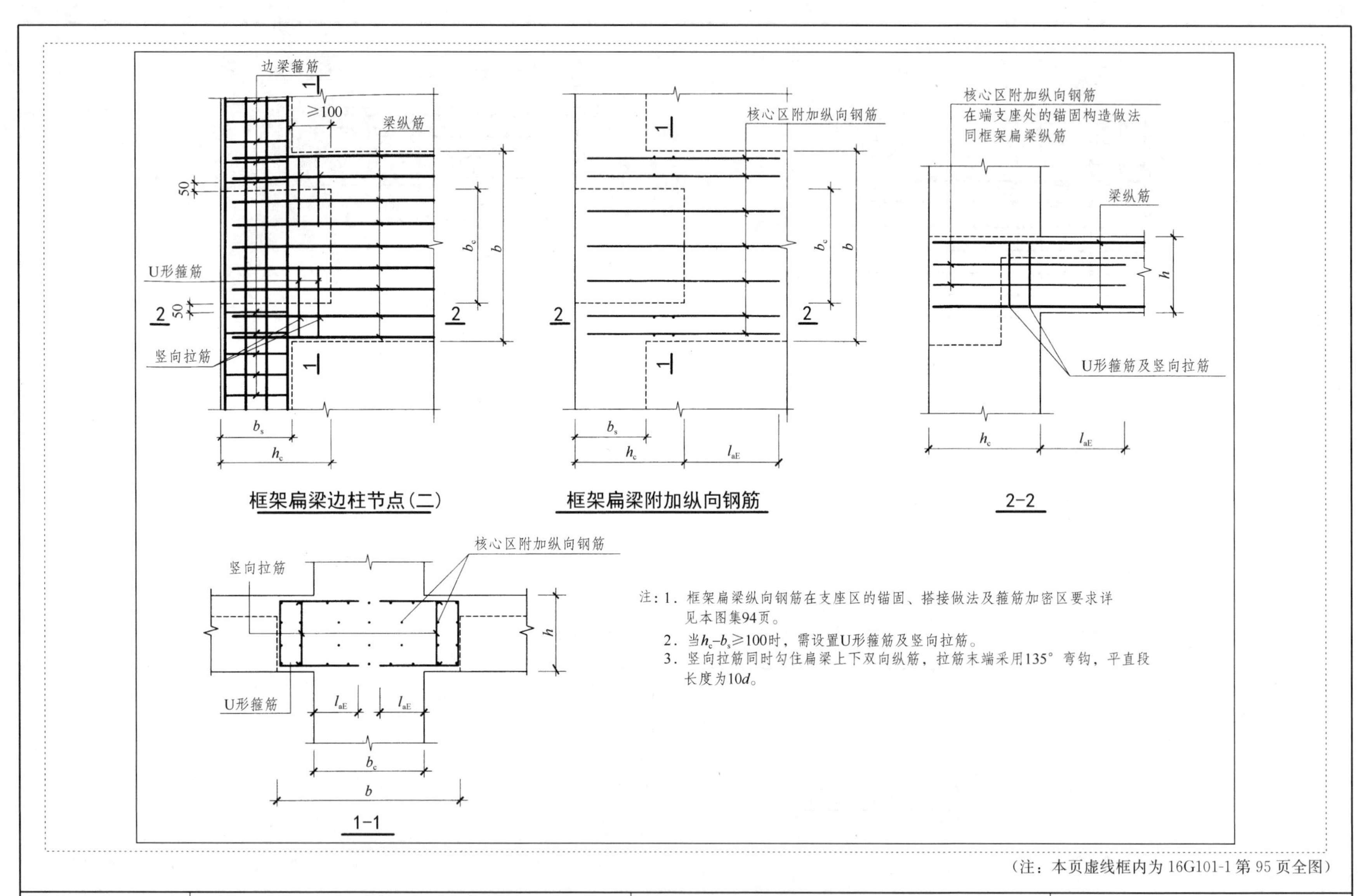

注：1. 框架扁梁纵向钢筋在支座区的锚固、搭接做法及箍筋加密区要求详见本图集94页。
2. 当h_c-b_s≥100时，需设置U形箍筋及竖向拉筋。
3. 竖向拉筋同时勾住扁梁上下双向纵筋，拉筋末端采用135°弯钩，平直段长度为10d。

（注：本页虚线框内为16G101-1第95页全图）

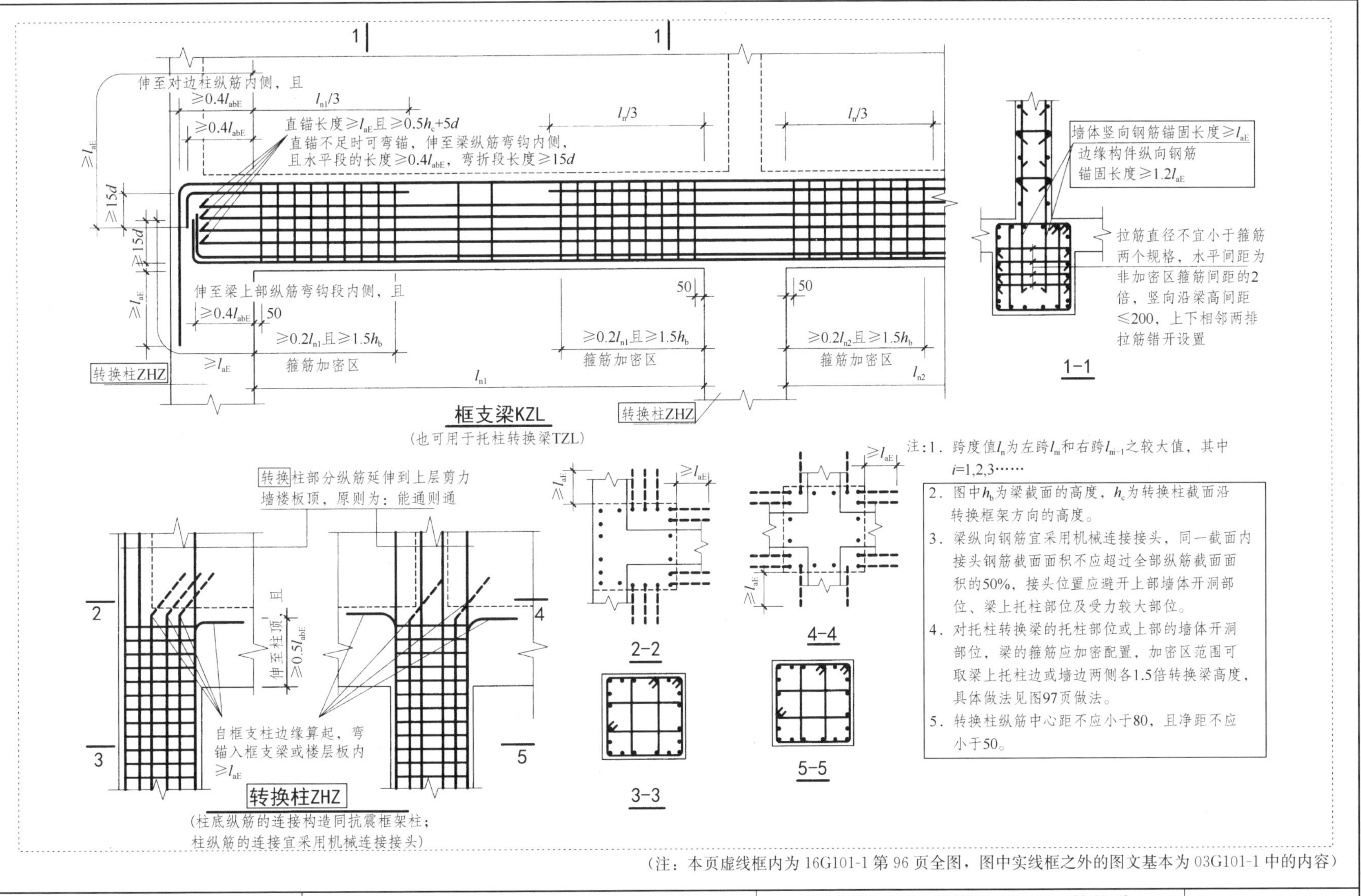

（注：本页虚线框内为16G101-1第96页全图，图中实线框之外的图文基本为03G101-1中的内容）

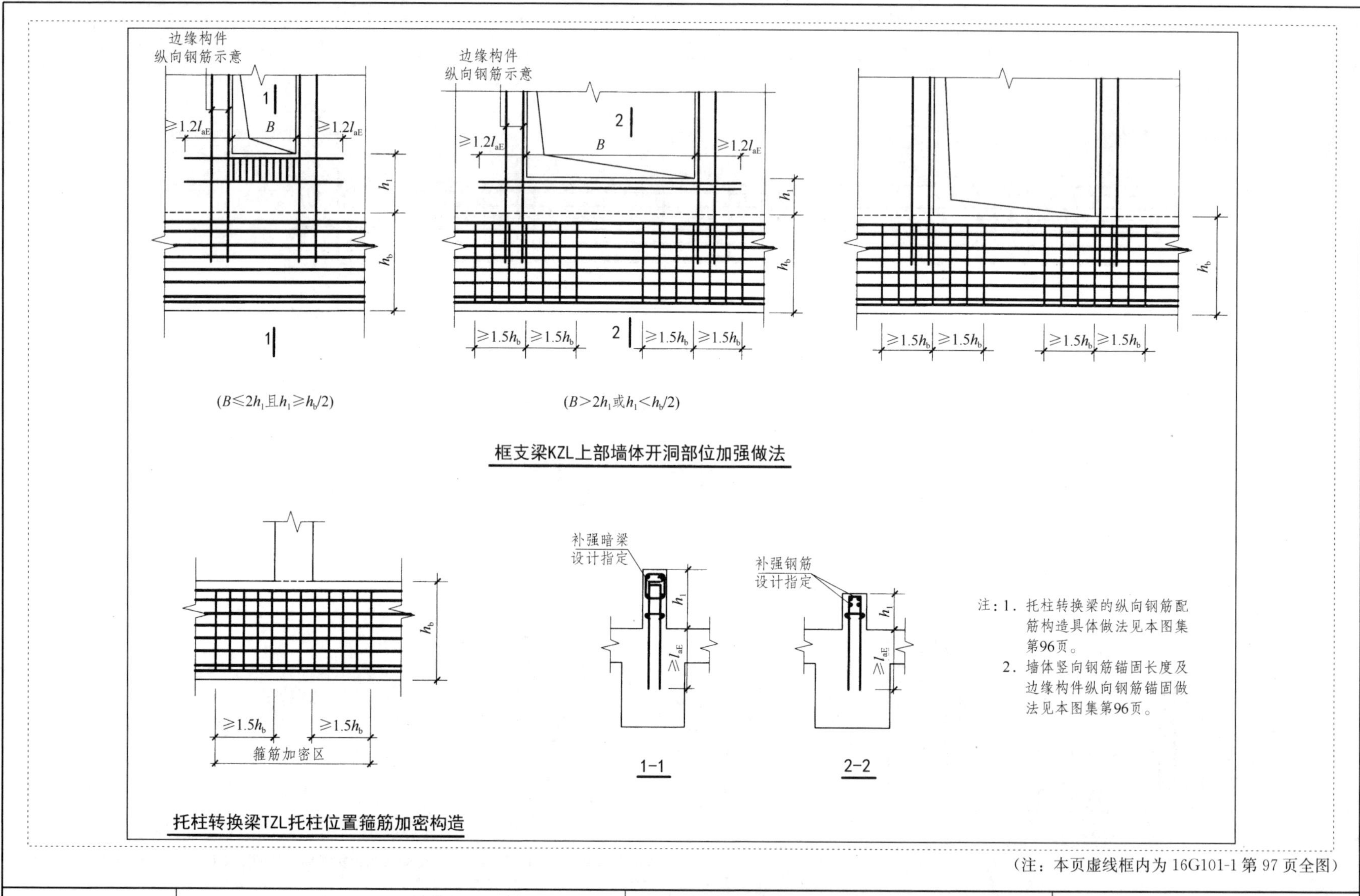

（注：本页虚线框内为16G101-1第97页全图）

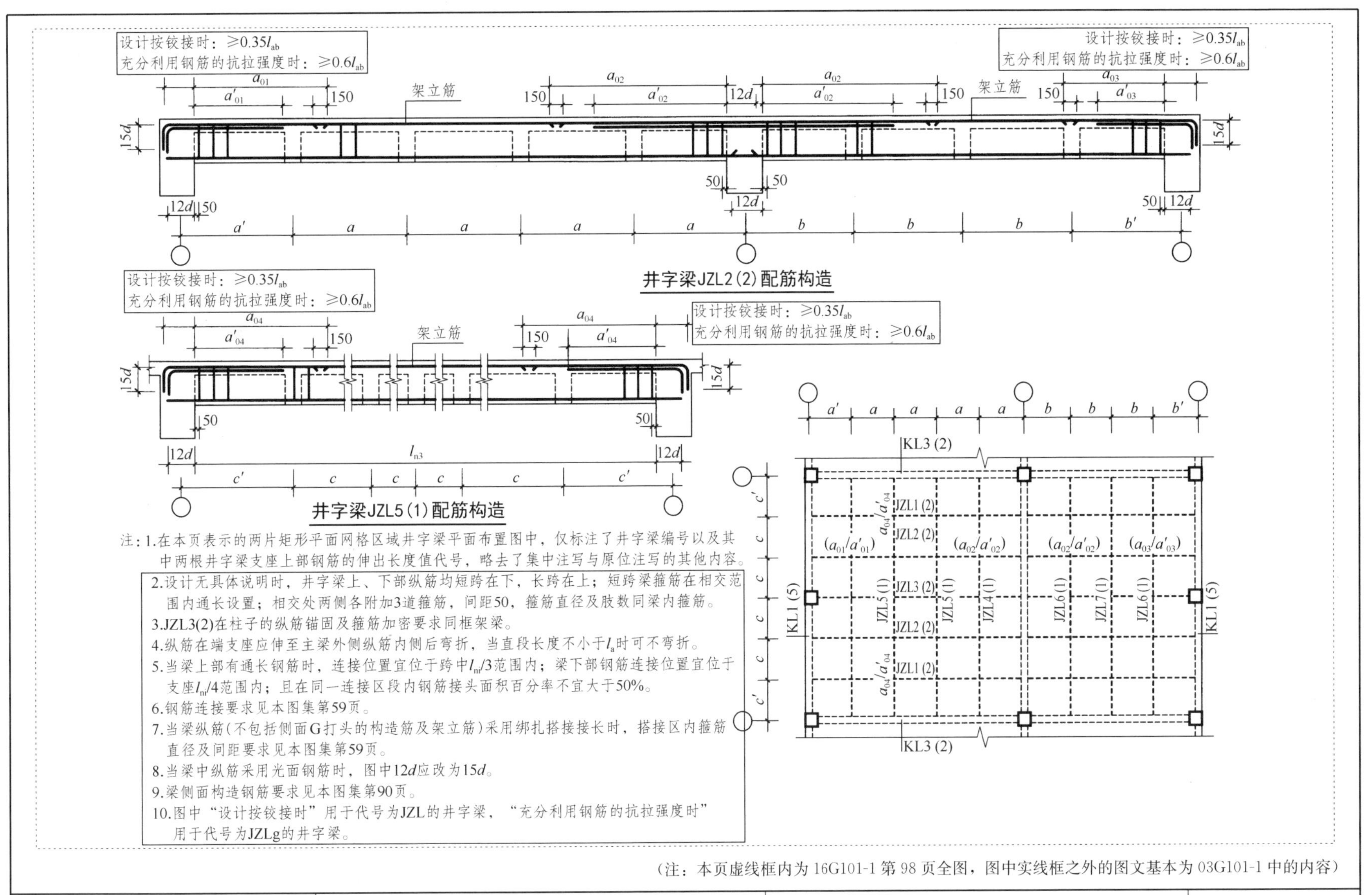

注：1.在本页表示的两片矩形平面网格区域井字梁平面布置图中，仅标注了井字梁编号以及其中两根井字梁支座上部钢筋的伸出长度值代号，略去了集中注写与原位注写的其他内容。

2.设计无具体说明时，井字梁上、下部纵筋均短跨在下，长跨在上；短跨梁箍筋在相交范围内通长设置；相交处两侧各附加3道箍筋，间距50，箍筋直径及肢数同梁内箍筋。

3.JZL3(2)在柱子的纵筋锚固及箍筋加密要求同框架梁。

4.纵筋在端支座应伸至主梁外侧纵筋内侧后弯折，当直段长度不小于l_a时可不弯折。

5.当梁上部有通长钢筋时，连接位置宜位于跨中l_{ni}/3范围内；梁下部钢筋连接位置宜位于支座l_{ni}/4范围内；且在同一连接区段内钢筋接头面积百分率不宜大于50%。

6.钢筋连接要求见本图集第59页。

7.当梁纵筋(不包括侧面G打头的构造筋及架立筋)采用绑扎搭接接长时，搭接区内箍筋直径及间距要求见本图集第59页。

8.当梁中纵筋采用光面钢筋时，图中12d应改为15d。

9.梁侧面构造钢筋要求见本图集第90页。

10.图中“设计按铰接时”用于代号为JZL的井字梁，“充分利用钢筋的抗拉强度时”用于代号为JZLg的井字梁。

（注：本页虚线框内为16G101-1第98页全图，图中实线框之外的图文基本为03G101-1中的内容）

【解评 9.1】关于 16G101-1 第 84、85 页抗震框架梁、屋面框架梁纵筋构造中存在的主要问题

主要问题之一：抗震框架梁、屋面框架梁下部纵筋在中间支座的并排无隙锚固，将抗震要求的强锚固变成了弱锚固。

抗震混凝土结构有“三强、三弱”，即“强柱弱梁、强剪弱弯、强锚固弱杆件”，其实质定义为：柱配筋的强度裕量高于梁，构件抗剪强度和刚度的裕量高于抗弯，构件在支座节点锚固强度的裕量高于本体锚固（通常指构件本体内钢筋变化的实质）。

为了实现强锚固，要求框架梁和屋面框架梁下部纵筋在中柱支座节点的锚固必须$\geqslant l_{aE}$，且应$\geqslant h_c+5d$（即过柱中线 $5d$）。这样的规定看似非常合理，却因中柱节点中两侧来筋的接触性锚固而无法实现预定目标。

构造规定仅片面考虑一侧梁跨下部纵筋伸入中柱支座锚固，忽略了相同截面高度的对面梁跨下部纵筋也伸入中柱支座锚固，两侧延伸锚入中柱支座的纵筋在同一层面，互相插入对侧来筋仅为 25mm 或一个钢筋直径的净距之中，造成混凝土仅在并排无隙的锚固钢筋上面和下面粘接，锚固钢筋之间无法浇入混凝土，整体粘结强度减小 50%左右，预想的下部纵筋强锚固实际为弱锚固。

反思本著作在前两部分解评的抗震框架柱混凝土连接部位即施工缝错误地留到地震破坏的重灾部位，和剪力墙边缘构件受力纵筋采用了无法足强度传力的连接方式，框架梁下部纵筋在中柱支座的接触性锚固问题的严重性，可与柱和剪力墙问题严重性并列。

抗震钢筋混凝土结构有三大主要抗震构件：第一为剪力墙，构建了抗震第一道防线；第二为框架柱，构建了抗震第二道防线，第三为框架梁，当框架在地震中横向摆动时以其竖向波动弯曲变形（竖向波动）协助框架柱耗散地震能量。三大主要构件都无法实现特定的抗震功能，必然无法实现“强柱弱梁、强剪弱弯、强锚固弱杆件”的功能目标。

追溯造成问题的主因，系业界简单地将非抗震混凝土结构的柱混凝土施工缝位置、剪力墙边缘构件的纵筋连接方式，以及框架梁下部纵筋在中柱的锚固方式，未深入研究便用在抗震混凝土结构中，给已建成的混凝土结构普遍留下了抗震安全漏洞。这样的安全漏洞，在地震尚未发生时不会暴露，但当结构遭受强烈地震时，三大安全漏洞有很高的概率变为毁灭结构的“黑洞”。

可采用在节点外的搭接连接构造，避免发生因采用抗震框架梁、屋面框架梁下部纵筋在中柱支座并排无隙锚固导致的弱锚固后果。应注意第 84、85 页的相应构造把 08G101-5 中连接位置在抗震框架箍筋加密区以外，改成了$\geqslant 1.5h_0$，h_0是设计采用的梁截面有效计算高度，而施工部门熟悉梁截面的 h，不熟悉 h_0。平法构造的实际应用群体是施工人员，将 h 写成 h_0不利于施工人员使用平法图集。

主要问题之二：框架梁“端支座加锚头（锚板）锚固”，不符合《混凝土结构设计规范》的相关规定。

《混凝土结构设计规范》GB 50010—2010 第 8.3.3 条规定：

“8.3.3　当纵向受拉普通钢筋末端采用弯钩或机械锚固措施时，包括弯钩和锚固端头在内的锚固长度（投影长度）可取为基本锚固长度 l_{ab}的 60%。”

规范明确规定机械锚固的投影长度为基本锚固长度 l_{ab} 的 60%，即 0.6l_{ab}，而 16G101-1 第 84、85 页却错标注为 0.4l_{ab}，比规范要求短了 1/3，见下面截图。

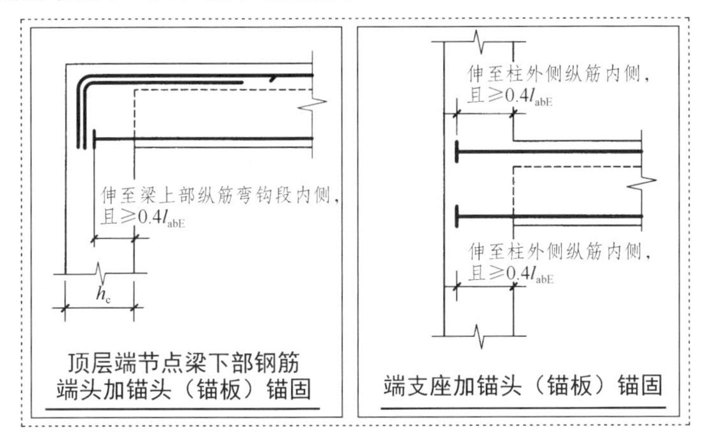

该案例的逻辑推论为：如果机械锚固投影长度为 0.6l_{ab}是安全的，那么取 0.4l_{ab}则严重不安全；如果机械锚固投影长度为 0.4l_{ab}是安全的，那么取 0.6l_{ab}则浪费了 50%钢筋；何者正确两者必居其一，不可能存在两者都正确的混乱说法，否则直接违反逻辑基本原理中的矛盾律。

主要问题之三：当为大小跨时，以左右两跨较大一跨的净跨值作为参数计算框架梁中间支座上部纵筋向跨内延伸长度，不是科学的优选方案。

框架梁和屋面框架梁中间支座上部纵筋向跨内延伸长度，第一排非通长筋为 $l_n/3$，第二排非通长筋为 $l_n/4$，l_n的取值标准为左右两跨较大一跨的净跨值，见下面截图。

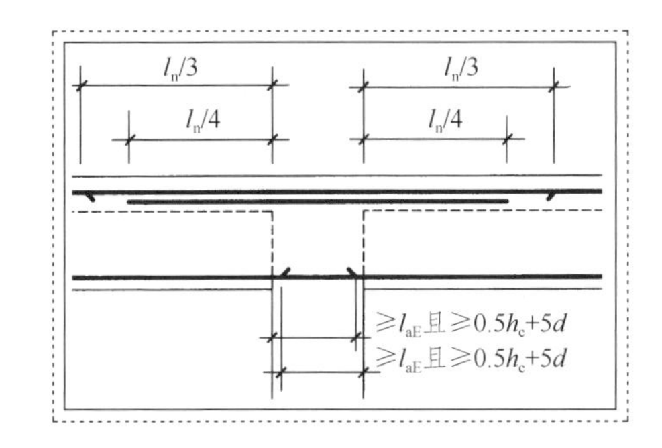

非框架连续梁中间支座两端上部负弯矩相同（左右两个梁端的内力平衡），而框架结构中间支座大跨梁端的上部负弯矩大于对侧短跨梁端的上部负弯矩（楼层框架梁为十字形节点内力平衡，屋面框架梁为 T 形节点内力平衡）。因此，平法在应用初期推出

的框架梁中间支座上部纵筋向跨内延伸长度左右两跨取值相等的规定，当左右两跨净跨值相同时是优选方案，但随着研究深入，证明当左右两跨净跨值不同时不是优选方案。

为此，平法 08G101-5 推出更科学的以 l_x作为框架梁上部非通长筋在中间支座两侧向跨内的延伸长度的计算参数（见 08G101-5 第 58 页）的取值规定为：“（1）当两相邻跨为等跨时，l_x为其中一垮的净跨值；（2）当两相邻跨为不等跨时，大跨 l_x取本跨净跨值，小跨 l_x取大小跨的净跨平均值；（3）当小跨净跨值不大于大跨净跨值的 1/2 时，大跨上部非通长筋贯通小跨。”

例如，框架梁中柱节点两边的大跨净跨 9m，小跨净跨 6m，按上第一排非通长筋向跨内延伸长度 $l_n/3$，大小跨取值均为 3m；但按 l_x取值，大跨仍为 3m，小跨则为 2.5m。假如第一排非通长筋配置 4 根直径 25mm 的钢筋，小跨减短了 0.5m×4＝2m，在满足功能的前提下直接实现了科学用钢。

【解评 9.2】关于 16G101-1 第 87 页屋面框架梁中间支座纵筋弯折锚固弯钩过长问题

下面截图显示在 16G101-1 第 87 页的“WKL 中间支座纵向钢筋构造”中，第②、③两图显示将无法直通入对面梁中的上部钢筋伸至柱截面对侧后弯钩 l_{aE}；在中柱节点设置如此长的弯钩既无理论依据，也无节点试验依据。

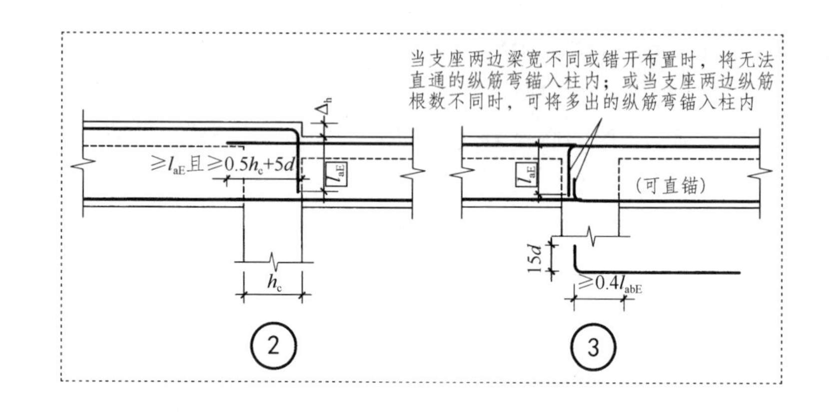

弯钩长度定为 l_{aE}在逻辑上的错误为虚构根本不存在的前提。即若弯钩长度需要 l_{aE}，必须具备以下两个逻辑前提：

1. 梁纵筋在柱顶水平段不具有锚固力；

2. 梁纵筋伸过柱顶弯折后，水平段拉力顺钢筋轴线转弯 90°之后改为垂直向下。

这两个前提没有一个存在，因为钢筋不是装在滑动套管中可自由弯曲的钢绞线，钢筋转弯 90°后水平段拉力根本不会转弯向下继续拉。因此，将弯钩长度定为 l_{aE}去抵抗根本不存在的极限拉应力，非常荒谬。

当梁端上部负弯矩由纵筋抵抗时，纵筋实际承受拉应力；纵筋延伸锚入柱顶支座，便进入柱身刚域范围，在柱身刚域边缘梁端负弯矩在柱顶截面基本降为零；梁上部锚固纵筋延伸至柱对侧后，柱顶混凝土粘结强度对钢筋水平锚固段产生的锚固力将平衡掉约50%上下的拉力。

梁上部锚固纵筋延伸至柱对侧弯钩后，在弯钩部位锚固纵筋的拉应力改变为弯剪复合内力，且以承受剪力为主。由于钢筋的抗剪强度略低于钢筋抗拉强度的60%，经过锚固钢筋水平段平衡掉50%上下的拉力后，所需锚固力余量小于钢筋能够承受的抗剪强度，只要锚固钢筋的弯钩部位的抗剪强度高于锚固力余量，钢筋就不会被被剪断，弯折锚固便已具备安全可靠的前提。

满足上述条件后，余下的问题则是解决弯钩的适宜长度。

科学试验证明，当弯折锚固平直段投影长度≥$0.4l_{aE}$时，水平段可平衡掉锚固钢筋内超过50%的拉力；锚固钢筋弯折后，在弯折点向下（或向其他方向）弯钩的$5d$长度位置（d为锚固钢筋直径）可测出较大应力（但低于钢筋的极限抗拉强度），在弯钩$10d$长度位置仅能测出较小的应力或几乎测不出应力（测出测不出与锚固钢筋的直径相关）；我们将弯钩长度再延长$5d$达到总长度$15d$时，即可实现刚性锚固的功能（若延长$2d$达到总长度$12d$则作为构造弯钩）。

工科研究中，理论推导先行一步，最终决定研究结论是否正确的是模型试验。试验能证明理论的真伪，或能发现理论缺陷从而完善理论。众所周知，现有的钢筋弯折锚固试验研究成果不支持弯钩长度为l_{aE}的做法。

由此可见，16G101-1第87页②、③两图将弯钩长度定为l_{aE}，虚构从弯折点垂直向下的钢筋弯钩承受实际不存在的足强度受拉，将弯折点主要承受剪力的前提错认为承受拉力，虚构了逻辑前提，连带构造功能及性能相应搞错。出发点的概念混乱，必然导致浪费钢筋结局。

【解评9.3】关于16G101-1第88页“附加箍筋范围”的构造错误

下面为第88页“附加箍筋范围”构造截图。

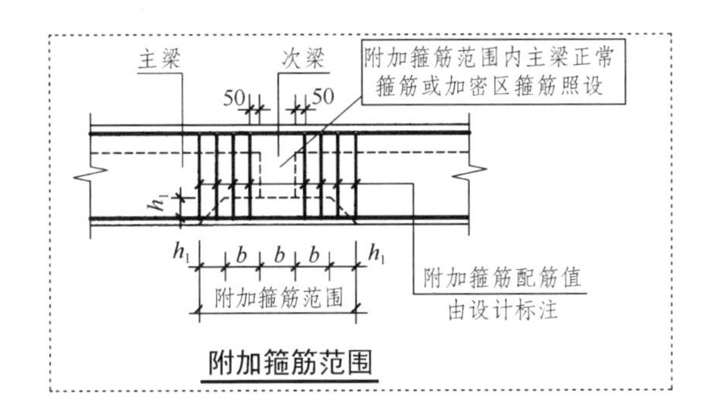

附加箍筋范围

此图完全引自平法03G101-1，却把梁—梁节点的引注“该区域梁正常箍筋或加密区箍筋照设”错改成“附加箍筋范围内主梁正常箍筋或加密区箍筋照设”（图中实线框内为错改部分）。错改后，直接造成箍筋配置重叠，不仅浪费钢筋，还将造成箍筋之间无隙并列混凝土无法浇入，影响箍筋正常发挥抗剪功能。

在平法构造原理关于受力钢筋的构造原则体系中，有“同一部位的同类钢筋不重叠配置，取大者”原则。在结构计算时，次梁对主梁的集中作用力已计入主梁承受的剪力中，即正常配置的箍筋已能够满足总的抗剪要求，但不一定能够阻止次梁集中力引起的构造开裂。附加箍筋的功能，即为防止次梁集中力在梁—梁节点外的主梁上可能产生构造裂缝，故在构造上应设置附加箍筋（或吊筋），且附加箍筋的配置截面大于正常箍筋，间距通常为 $8d$（d 为附加箍筋直径）小于正常箍筋。

由于附加箍筋的配置高于正常箍筋，在“同类钢筋不重叠配置，取大者”构造原则下，正确的附加箍筋设置方式为距次梁50mm起设，将附加箍筋全部设置后，再继续设置正常箍筋，而不是先将正常箍筋设置好，再将附加箍筋插进去加塞。原创平法的梁—梁节点引注：“该区域梁正常箍筋或加密区箍筋照设”，是因梁—梁节点的宽度通常大于正常箍筋间距，要求在梁—梁节点区域不要漏设箍筋，并未要求在“附加箍筋范围”重叠设置。

此外，在主梁承载次梁位置，为防止出现集中力引起的构造裂缝，有两种不同构造方式，一种是前面讨论过的附加箍筋，另一种是设置吊筋。在平法构造原理关于受力钢筋构造原则体系中，还有“具有相同功能但方式不同的构造，在同一部位不应重叠设置”原则。附加箍筋与吊筋的构造方式不同，但功能相同，在设计与施工时采用一种即可，不应两种构造重叠设置，造成钢筋浪费。

【解评 9.4】关于 16G101-1 第 88 页“框架梁箍筋加密区范围”构造中模棱两可的规定存在的深层次概念问题

下面为第 88 页“框架梁箍筋加密区范围”构造截图。

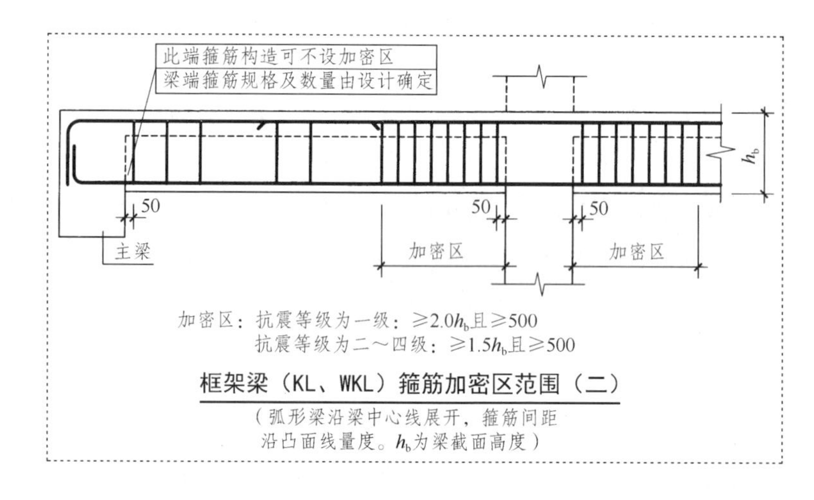

框架梁（KL、WKL）箍筋加密区范围（二）

（弧形梁沿梁中心线展开，箍筋间距沿凸面线量度。h_b为梁截面高度）

图中所示框架梁端支座不是支承在框架柱，而是支承在主梁上了，且在该部位引注出“此端箍筋构造可不设加密区”。问题在于“可不设”的含义是“可设可不设”，而当框架梁支承在主梁上时，箍筋加密区不是可设可不设的问题，而是根本不需要设置，因此部位不需要箍筋加密区的功能。

框架梁通常刚性锚固在框架柱上，或称框架柱对框架梁刚性支承，刚性支承形成梁柱刚性连接节点。当框架抵抗地震横向作用时，框架左右晃动，由于刚性梁柱节点会整体产生转角而不允许任何一个杆件脱离整体转角独立转动。观察框架梁柱节点的转角变形规律，可发现每跨框架梁一端转角为顺时针时另一端转角同样为顺时针，一端转角为逆时针时另一端转角同样为逆时针。伴随框架柱的反复横向摆动，各跨框架梁两端的相同转向转角致使框架梁做横置的正 S 反 S 扭动变形，变形的结果是消耗了地震能量，减少了地震对剪力墙第一道抗震防线和对框架柱第二道抗震防线总的破坏能量，对结构的整体抗震性能起到正面作用。

当框架梁消耗地震能量作竖向波动性扭动变形时，允许框架梁端部纵筋到达屈服状态形成塑性铰，但不允许出现脆性受剪破坏，而塑性铰会削弱框架梁的抗剪能力；为此，需要在框架梁端部设置箍筋加密区，实现抗震构件的“强剪弱弯”。

当框架梁一端支承在主梁上，在结构整体遭受横向地震作用时，该梁端与主梁一起基本上同步平动而不会出现竖向波动性扭动，也不会出现达到或超出极限抗弯承载力的塑性铰，其抗剪能力不会被削弱，且该位置亦无“强剪弱弯”要求，因此，框架梁支承在主梁的端部不需要设置箍筋加密区。

根据平法受力钢筋构造原则系统中的锚固方式原则：“被支承构件的锚固方式和端部构造方式，由支承构件类型决定，即以支承构件常规支承组合中的被支承构件的锚固方式和构造方式为准”。该原则的理论依据，为平法解构原理中的“功能，性能，逻辑”三大要素。

支承与被支承构件的常规组合为：

1. 框架柱仅与框架梁常规组合。任何梁只要支承于框架柱，均应按框架梁的锚固方式锚固，且梁端应按框架梁的构造方式。

2. 剪力墙在平面内仅与剪力墙连梁常规组合。任何梁只要支承于剪力墙平面内，均应按连梁或墙顶连梁的支承方式锚固，且梁端应按连梁或墙顶连梁的构造方式。

3. 主梁仅与次梁常规组合。任何梁只要支承于主梁，均应按次梁即非框架梁的支承方式锚固，且梁端应按次梁的构造方式。

按照平法锚固方式原则，不会出现“张冠李戴”、“移花接木”的乱锚固和乱构造现象。

【解评 9.5】关于 16G101-1 第 89 页“端支座非框架梁下部纵筋弯锚构造”的深层次问题

下图为 16G101-1 第 89 页提供的构造截图。如图所示当非框架梁下部纵筋伸入端支座不足 $12d$（带肋钢筋）或 $15d$（光圆钢筋且不做 180°回头弯钩）时，要求伸至支座对边弯折，弯钩直段长度带肋钢筋≥7.5d，光圆钢筋≥9d。此弯钩锚固构造属于机械弯钩锚固构造，通常用于受拉钢筋的锚固，但非框架梁下部纵筋在端支座为构造受压，故用此构造存在问题。

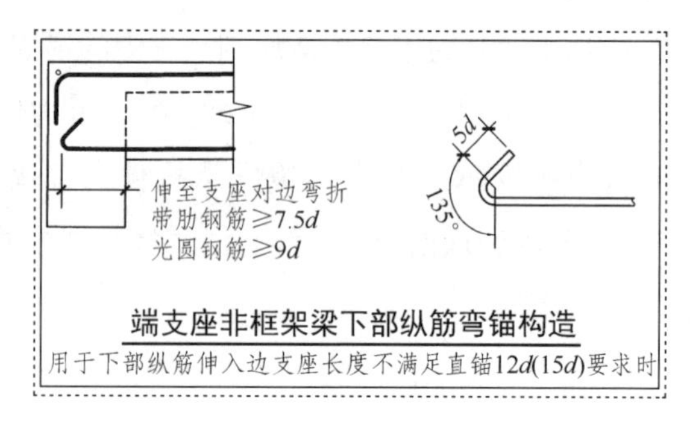

端支座非框架梁下部纵筋弯锚构造
用于下部纵筋伸入边支座长度不满足直锚12d(15d)要求时

首先应明确非框架梁下部纵筋在端支座内锚固的功能，其功能为满足下部纵筋在支座内的“销栓力”。

理论分析和试验研究证明，非框架梁的上部和下部纵筋构成“钢筋桁架”，若保持桁架的稳定则要求桁架下弦应满足在端支座的“销栓力”（桁架下弦即非框架梁下部纵筋）。满足销栓力的直线锚固长度，带肋钢筋不小于 12d，光圆钢筋不小于 15d；如果不以固定的锚固长度计算，则需贯通满足对桁架侧向支承刚度要求的支座构件截面全宽。

理论分析和试验研究还证明，非框架梁端支座下部为受压范围，当采用单筋抗弯计算时，仅考虑梁端部截面下部混凝土受压不考虑下部纵筋受压；而当采用双筋抗弯计算时，则既考虑梁端部截面下部混凝土受压也考虑下部纵筋受压。

采用双筋抗弯计算时下部纵筋明确受压，而采用单筋抗弯计算时不考虑下部纵筋受压。应当注意的是，尽管单筋抗弯计算并不考虑下部纵筋受压，但下部纵筋实际位于梁截面受压混凝土之中，纵筋仍然承受压应力而不是拉应力，只是承受压力的量值小于双筋抗弯计算，两者受压的本质是相同的，仅承受压力的量值大小不同。

理论分析和试验研究还证明，受压钢筋不应采用弯折锚固方式。其道理是，当受压纵筋直线锚入支座，纵筋压力作用中心与钢筋轴线重合，钢筋周围承受平衡均匀锚固力，正常实现锚固功能；但当受压纵筋在支座内弯钩锚固时，纵筋压力作用中心偏离钢筋轴线，偏心压力使钢筋承受的锚固力非均匀不平衡锚固力，偏心压力会导致混凝土劈裂锚固失效。

为此，《混凝土结构设计规范》GB 50010—2010 第 8.3 节“钢筋的锚固”中明确规定：“受压钢筋不应采用末端弯钩和一侧贴焊锚筋的锚固措施”（第 8.3.4 条），就是为防止受压钢筋偏心锚固导致锚固失效。

采用双筋抗弯计算的非框架梁下部受压纵筋在支座锚固，通常会遇到两种情况：

第一种情况，为锚固长度计算错误。由于轴心受压钢筋锚入支座，压力对锚固钢筋有“墩粗效应”，墩粗效应挤压钢筋周围的混凝土可有效提高混凝土对钢筋的粘结强度，而粘结强度是钢筋锚固的关键要素之一，因此，《混凝土结构设计规范》GB 50010—2010 第 8.3 节规定：“混凝土结构中的纵向受压钢筋，当计算中充分利用其抗压强度时，锚固长度不应小于相应受拉锚固长度的 70%。”（第 8.3.4 条）。

在具体施工中，经常发现主梁宽度不足 $0.7l_a$ 锚固深度的情况。这种情况的原因，通常是没有正确理解规范要求“锚固长度不应小于相应受拉锚固长度”的含义。通常情况下，非框架梁的截面高度小于主梁截面高度，此时非框架梁下部钢筋直线锚入主梁的钢筋锚固段周围混凝土厚度达到 $3d$ 或 $5d$（d 为锚固钢筋直径），此时规范所指的“相应受拉锚固长度”是 $0.8l_a$ 或 $0.7l_a$，用于受压钢筋锚固分别乘以 0.8 或 0.7，则为 $0.56l_a$ 或 $0.49l_a$。通常主梁支座宽度能够满足 $0.56l_a$ 或 $0.49l_a$ 的锚固要求。

第二种情况，为非框架梁下部纵筋直径较粗，主梁支座宽度不能满足 $0.56l_a$ 或 $0.49l_a$ 的锚固要求。此时的处理方法是等强等面积将钢筋代换为能够满足 $0.56l_a$ 或 $0.49l_a$ 的锚固要求的较细钢筋。

接下来的问题是，16G101-1 第 89 页“端支座非框架梁下部纵筋弯锚构造”图名下的注，表明此构造用于单筋抗弯计算时梁端下部纵筋不满足“消栓力”要求的带肋钢筋不小于 $12d$、光圆钢筋不小于 $15d$ 情况。如前所述，尽管单筋抗弯计算不考虑纵筋受压，但其实际在受压混凝土中，实际受压只是压应力值较小而已。如果对压应力值较小的构造锚固采用适用于受拉纵筋的弯钩锚固，一是不对路，二是小题大做，没有意义。此时可采用两种方法进行处理：方法一，等强等面积代换成能够满足消栓力要求锚固长度的较细钢筋；方法二，分析支座主梁是否满足对次梁的侧向支承刚度要求（通常均能满足），若能够满足，则可贯通主梁支座截面全宽尽端退后保护层厚度后直接截断纵筋，即可实现销栓功能，满足构造锚固要求。注意不要设置弯钩，因为销栓力的方向向下（垂直于锚固纵筋轴线），所弯的弯钩对销栓力没有任何作用，只会造成钢筋浪费。

结论是，非框架梁支座端下部纵筋的锚固，当考虑受压时不应采用弯钩锚固，当不考虑受压时设置弯钩对销栓功能无用。

【解评 9.6】关于 16G101-1 第 89 页“非框架梁配筋构造”的端部构造存在的主要问题

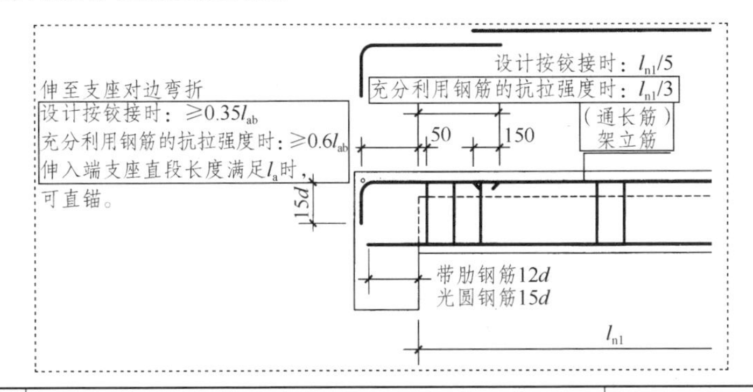

上图是16G101-1第89页“非框架梁配筋构造”的端部构造截图。非框架梁配筋构造图形系03G101-1中的内容，16G101-1大幅改动了端部构造的要求。

如图所示，“非框架梁配筋构造”将原创平法相同构造的端部构造要求改为：

1. 设计按铰接时，上部纵筋锚固的水平段≥$0.35l_{ab}$，弯钩投影长度$15d$；向跨内的延伸长度为$1/5l_{n1}$；

2. 充分利用钢筋的抗拉强度时，上部纵筋锚固的水平段≥$0.6l_{ab}$，弯钩投影长度$15d$；向跨内的延伸长度为$1/3l_{n1}$。

这两种端部构造要求均存在问题。第1种情况的构造要求过高，没有实用意义；第2种情况在房屋结构中不存在，是虚构的。

解评如下：

1. 设计按铰接时的深层次问题

在房屋结构的设计计算中，非框架梁端支座普遍按铰接，不仅中国按铰接，欧美设计中亦普遍按铰接。铰接的计算特点是不考虑梁端弯矩，不考虑的根据系支座主梁的抗侧扭刚度不大，对非框架梁端产生转角的约束力不强，梁左端必然出现的顺时针转角和梁右端必然出现的反时针转角，转角将对次梁左端和右端端部的负弯矩内力“卸荷”，转角效应导致次梁端不存在承受较大弯矩的条件。但考虑到次梁端部与主梁浇筑在一起，主梁并非无限度平面外扭转，转动的角度是主梁平面抗扭刚度与次梁线刚度相平衡的结果，因此次梁端部确实存在一定幅度的负弯矩。因此，需要在非框架梁支座端配置不小于该跨梁下部最大配筋值的1/4作为构造负弯矩纵筋，并将其向跨内延伸$l_{n1}/5$长度，即可实现抵抗构造负弯矩的功能，满足构造受力要求。此构造处理方式在世界各国普遍应用，至今未见采用此构造的非框架梁端部出现安全问题的研究报告。

关于截图中标注的设计按铰接要求的问题，是对铰接锚固钢筋水平段长度要求过高。首先，应明确铰接的科学定义。

铰接的另外一个术语称为“半刚接”。该术语的定义为，铰接锚固的刚度约为刚接锚固的25%～75%之间，区间中位数为50%，故称为“半刚接”。

铰接或半刚接的锚固刚度不是一个固定值，而是个区间，只要锚固的刚度在这个区间内，便可实现铰接或称半刚接的功能。具体的做法是，将构造抗弯纵筋伸至支座中线后弯钩$12d$，锚固刚度即不小于刚性锚固的25%；当伸至支座尽端弯钩$12d$，锚固刚度即不小于刚性锚固的75%。因此，实现铰接或半刚接，仅需将上部纵筋伸过支座中线至支座尽端区间的某一位置后，向下做长$12d$的构造弯钩即可。

众所周知，当锚固钢筋的平直段达到$0.4l_{ab}$再弯钩$15d$，便可达到刚性锚固水准，若按图示要求锚固纵筋的平直段≥$0.35l_{ab}$再加

$15d$ 的受力弯钩，便把铰接变成“准刚接”（超过刚接的 90%）。由于支座主梁的抗侧扭刚度不高，无法约束其所支承的次梁达到准刚接的程度。因此，要求构造抗弯纵筋的构造锚固水平段≥ $0.35l_{ab}$ 过高，不具有实际价值，反而经常因主梁能够提供的最大支座锚固深度不能满足 $0.35l_{ab}$，而给施工制造麻烦。

2. 充分利用钢筋的抗拉强度时的深层次问题

充分利用钢筋的抗拉强度的实际意义，是令梁端上部抗负弯矩纵筋达到极限抗拉强度，即屈服强度。问题在于若要次梁端部的上部纵筋达到屈服强度，即达到像框架梁刚接在框架柱上后梁的端部抗负弯矩纵筋一样的极限抗拉强度，在房屋结构中不存在实现的条件。因非框架梁（次梁）若像框架梁般受力，并不取决于非框架梁（次梁）本身，而取决于其支座主梁具有极高的抗侧扭刚度，此抗侧扭刚度的大小，必须等同于偏心受压框架柱刚性支承框架梁时的抗侧弯刚度。

当我们把框架柱通常具有的抗侧弯刚度等同于主梁的抗侧扭刚度时进行推导，会发现主梁为巨型截面才能实现对次梁的刚性支承，这种巨型截面梁在地铁隧道或大型水利结构中存在，在 101 图集所示的楼房结构中不存在。

将楼房结构中不存在的构件的构造要求放入图集中，不仅仅是结构空谈行为，更严重的是可能误导经验不足的设计者做出错误设计。

假设若干等跨连续梁由设计者进行计算，由于梁两端跨端节点的计算假定按铰支，故计算出的首跨和尾跨的梁下部正弯矩，相比中间跨会大出许多，相应配置的抵抗梁下部正弯矩的纵筋亦较多。如果设计者缺少经验，见到图集上有“充分利用梁上部纵筋的抗拉强度”构造，可能会在端支座上部配置较多的“充分利用抗拉强度”纵筋抵抗并不存在的虚构的负弯矩，并且相应减少首跨及尾跨的梁下部正弯矩。此举对连续梁首跨和尾跨可能造成的后果，一是梁下部抗正弯矩配筋不足，二是裂缝宽度和挠度超过规范允许的限度。结果被虚构的所谓“充分利用钢筋的抗拉强度”一说误导，造成错误的设计。

“充分利用钢筋的抗拉强度”为与“受力钢筋”有关的概念之一，非框架梁端上部为构造钢筋，将受力钢筋概念套在构造钢筋上无合理逻辑前提。如果目标定为将构造配筋转化为受力配筋，需要特殊的前提条件，且前提条件并非与次梁有关，而与支承次梁的主梁有关。只有当主梁具备特定条件，如截面巨大具有足够高的抗侧扭刚度，使其支承的次梁梁端纵筋相应具有充分利用抗拉强度的可能性之后，“充分利用钢筋的抗拉强度”概念方能在房屋结构的构造配筋中成立。

地铁隧道和大型水利工程中普遍存在巨型截面梁，且地铁隧道巨型梁钢筋构造与普通房屋结构梁构造相比尚考虑动力放大系数（如将刚性弯折锚固水平段需要的 0.4l_{aE}乘以放大系数）。若将适用于地铁隧道或大型水利结构的概念不考虑房屋结构的特点、不增设相应特殊条件便移植到房屋结构中，有悖于科学思维方式和行为方式。

此外，该非框架梁构造图还在上部跨中增加了“（通长筋）”标注，混淆了“通长筋”与“贯通筋”两词的定义。通长筋指抗震设计的梁上部受力纵筋，而贯通筋指非抗震的梁（或板）的上部或下部贯通筋。非框架梁或称次梁由于未与框架柱刚接在一起，当结构抵抗地震作用整体横向摆动时，非框架梁基本为平动而不像框架梁那样呈正弦波状竖向扭动，因此非框架梁不采取抗震构造。图中增加的“（通长筋）”标注，混淆了抗震构造与非抗震构造的应用对象。

【解评 9.7】关于 16G101-1 第 92 页悬挑梁及各类梁悬挑端上部第二排纵筋的下弯无效构造

悬挑梁上部第二排纵筋弯折到梁底为无效构造，因其除造成施工复杂和钢筋浪费外，没有其他有用的功能。

从对悬挑梁构件的试验结果和实际工程的悬挑梁观察，可证明当悬挑梁上部受力纵筋在不需要该纵筋的位置截断时，会在断点部位过早出现混凝土的弯剪裂缝。为此，现行规范规定悬挑梁上部受力不需要的纵筋不应在悬挑过程中截断，应弯折到梁下部。

由于弯剪裂缝的形态为扇状开裂，只要第一排纵筋弯折到梁底，即可消除产生弯剪裂缝的条件。为此，原创 96G101、00G101、和 03G101-1 的构造将悬挑梁第一排不多于 1/2 的纵筋在端部向梁下部弯折（兼作端部弯起抗剪筋）其余伸至尽端弯钩；第二排纵筋在 3/4 悬挑长度位置直接截断。而 16G101-1 第 92 页将所有悬挑梁和各类梁悬挑端的上部第二排纵筋全改为向梁下部弯折，形成了施工复杂、浪费钢筋的无效构造，见下面截图斜放实线框框起的部分。

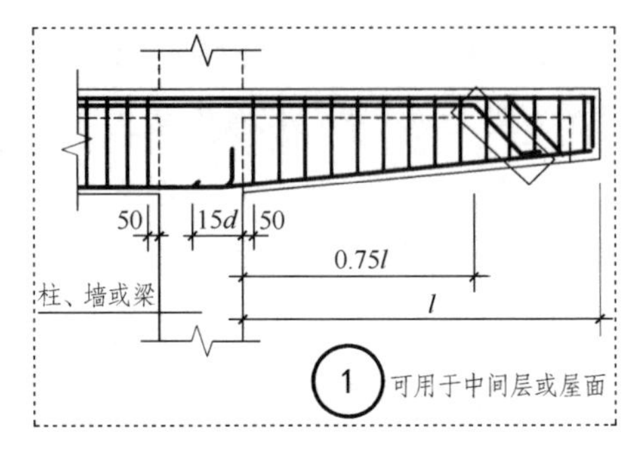

由于悬挑梁端部为自由端，其挠度向下，梁上部突然截断的钢筋端头截面与混凝土间有裂隙，因梁端下垂，位于悬挑梁上边缘的裂隙可发展为扇状开裂的弯剪构造裂缝。为此，将内力不需要的第一排纵筋向梁下部弯折，即可避免扇状弯剪裂缝的发生。

应指出的是，由于弯剪裂缝呈扇形开裂，其形状不同于梁上平行开裂的剪切破坏裂缝，因此，不会因第二排纵筋的截断而出现裂缝，即扇状开裂的弯剪裂缝不会跨过第一排纵筋从内部第二排纵筋断点开裂，且至今未有相应结构试验支持从内部第二排纵筋断点开裂的说法。

从工程实践的效果来看，自 1996 年起实施的原创平法图集 96G101、00G101、和 03G101-1 相同部位的构造均将悬挑梁第二排纵筋在 3/4 悬挑长度位置直接截断，应用至 2011 年已长达 15 年，已建成十几万栋楼房，其中配置多于一排受力纵筋的悬挑梁数以万计，但从未出现跨过第一排纵筋从内部第二排纵筋断点出现扇状弯剪裂缝的情况，事实是最上面的边缘没有弯剪开裂（无弯剪开裂的条件），不可能出现跨过边缘在内部呈扇状开裂的奇怪现象。

若按 16G101-1 的思路，将第二排纵筋也弯到梁下部，那么，若配置三排、四排等多排纵筋时将如何处理？难道统统都要弯到梁下部？若都要弯到悬挑梁下部，显然既不符合逻辑，也不符合悬挑梁的试验结果和大批已完成结构工程的实际情况，只能造成施工复杂浪费钢筋的负面结果。

从理论上深入分析，第一排纵筋截断点会引发弯剪开裂的原因，系混凝土对钢筋截断点正截面的粘结通常不确定或者说“粘不住”。这是因为钢筋与混凝土的线膨胀系数存在微小差异，悬挑梁中的两种材料热胀冷缩时不完全同步，故钢筋截断点的正截面与混凝土存在未粘结裂隙。在悬挑梁端部下垂效应作用下，微小裂隙发展成弯剪构造开裂。这一内在规律，同时证明了悬挑梁的这种裂缝为什么在浇筑成型后滞后出现，而不在满负荷初期出现。

只要将受力不需要的纵筋端头向下斜弯，悬挑梁最上面边缘没有钢筋端头正截面，即消除了弯剪裂缝生成的基础条件；而将纵筋斜向下弯又可兼作悬挑尽端的抗剪斜筋，一举两得。且若悬挑尽端配置的抗剪箍筋具备足够的抗剪强度而不需要抗剪斜筋时，理论上将悬挑梁上部纵筋斜向下弯至梁中线高度即截断，亦可实现避免出现弯剪开裂的功能目标。

【解评 9.8】关于 16G101-1 第 92 页所示框架顶层端节点外有悬挑梁的⑥、⑦号构造错误

右图所示为第 92 页的⑥、⑦号构造，其构造错误为：

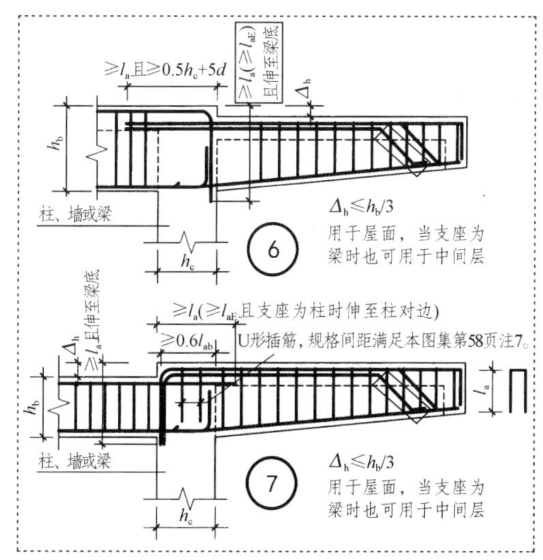

1. 虽然框架顶层端节点外有悬挑梁，但并不能改变此节点为“框架顶层端节点”的属性。国家现行规范对框架顶层端节点有明确的构造要求，要求

框架顶层梁的端跨上部纵筋与柱外侧纵筋，或弯折搭接≥1.5l_{aE}（l_a），或垂直搭接≥1.7l_{aE}（l_a），其功能为当结构遭受大震作用时，位于“前沿阵地”的框架顶层端节点不会散开，只要顶层端节点不散，内部的梁柱节点散开的可能性就低；而只要所有节点均保持连接不散状态，结构则可实现“大震不倒”的目标。

框架顶层端节点外虽设有悬挑梁，但也不可能改变此处为框架顶层端节点的属性，悬挑梁在地震作用下为非抗震构件，非抗震构件为抗震结构上的次要矛盾，次要矛盾不可能改变主要矛盾的性质，即此处的悬挑梁没有任何理由改变规范规定的抗震框架顶层端节点的构造要求，但构造⑦直接违反了规范规定，将框架顶层端节点的框架梁上部纵筋伸入次要构件的悬挑梁内，未形成规范所要求的柱外侧纵筋与框架梁上部纵筋弯折搭接或直线搭接的构造条件，丢掉了该节点大震不散从而确保结构大震不倒的功能，属于比较严重的构造错误。

2.⑥号构造中要求框架顶层梁端部上部纵筋伸至柱外侧弯钩，弯钩长度为“≥l_a（≥l_{aE}）且伸至梁底”，不符合国家规范关于框架顶层端节点梁柱纵筋弯折搭接对梁纵筋弯钩长度的相关要求。规范要求梁纵筋弯折至梁底高度，与“≥l_a（≥l_{aE}）”无关，即当l_a、l_{aE}较长时伸至梁底以下时，伸至梁底即可，不需要再向下延伸。

3.⑦号构造中要求悬挑梁上部纵筋的锚固，水平段≥0.6l_{ab}弯钩≥l_a且伸至梁底，没有科学依据，分析如下：

悬挑梁的受力特征，为至悬挑根部的上部负弯矩达最大值，即在柱边缘负弯矩最大。相对于所支承的悬挑梁，框架柱在垂直方向为刚度极大的刚域，悬挑梁负弯矩在刚域边缘为最大值，但在刚度极大的刚域内梁端弯矩不复存在。悬挑梁端部负弯矩作为内力参与框架顶层梁柱端节点的内力平衡，但内力平衡结果对悬挑梁端内力并无影响，即不会改变悬挑梁的内力值。

悬挑梁上部纵筋的功能，是以纵筋承受拉力抵抗悬挑根部的最大负弯矩。当纵筋伸入柱顶锚固后，柱混凝土将对纵筋产生呈半水滴状分布的锚固力；当纵筋延伸锚入框架柱达0.4l_{aE}时，混凝土对钢筋粘结强度转化的锚固力已平衡掉超过锚固钢筋拉力的50%，余下不足50%的锚固钢筋拉力在弯折处主要由混凝土对钢筋弯折点的剪力平衡，而锚固钢筋则以弯折部位的抗剪强度抵抗。

钢筋的物理性能显示，其抗剪强度略低于抗拉强度的60%。在弯折部位，钢筋的抗剪强度高于混凝土对其施加的剪力，故钢筋在弯折点能够满足抗剪要求，实现弯折锚固的功能。

纵筋延伸入框架柱达0.4l_{aE}并弯折后，自弯折点垂直向下在5d（d为锚固钢筋直径）位置有应力，但再向下在10d位置应力已减至很小，再向下5d至15d位置已无应力。因此，受力弯钩取15d完全满足弯折锚固要求，继续向下延长没有作用。

⑦号构造中要求将悬挑梁上部纵筋锚固水平段≥$0.6l_{ab}$、弯钩≥l_a且伸至梁底，系将⑥号构造对框架梁端部构造的有问题要求套到了⑦号悬挑梁构造上，将主要抗震构件的构造与非抗震构件构造混用，混淆主要矛盾与次要矛盾的本质区别。

试验数据表明，锚固钢筋水平段延伸入支座$0.4l_{ab}$即可将锚固钢筋内拉力降至50%以下，若延伸至≥$0.6l_{ab}$，锚固钢筋内拉力则降至1/5左右，且主要转化为水平方向剪力；此时要求弯折后的弯钩长度弯钩≥l_a且伸至梁底没有任何科学依据，因为从经典力学角度分析，无论是理论力学、材料力学、结构力学，都无法得出锚固钢筋的水平拉力在钢筋弯折后转变为垂直拉力的结果。构造图提供的暗示为锚固钢筋像滑动套筒里的钢丝绳一样可随套筒弯折转变方向且始终保持拉力，完全不现实。

此外，根据平法构造原理，框架柱纵筋应在柱顶设置弯钩，其功能是封闭柱顶，对锚入或穿越柱顶的梁纵筋实施有效约束（柱纵筋弯钩在梁纵筋上层）。由于柱纵筋弯钩已对梁纵筋提供了有效约束，故柱顶再设置向下的开口箍筋便可有可无，且柱顶本来钢筋密集，再多加开口箍筋将使柱顶钢筋拥挤，出现构造超筋，甚至无法根据平法“构造平衡原则”对钢筋进行合理排布。

【解评9.9】关于16G101-1第92页在悬挑梁端错用的“附加箍筋”定义

16G101-1第92页提供了悬挑梁端附加箍筋范围构造，构造显示既设置了端部斜弯抗剪纵筋，又设置了所谓“附加箍筋”，且所谓的“附加箍筋”竟然设置到边梁内部，见右图所示。

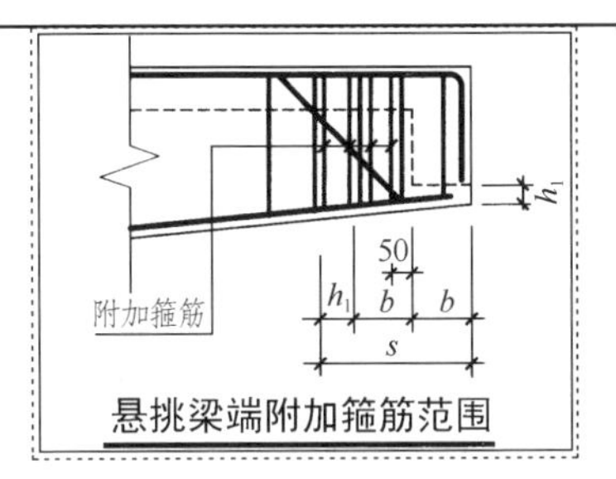

悬挑梁端附加箍筋范围

附加箍筋的功能，系为了防止次梁在与主梁相交部位的集中力导致的冲切裂缝。当主梁承载次梁时，尽管主梁配置的抗剪箍筋已完全满足包括次梁集中力的作用在内的全部剪力所需的抗力要求，但因次梁在主梁支座的集中力对主梁有冲切作用，故应设置附加箍筋（或吊筋），以满足抗冲切要求。

悬挑梁在其端部通常承载边梁，边梁对悬挑梁将产生剪力和弯矩。结构试验和长达百年的工程实践表明，边梁通常不会对悬挑梁端产生冲切破坏。原因在于，悬挑梁端部为自由端，既可产生方向向下的挠度变形，亦伴随发生平面内的转角变形；两种变形相互叠加，极限状态时表现为对悬挑梁端部的剪切破坏作用，但未表现出冲切破坏作用。为此，附加箍筋定义专用于主次梁节点两侧对称设置，未延伸到边梁与悬挑梁端的单侧节点。

从事过多年结构设计，具有丰富设计经验结构工程师均知晓，无论悬挑梁承载均布荷载还是同时在端部承载边梁集中荷载，悬挑梁最大的剪力总在悬挑根部，而悬挑端部的剪力总小于悬挑根部；且悬挑梁根部的弯矩最大而端部的弯矩为零。这些受力特征，正是悬挑梁为减小自重提高经济指标，多采用端部截面高度小于根部截面高度的变截面形式的依据之一。

在结构计算抗剪箍筋时，设计工程师必然选定悬挑端部和悬挑根部两个截面进行协调配置箍筋，且所配置的箍筋均能同时满足两个截面的抗剪要求。此时，完全不需要再配置适用于主次梁的所谓“附加箍筋”。由于适用于主次梁的附加箍筋在主梁上的次梁宽度两侧对称设置，将其“张冠李戴”到悬挑梁端部后演变成奇怪的单面附加箍筋，此箍筋用于抗剪实属多余（因所配置的悬挑端部抗剪箍筋已经满足要求），用于抗冲切则属实际不需要的主观臆造的功能。

由于人在潜意识中对悬挑的物体有担心垂落心理，虽然这种担心完全可经科学计算和合理配筋有效化解，但对悬挑构件普遍持有比较保守的心态是自然现象。欧洲结构设计者根据欧洲规范的“容许应力”设计原则配置的悬挑梁抗弯纵筋，其抗拉强度常取极限抗拉强度的60%～70%，直观感觉钢筋配置非常多，也从一个方面反映出对悬挑构件持有的保守心态。

实际上，为了防止悬挑梁在悬挑长度内截断部分不需要的抗弯纵筋可能引发过早出现的弯剪裂缝，我们将不需要抗弯的纵筋在悬挑端部斜向下弯，已经起到了加大端部抗剪强度裕量的效果。16G101-1 第 92 页在“悬挑梁端附加箍筋范围”图上也绘制了弯下筋，此时再增设所谓“附加箍筋”过于保守，没有必要超出结构的可靠指标，模糊了相关科学概念反而会导致负面效果。

【解评 9.10】关于 16G101-1 第 93 页“框架扁梁中柱节点竖向拉筋”构造

平法构造原理表明，柱为支承构件，梁为被支承构件；两者形成的连接节点，柱为节点主体，梁为节点客体；作为节点主体的柱纵筋和箍筋必须贯通节点，若不具备贯通条件（如柱变截面时），柱纵筋实施在节点内连接，即节点主体的柱纵筋在节点部位存在连接关系但不存在锚固关系（不存在上层柱纵筋锚入下层柱，下层柱再锚入下下层柱的概念和定义）；作为节点客体的梁配筋，通常仅需要梁纵筋锚入或贯通节点，箍筋仅在特殊情况时才在节点内设置。

节点主体与节点客体的属性确定后，将会出现三种状况：（1）宽主体节点（柱比梁宽，属普遍状况）；（2）宽客体节点（梁比柱宽，属特殊状况）；（3）等宽度节点（如剪力墙连梁与剪力墙支座等宽度）。对三种状况平法构造原理的构造原则为：（1）节点客体钢筋锚入宽主体节点，无论直锚还是弯锚必须足强度锚固；（2）节点客体钢筋锚入宽客体节点，必须将在节点主体之外的梁纵筋约束到节点主体上去，实现全部纵筋的足强度锚固；（3）节点客体钢筋锚入等宽度节点，必须合理协调分配钢筋设置层面，避免钢筋发生位置冲突，实现足强度锚固。三种情况的构造原则中的共同点，是实现足强度锚固，这是相应于中国规范的极限状态设计总原则必须实现的功能。

注：在设计总原则方面，中国规范与美国规范相同，均为极限状态设计原则；但欧洲规范为容许应力设计原则，与中国规范有明显区别。

框架扁梁与框架柱节点属于宽客体节点。由于梁比柱宽，梁两边的部分纵筋无法锚入梁柱节点内，此时应采取的构造措施为，设置横放的U形箍筋，将在梁柱节点之外的框架扁梁纵筋约束到框架柱上去，否则，这部分无法进入柱节点的纵筋“走外环线”，无法实现梁纵筋的足强度锚固。

16G1011第93页“框架扁梁中柱节点竖向拉筋”构造仅提供了抗冲切拉筋，漏掉了更为重要的横放U形约束箍筋。由于非预应力受弯横向构件均为带裂缝工作，未进入柱节点的扁梁纵筋走向与正交方向梁根部的受弯裂缝平行，裂缝加重“走外环线”扁梁纵筋对柱节点的分离，因此，设置横放U形箍筋将这部分纵筋约束到柱节点上去非常重要。由于未设置约束箍筋，第93页的“框架扁梁中柱节点竖向拉筋”构造的抗冲切拉筋实际围绕着框架柱外围设置在节点外，未设置在节点内。

【解评9.11】关于16G101-1第93页“框架扁梁中柱节点附加纵向钢筋”构造

对杆件受力的研究发现，其受力特征完全符合物理学的“集肤效应”，即抗力在杆件表面的效应最大。为此，钢筋混凝土构件相对于平面内的受力钢筋普遍设置在构件表层。例如：梁的抗弯受力纵筋设置在梁上部和梁下部，柱截面b和h方向的抗偏心受压纵筋分别设置在b和h方向两侧，剪力墙平面内最大抗偏心受压、受拉纵筋配置在边缘部位。

普遍性以外，仅有极少的特殊情况在构件中部配置钢筋，且这些配置在内部的纵筋均为特殊功能。例如，在厚度超过2m的基础板中部配置一层钢筋网，其特殊功能为分散传递厚重混凝土产生的水化热而不是为了受力；再如，在高层或超限高层底部框架柱中部设置粗钢筋芯柱，其特殊功能是以其高于混凝土十几倍的抗压强度取代一部分混凝土截面面积，既满足了抗震框架柱轴压比要求，又不使柱截面过大。

注意到“框架扁梁中柱节点附加纵向钢筋”均设置到梁内部，这样做除了能起到一点抗剪作用外，几乎没有其他作用，且垂直于纵筋截面的那点抗剪作用对梁截面所需总的抗剪强度不过杯水车薪。在混凝土构件受剪计算中，比如框架梁，梁纵筋所提供的抗剪作用通常忽略不计，除非将纵筋弯起抗剪，但抗震框架梁不宜采用弯起纵筋构造。当采用劲性混凝土设计时，包裹在混凝土截面中的型钢才会起到主要抗剪作用，而在梁内部附加几道抗剪作用微小抗弯作用不着边际纵筋，似乎为弃之亦不可惜的“半鸡肋”构造。

【解评 9.12】关于 16G101-1 第 96 页“框支梁 KZL”中的构造错误

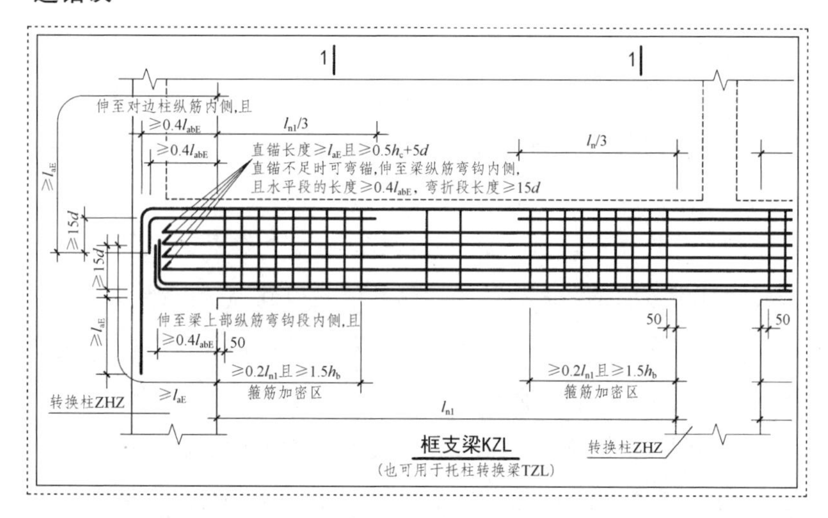

上面截图为关于 16G101-1 第 96 页的“框支梁 KZL”构造。首先必须明确，框支梁不是梁类，是由框支柱支起的剪力墙底部的凌空边，框支梁与主要承受弯矩并承受受剪力的科学定义上的梁没有任何相同之处。框支梁其既不受弯也不受剪，而是凌空剪力墙底部的偏心拉杆，其功能为承受凌空剪力墙底部的偏心拉力。

我国在 20 年前首届国家一级注册结构工程师专业考试中便有框支梁受力特征和功能的考题，之后几乎每届专业考试都有关于框支梁的考题。因此，框支梁的概念和定义对通过国家一级注册结构工程师考试的结构设计者很容易被理解。

试验研究和实际工程测试结果表明，当剪力墙被框支柱支起后，被架起的剪力墙在两个支点之间必然出现一组压应力拱迹线，或称在两个支点之间的墙内出现一个暗拱。暗拱承受垂直荷载的能力很强，并将所承受的垂直荷载转化为拱内的压应力。

暗拱中的压应力斜交于框支梁支点，分解为方向向下的垂直分力和水平方向向外的水平分力。向下的垂直分力由框支柱承受，但水平向外的水平分力则需要横向约束来平衡，如果没有适当的构件平衡向外水平分力，框支柱支起的剪力墙底部将被拉裂，导致剪力墙破坏。于是，在剪力墙底部的凌空边设置偏心拉杆承受水平拉力，此偏心拉杆称为框支梁。

当我们明确了框支梁受力特征和其特定功能之后，不难发现 16G101-1 第 96 页“框支梁 KZL”构造中的两个错误。错误之一是在偏心拉杆中模仿框架梁设置了断开的纵筋(见图示上部第二排纵筋），错误之二是模仿框架梁抗震构造要求设置了梁端箍筋加密区。

在偏心拉杆中设置断开的非通长筋，是比较严重的错误。受拉构件与构造中不允许纵向钢筋断开，断开的纵筋在拉杆中的功能完全失效，只剩下浪费钢筋的负面效果。框架梁端部设置箍筋加密区，系为实现抗震梁的“强剪弱弯”功能目标；框支梁承受拉力以及有限的剪力，不承受弯矩，其抗震机理跟框架梁协助框架柱耗能的功能没有任何关系。框支梁设置箍筋的功能，系确保偏心拉杆正常工作，与“强剪弱弯”无关，因此，在框支梁上毫无必要模仿框架梁设置箍筋加密区。

科学技术必须符合逻辑，混凝土结构构造也应当符合逻辑。逻辑原理的要素之一，是每一种构造都必须具有适用该构造的逻辑前提。框架梁的逻辑前提是所设置非通长筋和箍筋加密区只适用于抗震框架梁，不适用于其他梁，更不适用于根本与具有受弯且受剪功能的科学定义上的梁没有任何关系的“框支梁”。

以上论述证明，框支梁上的错误，全面偏离了平法解构原理的“功能、性能、逻辑”三条主线。

【解评 9.13】关于 16G101-1 第 97 页“框支梁 KZL 上部墙体开洞部位加强做法”的问题

第 97 页“框支梁 KZL 上部墙体开洞部位加强做法”表示了各种开洞洞口加强构造，并对洞边加强构造冠以“边缘构件”名称，见下面截图。

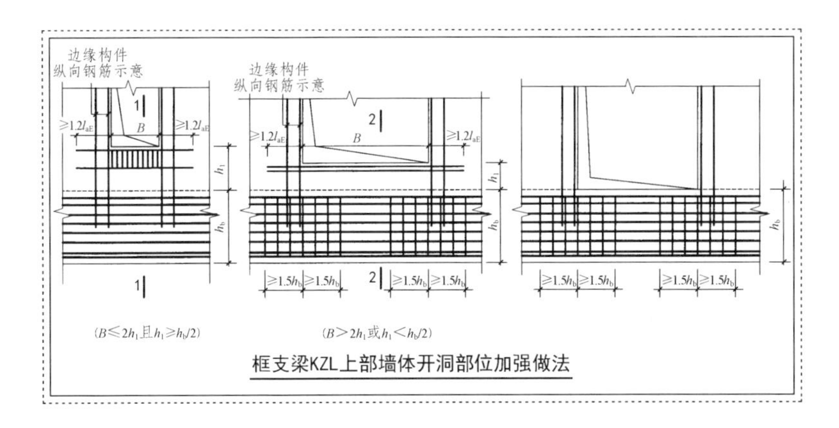

框支梁KZL上部墙体开洞部位加强做法

截图显示，有三种洞宽不同、洞底高度不同的洞边加强构造，三种洞口均未注明开洞立面距离框支剪力墙边缘的距离，均未注明开洞高度，而这两点对于框支梁上剪力墙开洞非常重要。

由于框支梁上方有暗拱，暗拱范围的剪力墙开洞应严格限制在跨中范围，且洞口高度亦应限制为在暗拱之下，只要满足这两个限制条件，在暗拱之下跨中范围的剪力墙开洞仅需在洞边设置几道加强纵筋即可，不必大动干戈设置洞边暗柱和洞底坎梁。但若未满足上述两个限制条件，洞口位置偏向一边或洞口过高，问题将变得严重。因偏向一边或高洞口会切断被框支柱支起的剪力墙在两支点之间形成的暗拱，破坏暗拱的连续性，其构造将变得非常复杂，有经验的设计者都会避免开这样的洞口，国家规范对在框支剪力墙上的开洞位置等也有明确限制。因此，第 97 页构造可能对设计和施工有负面作用。

另外，“边缘构件”具有严格定义剪力墙的专用术语，框支梁上所开洞口的洞边不符合边缘构件定义，不可随便套用。

【解评 9.14】关于 16G101-1 第 98 页“井字梁配筋构造”的问题

下面截图几乎全部引自 03G101-1，但 16G101-1 把井字梁端支座构造说明改为两种有问题的锚固方式。

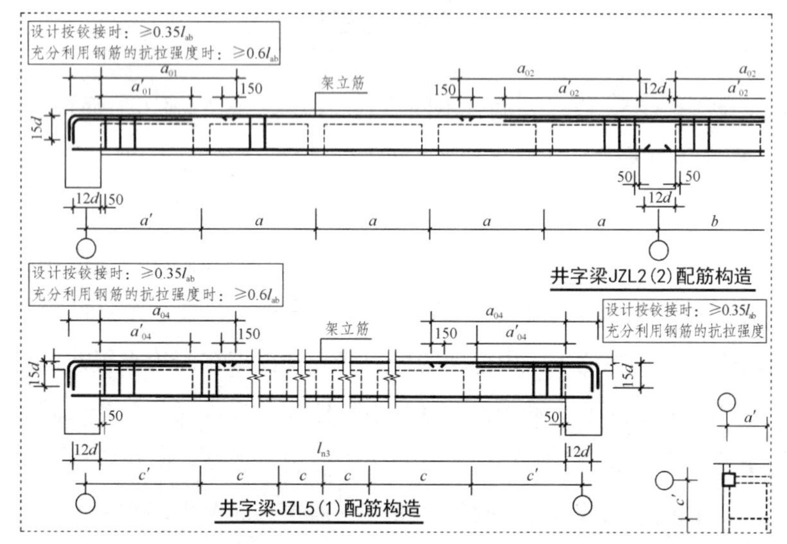

井字梁在端支座的锚固本来属于构造并不复杂的“半刚接”铰支座锚固，被改动后将简单问题复杂化。对其从理论和实践两方面所作的详细解评，见【解评 9.6】关于 16G101-1 第 89 页“非框架梁配筋构造”的端部构造存在的主要问题。

在科学概念上，井字梁具有特殊定义。井字梁不是普遍定义上的非框架梁，其特殊性在于井字梁系从双向板演变而来，其受力特征实质与双向板相似，保留了双向板的基因。

钢筋混凝土双向板的受力非常合理，板周围全为支座，与同样跨度的单向板相比，具有更薄的板厚，可承载更高的荷载。虽然双向板板厚可以取跨度的 1/40 左右，但当跨度很大时，板自重便成为突出矛盾。于是，我们将大跨度双向板进行条块划分，将双向板配筋再按划分的条块归并为双向非框架梁，且条块间距较小，大幅减小了板厚，由此演变成平面呈网格状的井字梁板区。井字梁板区可以做到双向几十米的大跨度，且自重轻，为受力合理、经济性好的平面结构类型。

由于井字梁板区周围为支座梁，井字梁端支座的构造弯矩符合双向板端支座分布规律，且房屋结构中作为井字梁板区支座的框架梁的线刚度不大，抗侧扭刚度有限，不可能对井字梁端部实现刚性支承，只能实现半刚性铰接。对房屋结构井字梁端支座虚构出“充分利用钢筋的抗拉强度”，更可能误导经验较少的设计者在井字梁端部误配较多的钢筋抵抗并不存在的负弯矩，同时错误地减少梁下部应配置的抵抗正弯矩纵筋，导致设计错误埋下楼盖安全隐患。

第十部分

有梁楼盖板、无梁楼盖板及楼板相关构造疑难问题解评

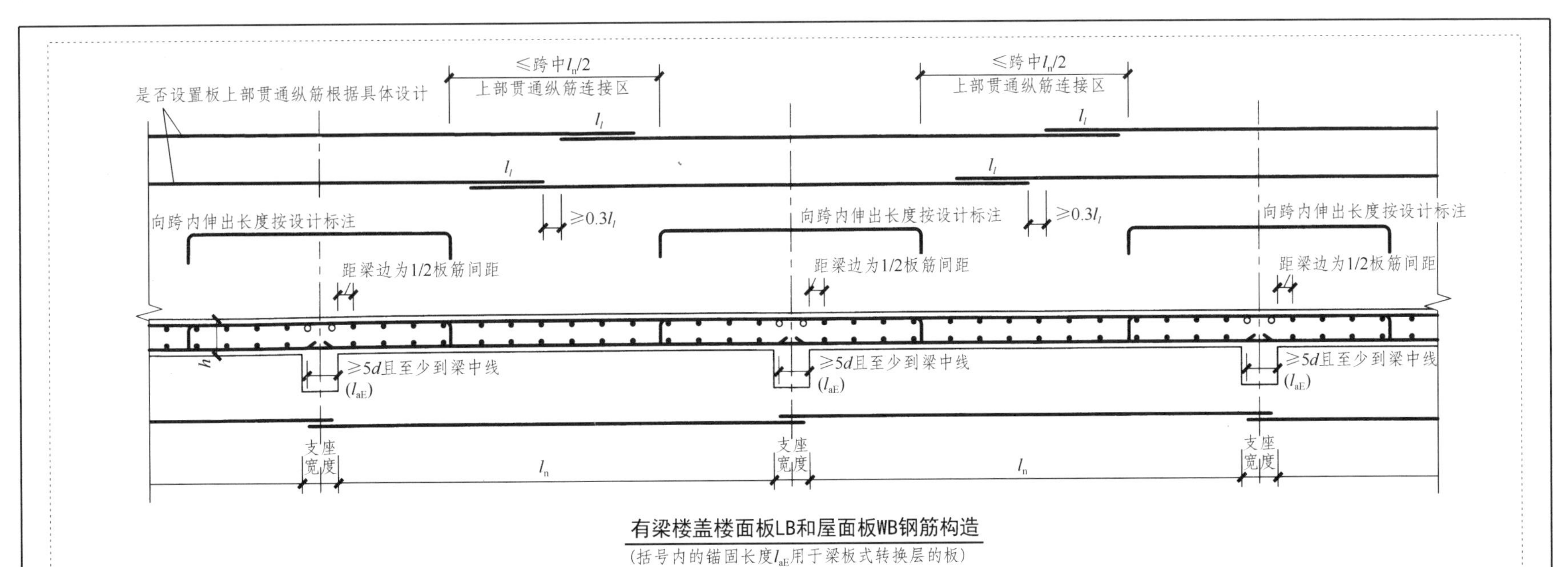

有梁楼盖楼面板LB和屋面板WB钢筋构造

（括号内的锚固长度l_{aE}用于梁板式转换层的板）

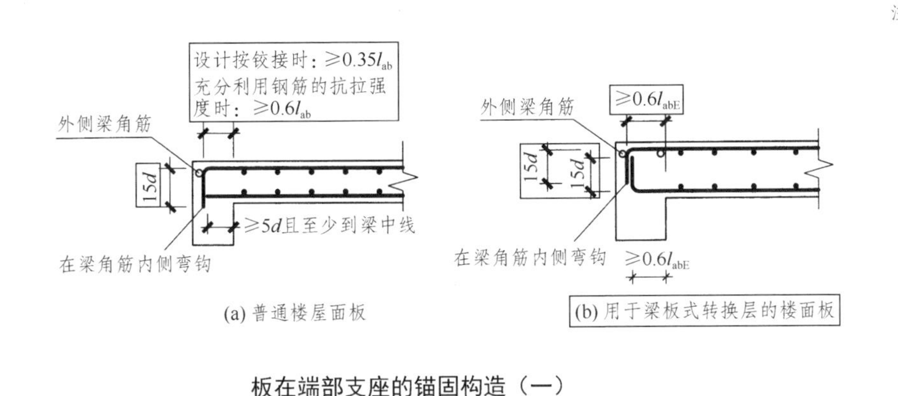

(a) 普通楼屋面板

(b) 用于梁板式转换层的楼面板

板在端部支座的锚固构造（一）

注：1.当相邻等跨或不等跨的上部贯通纵筋配置不同时，应将配置较大者越过其标注的跨数终点或起点伸出至相邻跨的跨中连接区域连接。

2.除本图所示搭接连接外，板纵筋可采用机械连接或焊接连接。接头位置：上部钢筋见本图所示连接区，下部钢筋宜在距支座1/4净跨内。

3.板贯通纵筋的连接要求见本图集第59页，且同一连接区段内钢筋接头百分率不宜大于50%。不等跨板上部贯通纵筋连接构造详见本图集第101页。

4.当采用非接触方式的绑扎搭接连接时，要求见本图集第102页。

5.板位于同一层面的两向交叉纵筋何向在下何向在上，应按具体设计说明。

6.图中板的中间支座均按梁绘制，当支座为混凝土剪力墙时，其构造相同。

7.图(a)、(b)中纵筋在端支座应伸至梁支座外侧纵筋内侧后弯折15d，当平直段长度分别≥l_a、≥l_{aE}时可不弯折。

8.图中“设计按铰接时”、“充分利用钢筋的抗拉强度时”由设计指定。

9.梁板式转换层的板中l_{abE}、l_{aE}按抗震等级四级取值，设计也可根据实际工程情况另行指定。

（注：本页虚线框内为16G101-1第99页全图，图中实线框之外的图文基本为04G101-4中的内容）

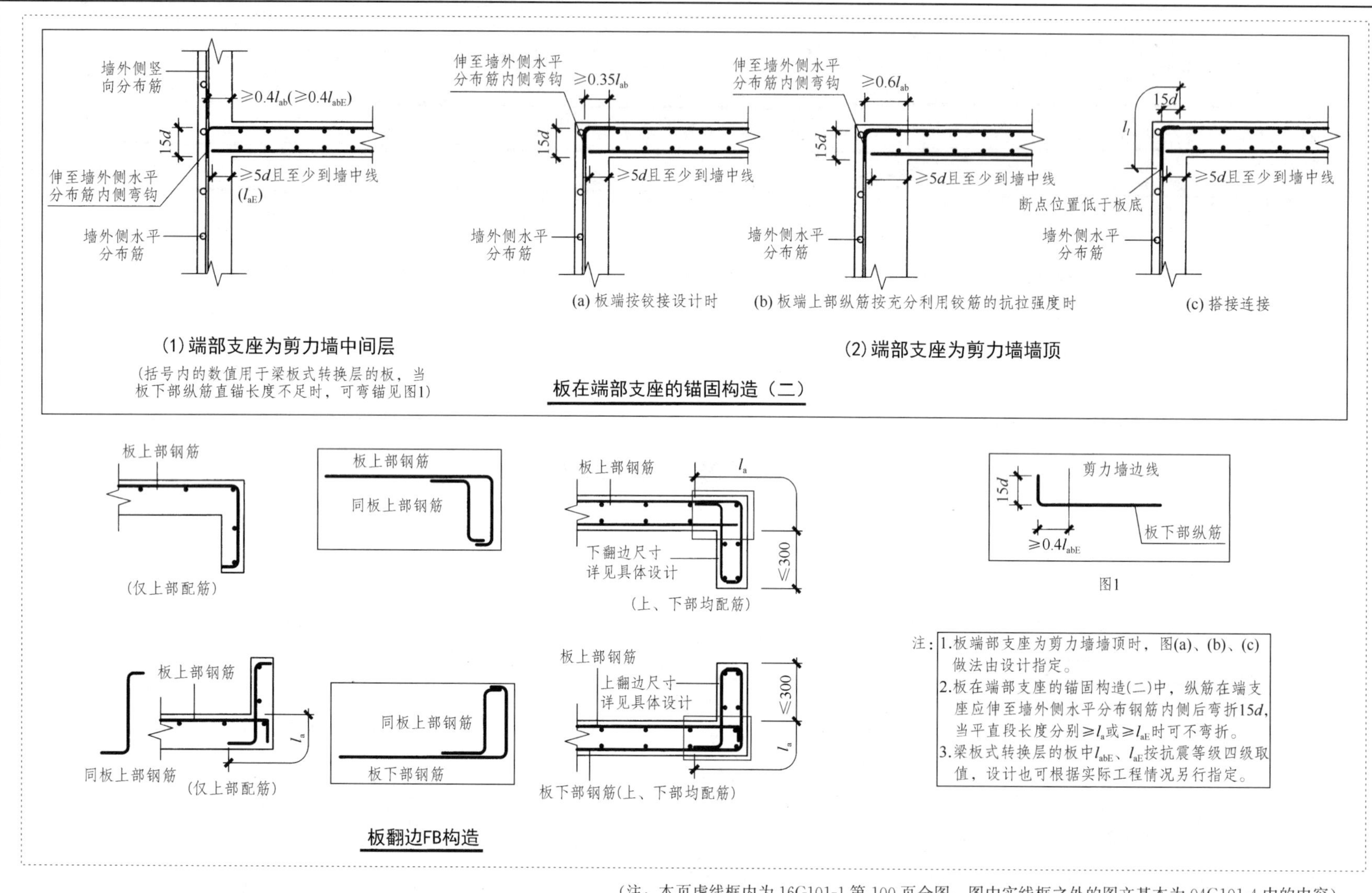

注：1.板端部支座为剪力墙墙顶时，图(a)、(b)、(c)做法由设计指定。
2.板在端部支座的锚固构造(二)中，纵筋在端支座应伸至墙外侧水平分布钢筋内侧后弯折15d，当平直段长度分别≥l_a或≥l_{aE}时可不弯折。
3.梁板式转换层的板中l_{abE}、l_{aE}按抗震等级四级取值，设计也可根据实际工程情况另行指定。

（注：本页虚线框内为16G101-1第100页全图，图中实线框之外的图文基本为04G101-4中的内容）

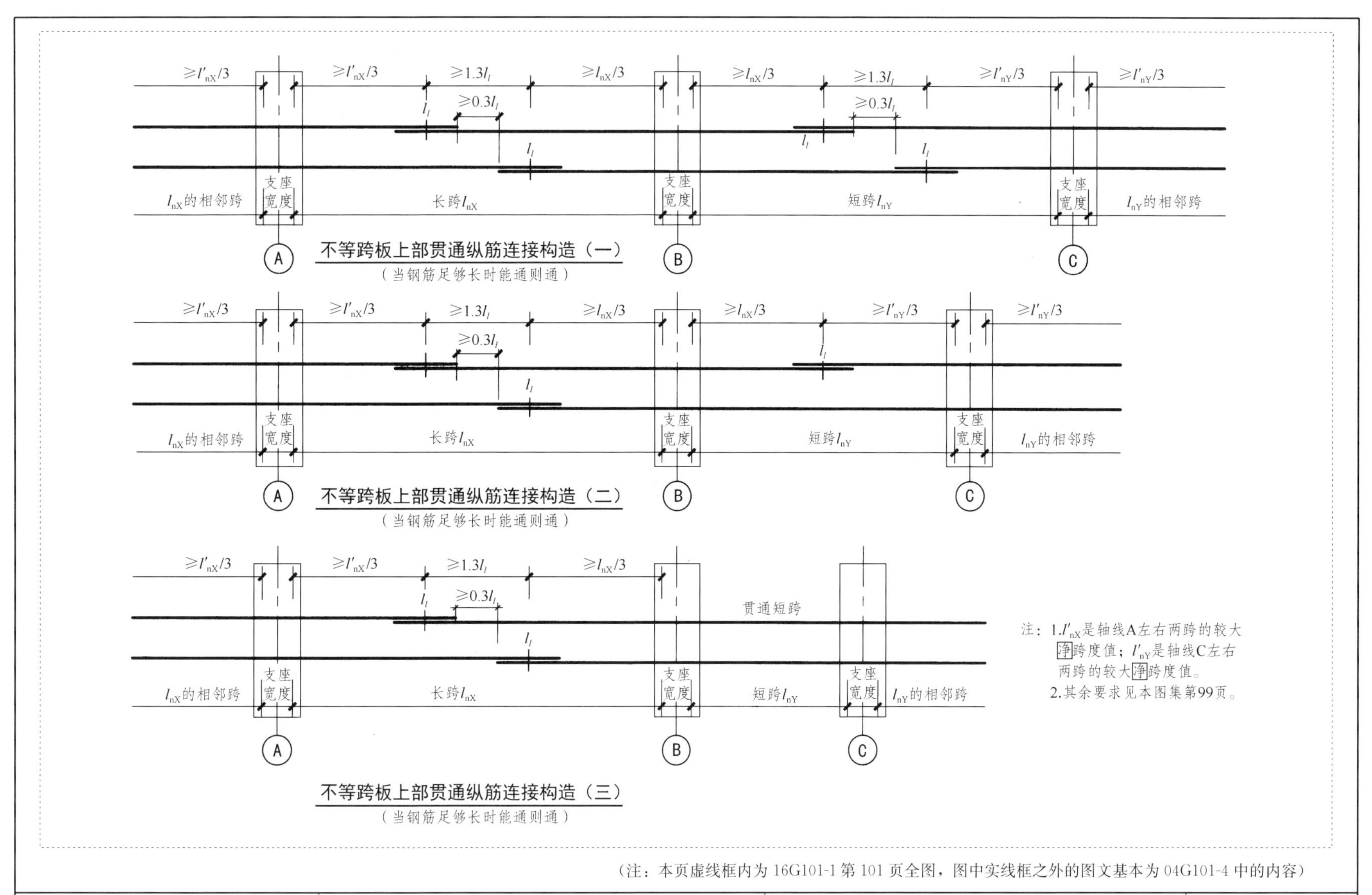

（注：本页虚线框内为16G101-1第101页全图，图中实线框之外的图文基本为04G101-4中的内容）

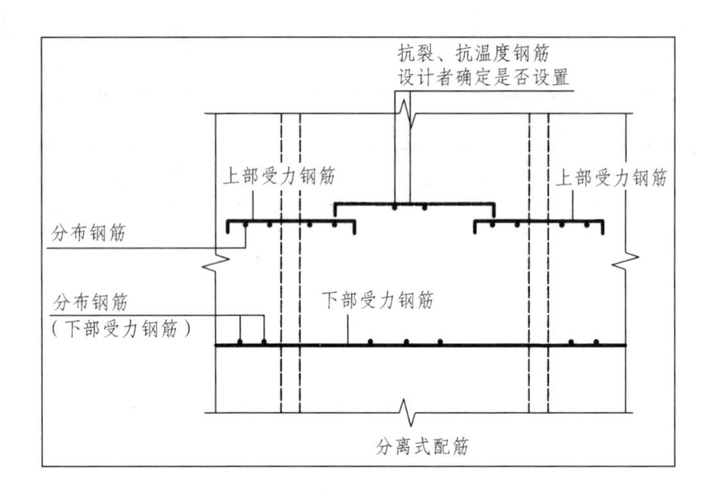

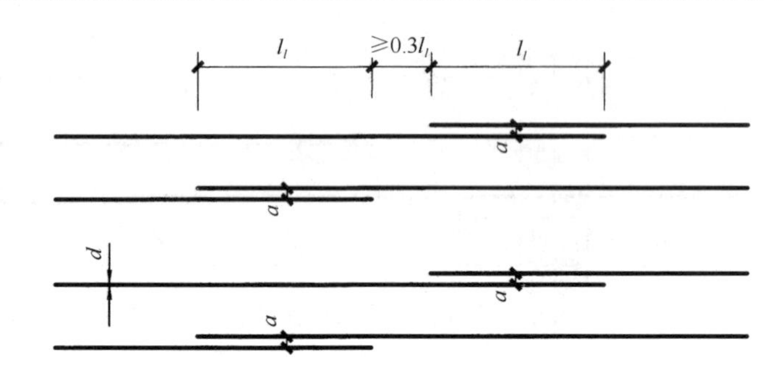

（30+d≤a<0.2l_l及150的较小值）

纵向钢筋非接触搭接构造

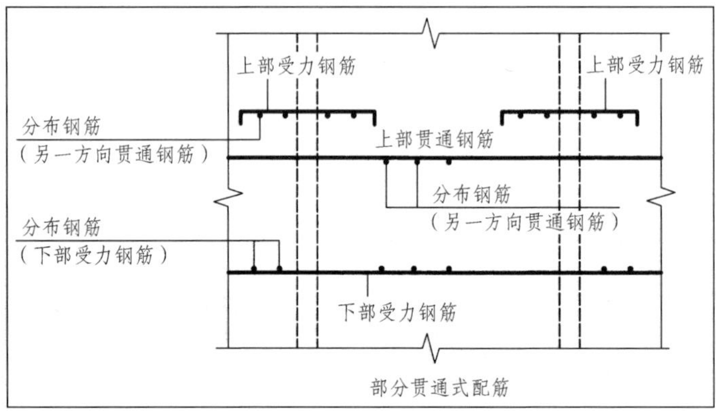

注：1.在搭接范围内，相互搭接的纵筋与横向钢筋的每个交叉点均应进行绑扎。
2.抗裂构造钢筋、抗温度筋自身及其与受力主筋搭接长度为l_l。
3.板上下贯通筋可兼作抗裂构造筋和抗温度筋。当下部贯通筋兼作抗温度钢筋时，其在支座的锚固由设计者确定。
4.分布筋自身及与受力主筋、构造钢筋的搭接长度为150；当分布筋兼作抗温度筋时，其自身及与受力主筋、构造钢筋的搭接长度为l_l；其在支座的锚固按受拉要求考虑。
5.其余要求见本图集第99页。

单（双）向板配筋示意

（注：本页虚线框内为16G101-1第102页全图，图中实线框之外的图文基本为04G101-4中的内容）

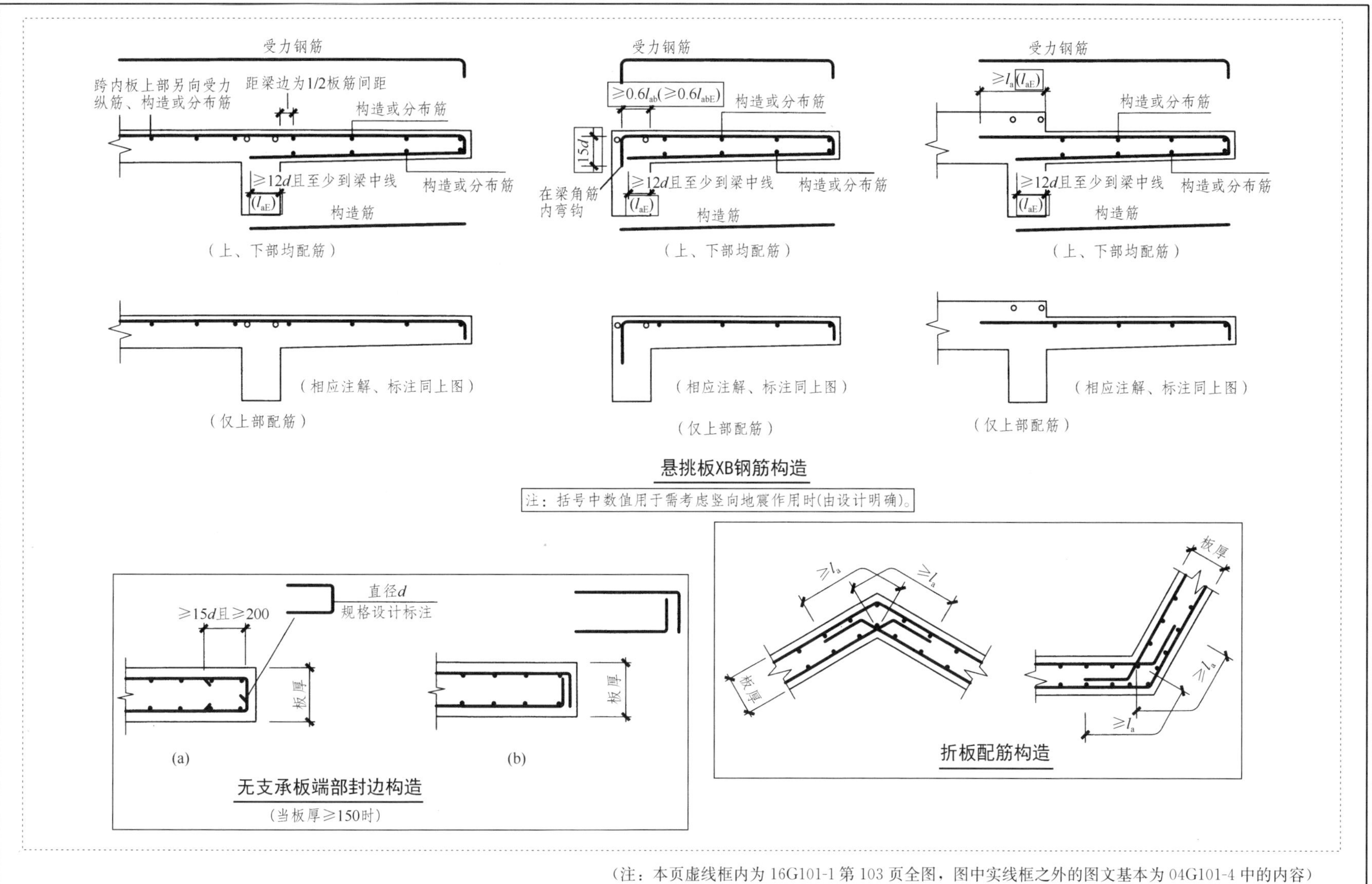

悬挑板XB钢筋构造

注：括号中数值用于需考虑竖向地震作用时(由设计明确)。

无支承板端部封边构造

（当板厚≥150时）

折板配筋构造

（注：本页虚线框内为16G101-1第103页全图，图中实线框之外的图文基本为04G101-4中的内容）

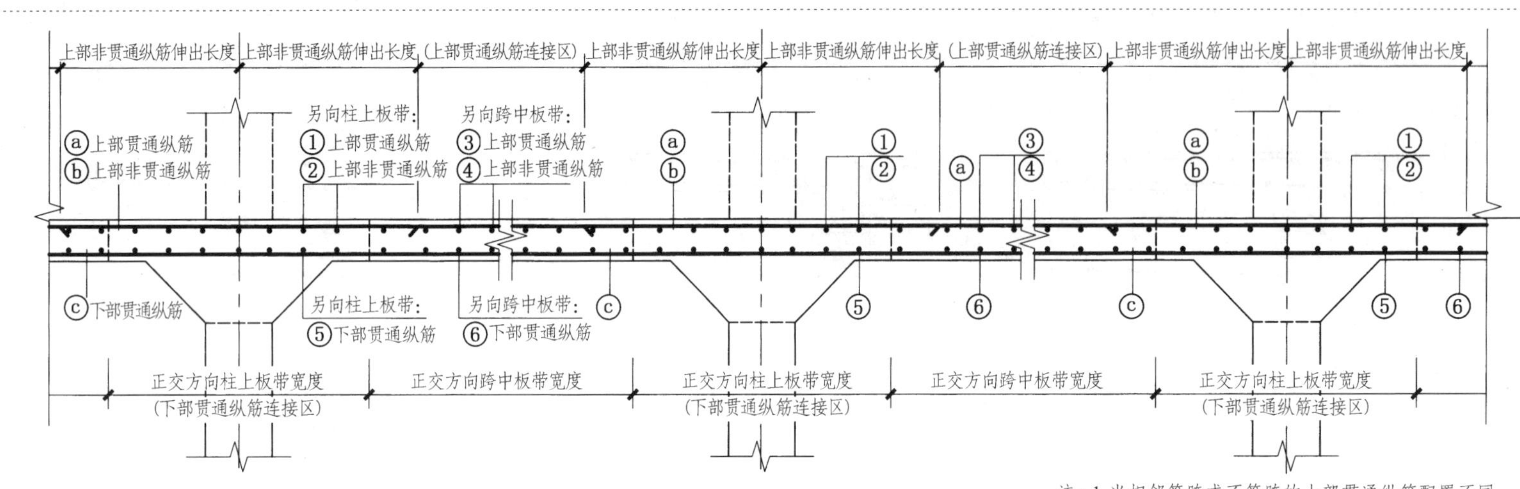

柱上板带ZSB纵向钢筋构造

(板带上部非贯通纵筋向跨内伸出长度按设计标注)

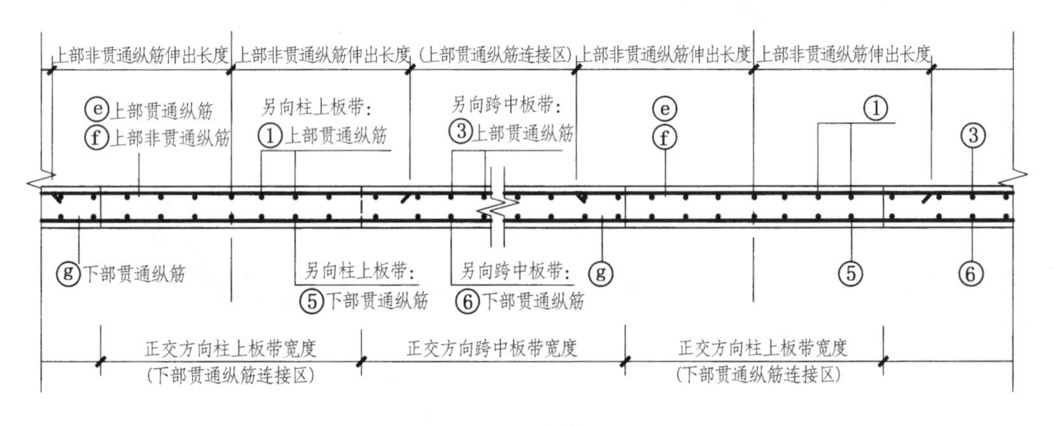

跨中板带KZB纵向钢筋构造

(板带上部非贯通纵筋向跨内伸出长度按设计标注)

注:1.当相邻等跨或不等跨的上部贯通纵筋配置不同时,应将配置较大者越过其标注的跨数终点或起点伸出至相邻跨的跨中连接区域连接。

2.板贯通纵筋的连接要求详见本图集第59页纵向钢筋连接构造,且同一连接区段内钢筋接头百分率不宜大于50%。不等跨板上部贯通纵筋连接构造详见本图集第101页。当采用非接触方式的绑扎搭接连接时,具体构造要求详见本图集第102页。

3.板贯通纵筋在连接区域内也可采用机械连接或焊接连接。

4.板各部位同一层面的两向交叉纵筋何向在下何向在上,应按具体设计说明。

5.本图构造同样适用于无柱帽的无梁楼盖。

6.板带端支座与悬挑端的纵向钢筋构造见本图集第105页。

7.无梁楼盖柱上板带内贯通纵筋搭接长度为l_{lE}。无柱帽柱上板带的下部贯通纵筋,宜在距柱面2倍板厚以外连接,采用搭接时钢筋端部宜设置垂直于板面的弯钩。

(注:本页虚线框内为16G101-1第104页全图,图中实线框之外的图文基本为04G101-4中的内容)

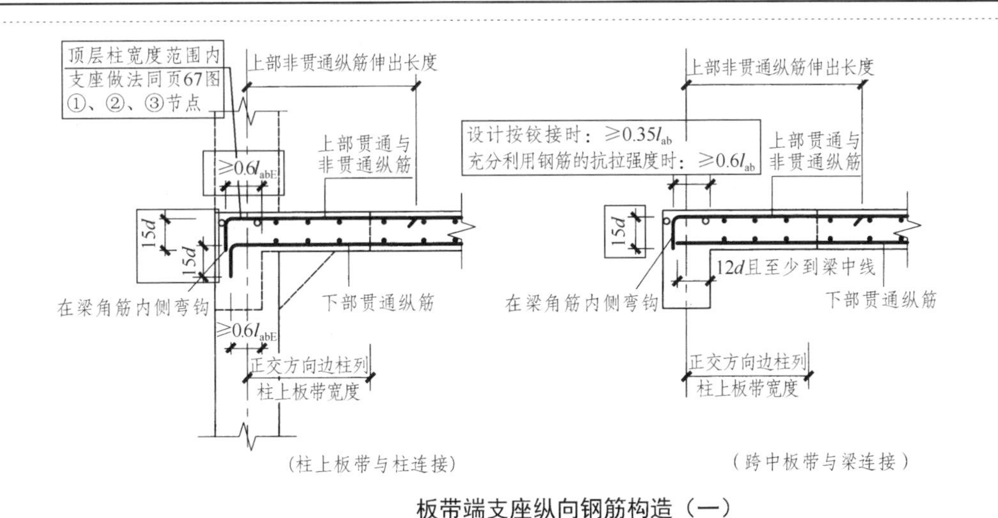

板带端支座纵向钢筋构造（一）

（板带上部非贯通纵筋向跨内伸出长度按设计标注）

上部非贯通纵筋伸出长度　上部贯通与非贯通纵筋至悬挑端部

上部贯通与非贯通纵筋

下部贯通纵筋

正交方向边柱列柱上板带宽度

板带悬挑端纵向钢筋构造

（板带上部非贯通纵筋向跨内伸出长度按设计标注）

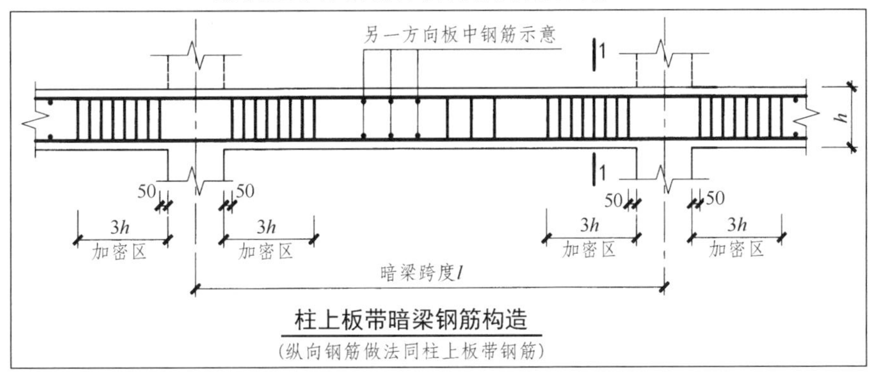

柱上板带暗梁钢筋构造

（纵向钢筋做法同柱上板带钢筋）

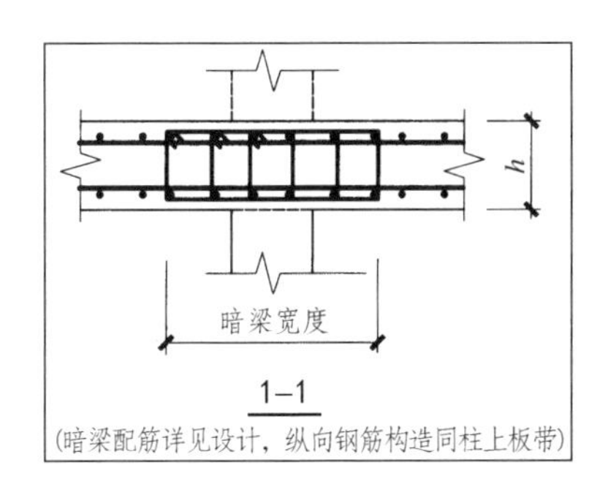

1–1

（暗梁配筋详见设计，纵向钢筋构造同柱上板带）

注：1.本图板带端支座纵向钢筋构造、板带悬挑端纵向钢筋构造同样适用于无柱帽的无梁楼盖。

2.其余要求见本图集第104页。

3.图中“设计按铰接时”、“充分利用钢筋的抗拉强度时”由设计指定。

（注：本页虚线框内为16G101-1第105页全图，图中实线框之外的图文基本为04G101-4中的内容）

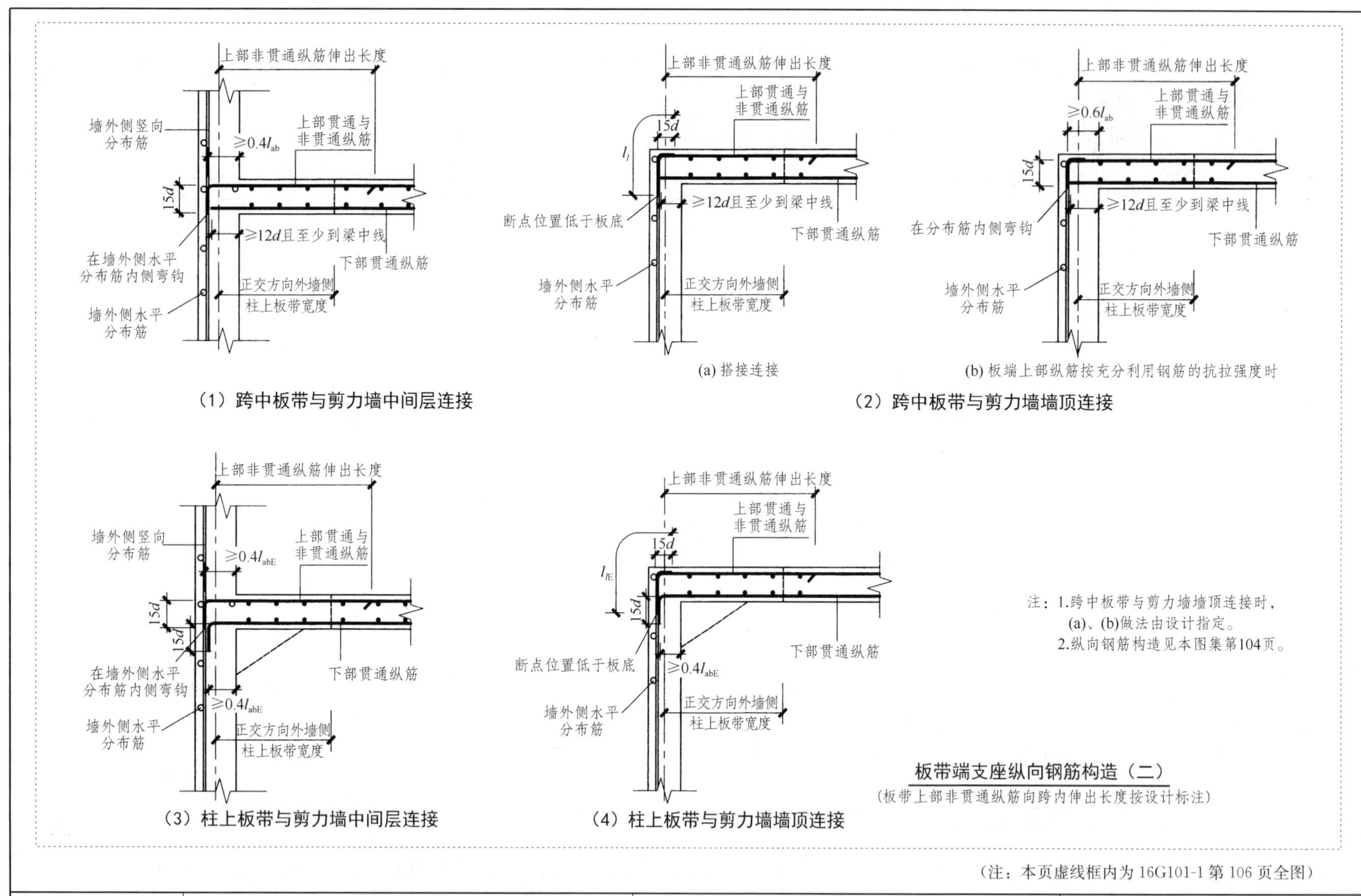

（1）跨中板带与剪力墙中间层连接

（2）跨中板带与剪力墙墙顶连接

（3）柱上板带与剪力墙中间层连接

（4）柱上板带与剪力墙墙顶连接

板带端支座纵向钢筋构造（二）

（板带上部非贯通纵筋向跨内伸出长度按设计标注）

（注：本页虚线框内为16G101-1第106页全图）

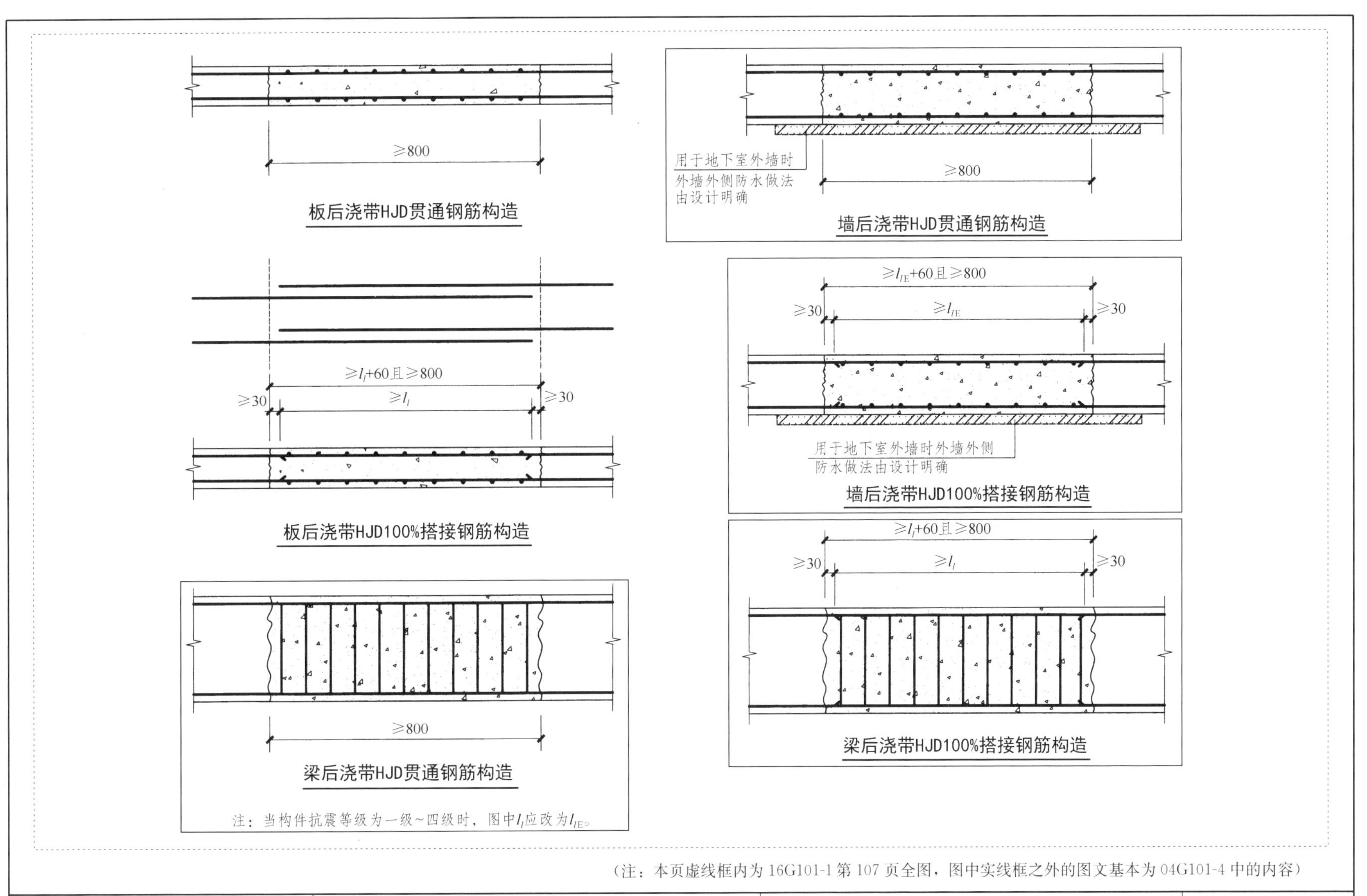

（注：本页虚线框内为16G101-1第107页全图，图中实线框之外的图文基本为04G101-4中的内容）

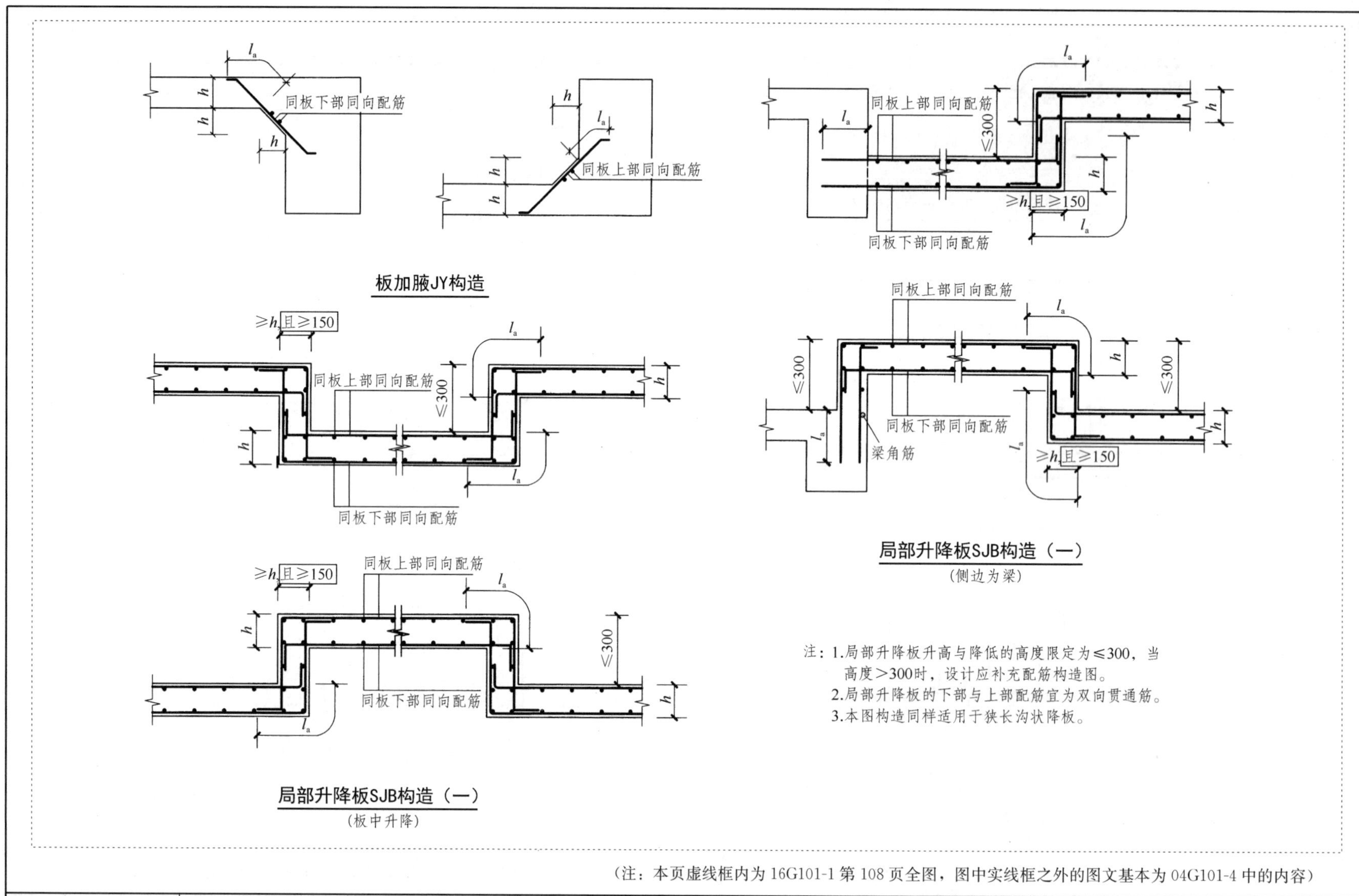

（注：本页虚线框内为16G101-1第108页全图，图中实线框之外的图文基本为04G101-4中的内容）

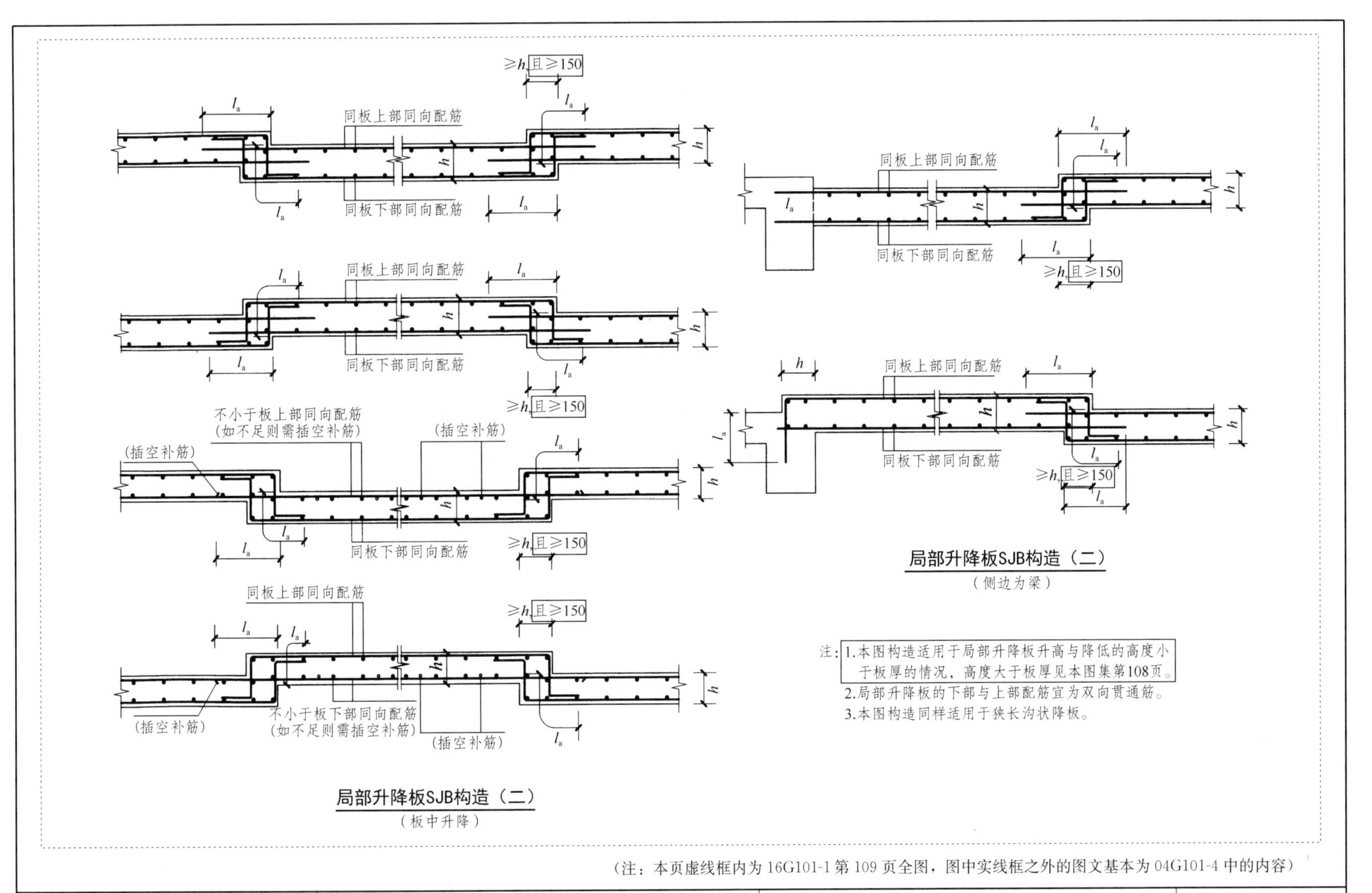

（注：本页虚线框内为16G101-1第109页全图，图中实线框之外的图文基本为04G101-4中的内容）

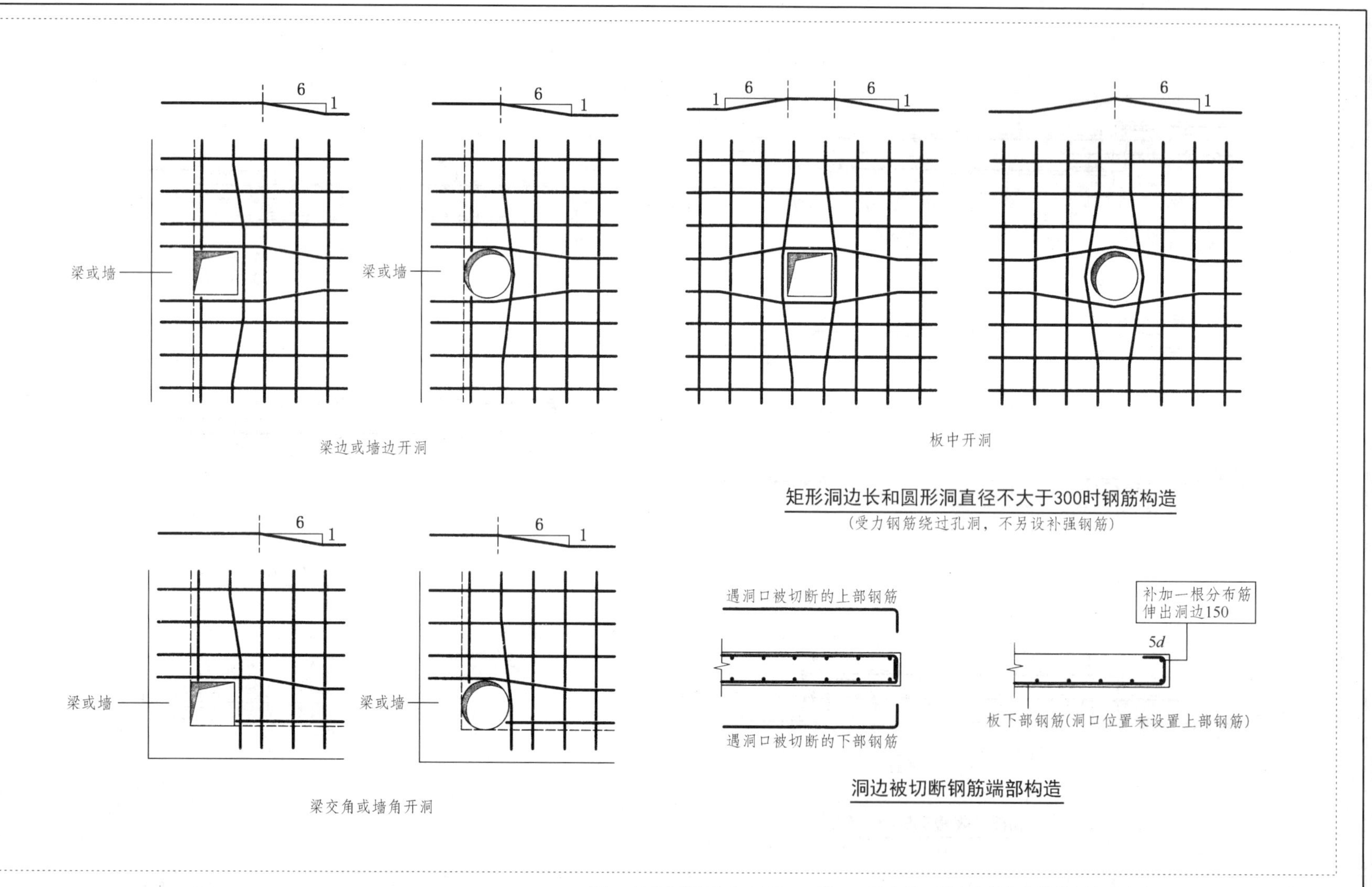

（注：本页虚线框内为 16G101-1 第 110 页全图，图中实线框之外的图文基本为 04G101-4 中的内容）

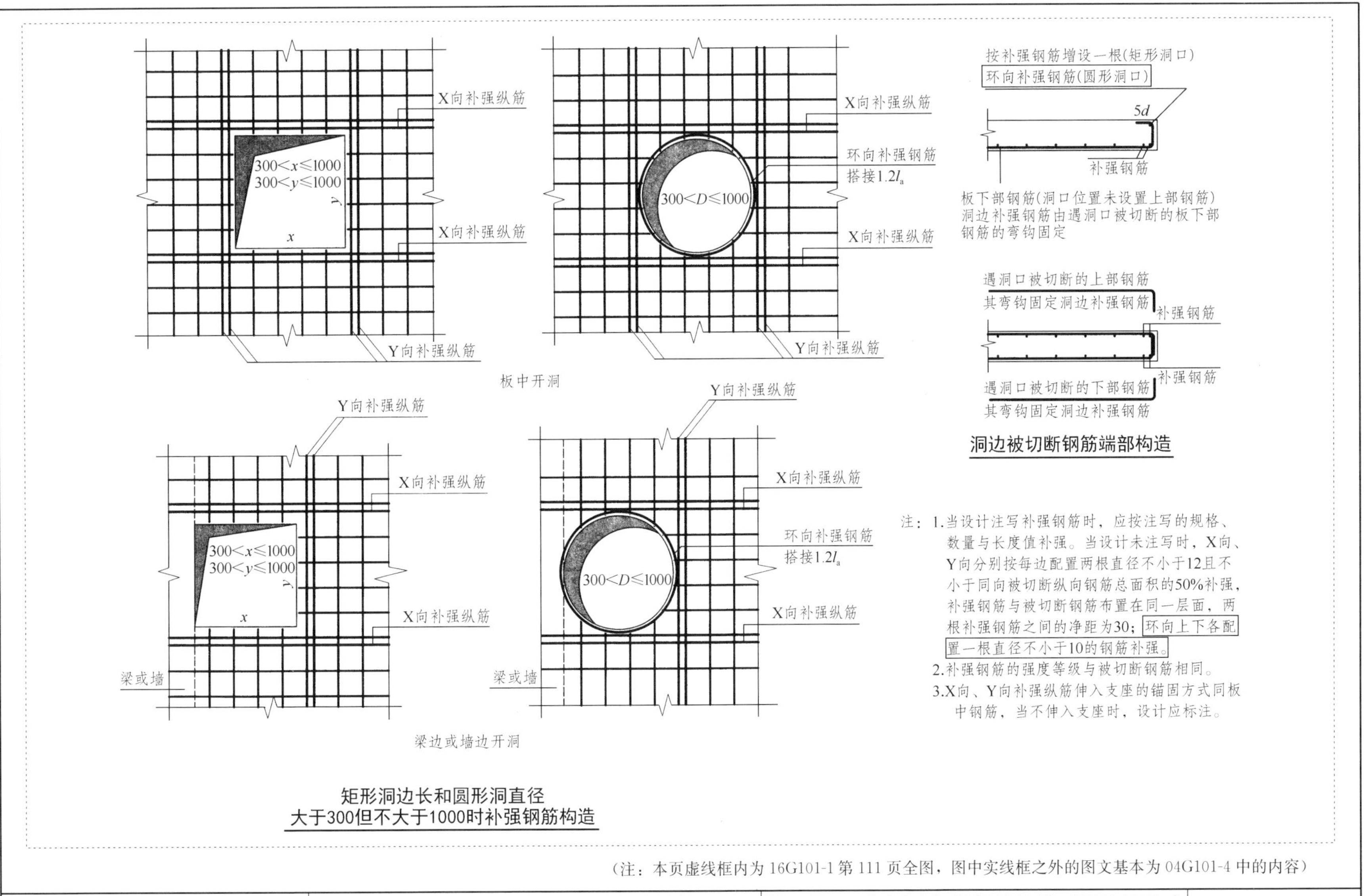

注：1.当设计注写补强钢筋时，应按注写的规格、数量与长度值补强。当设计未注写时，X向、Y向分别按每边配置两根直径不小于12且不小于同向被切断纵向钢筋总面积的50%补强，补强钢筋与被切断钢筋布置在同一层面，两根补强钢筋之间的净距为30；环向上下各配置一根直径不小于10的钢筋补强。

2.补强钢筋的强度等级与被切断钢筋相同。

3.X向、Y向补强纵筋伸入支座的锚固方式同板中钢筋，当不伸入支座时，设计应标注。

矩形洞边长和圆形洞直径大于300但不大于1000时补强钢筋构造

（注：本页虚线框内为16G101-1第111页全图，图中实线框之外的图文基本为04G101-4中的内容）

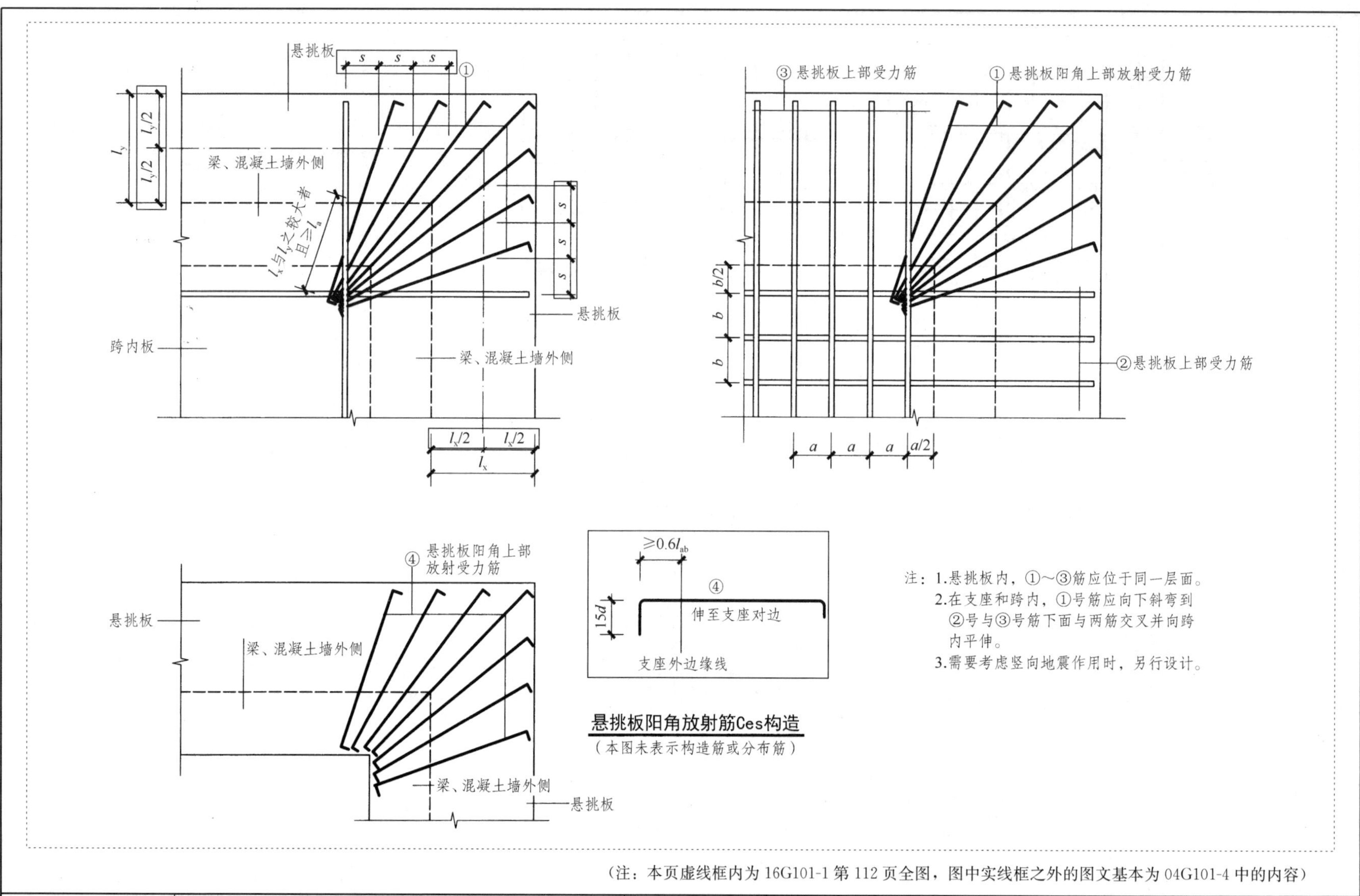

悬挑板阳角放射筋Ces构造

（本图未表示构造筋或分布筋）

（注：本页虚线框内为16G101-1第112页全图，图中实线框之外的图文基本为04G101-4中的内容）

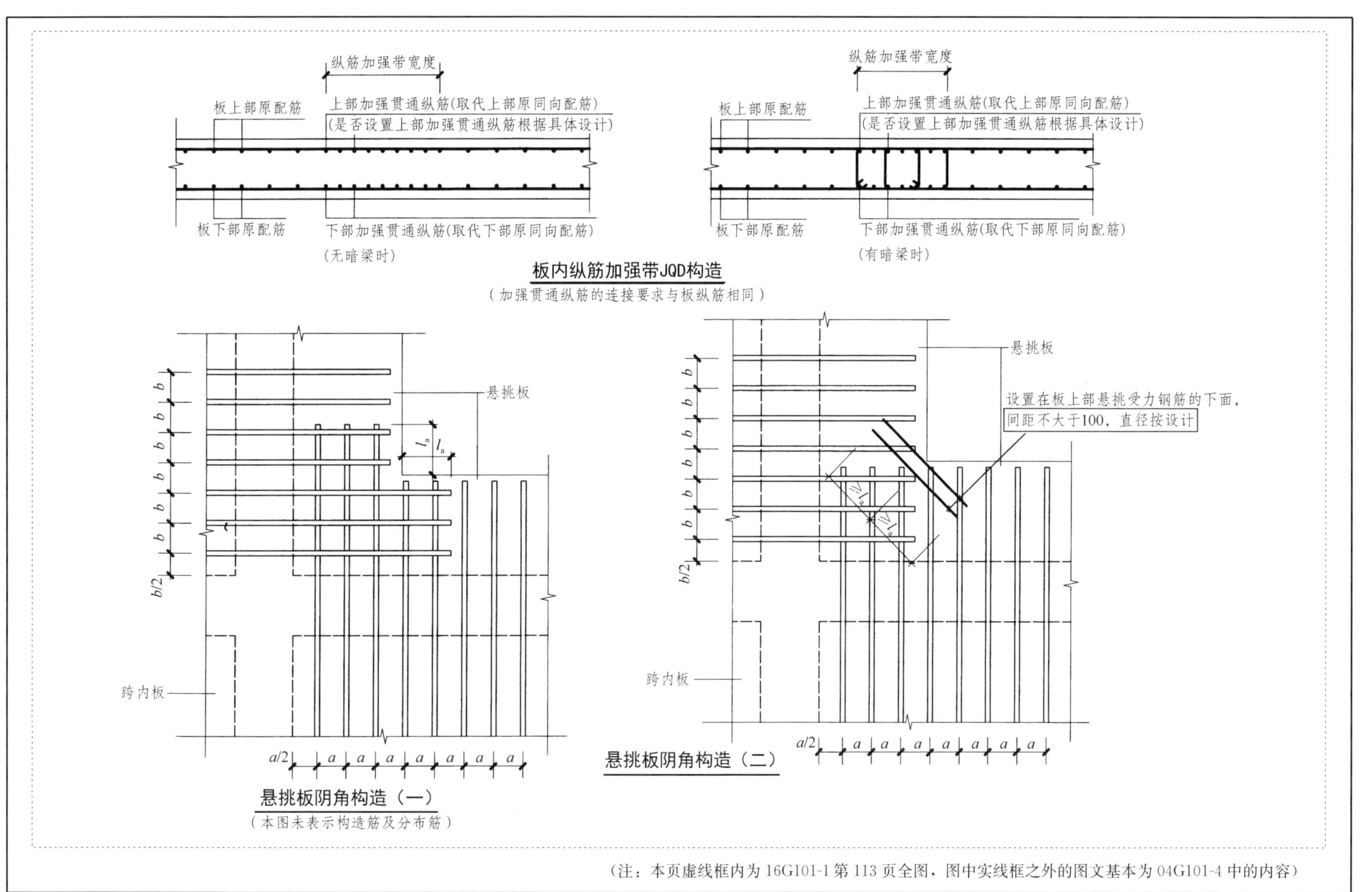

板内纵筋加强带JQD构造

（加强贯通纵筋的连接要求与板纵筋相同）

悬挑板阴角构造（一）

（本图未表示构造筋及分布筋）

悬挑板阴角构造（二）

（注：本页虚线框内为16G101-1第113页全图，图中实线框之外的图文基本为04G101-4中的内容）

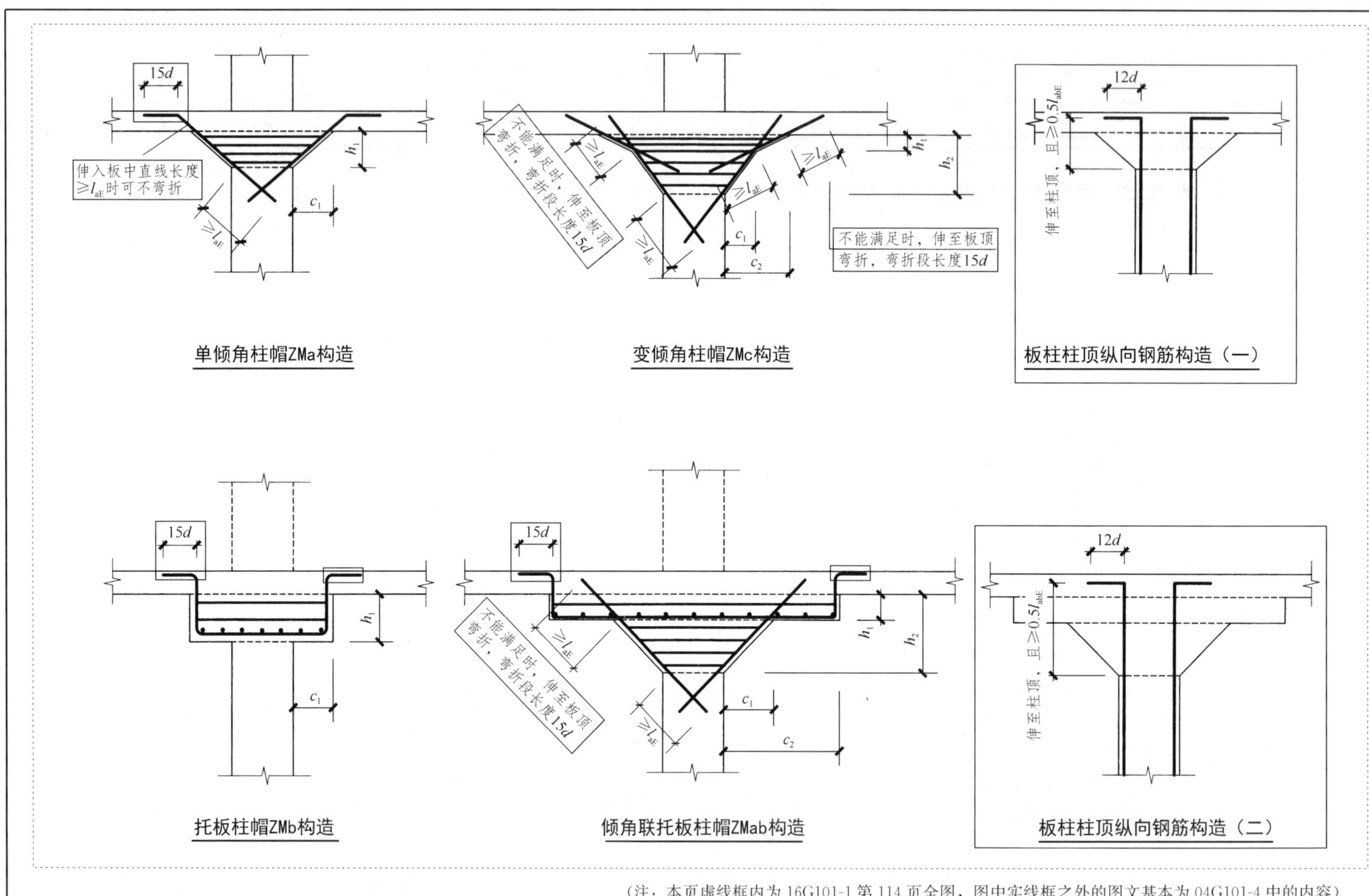

（注：本页虚线框内为16G101-1第114页全图，图中实线框之外的图文基本为04G101-4中的内容）

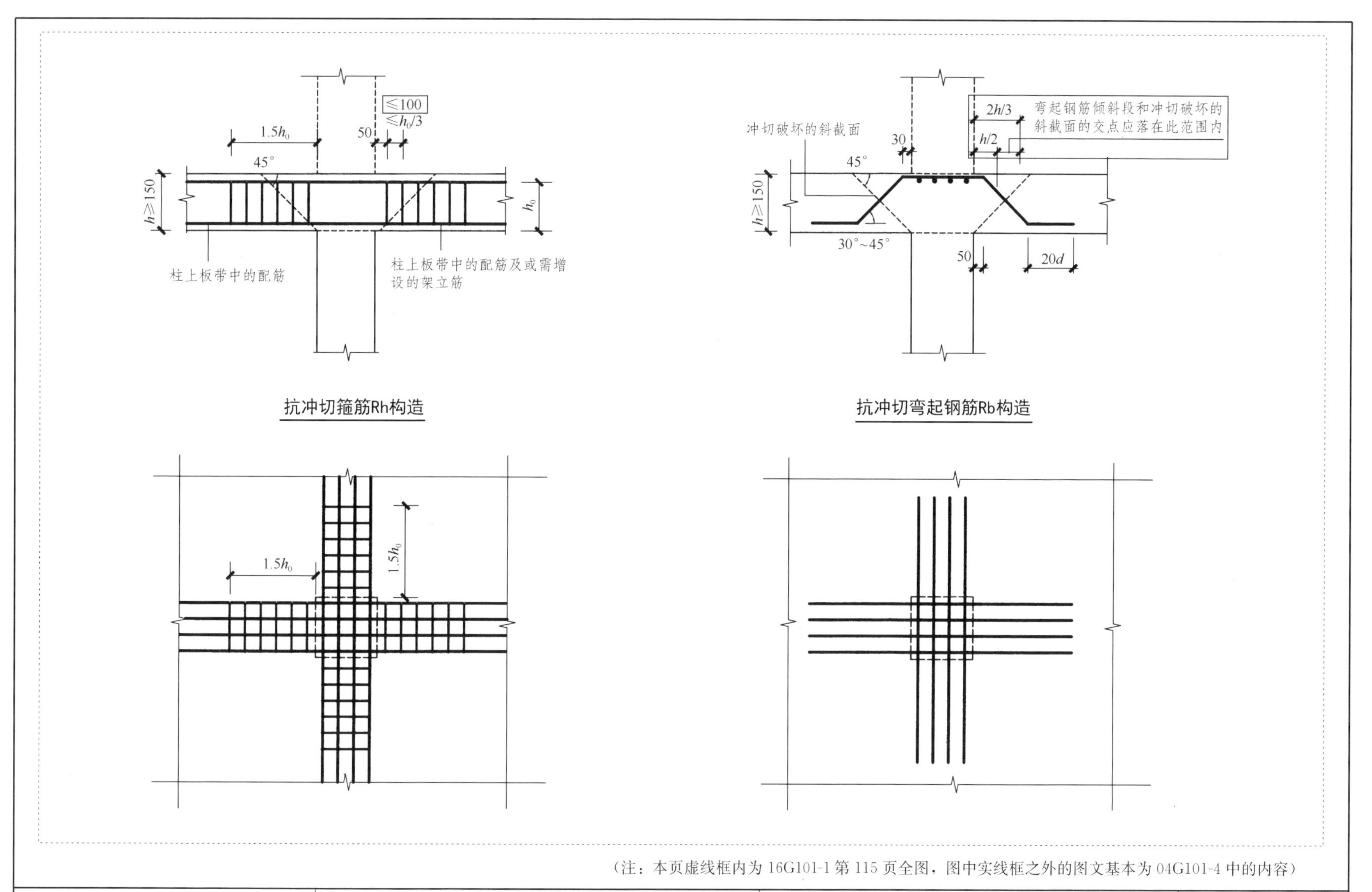

（注：本页虚线框内为16G101-1第115页全图，图中实线框之外的图文基本为04G101-4中的内容）

【解评 10. 1】关于 16G101-1 第 203 页有梁楼盖楼面板 LB 和屋面板 WB 钢筋构造

下图为第 203 页的相关截图。

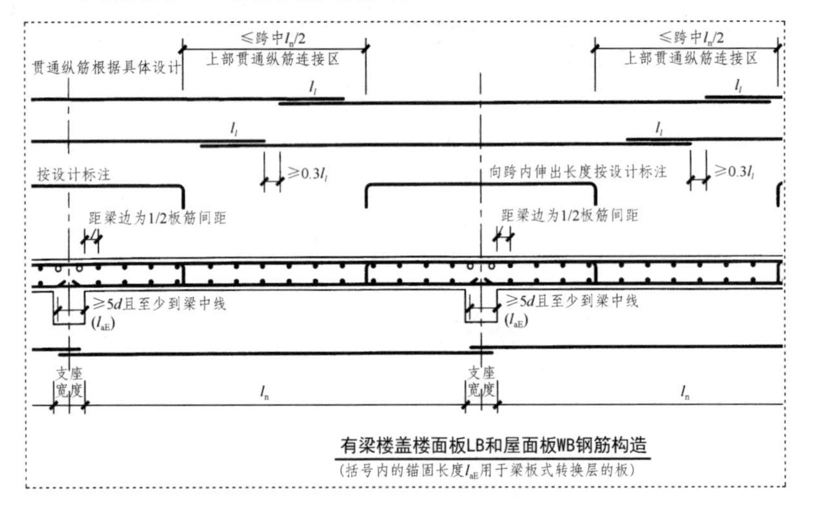

有梁楼盖楼面板LB和屋面板WB钢筋构造

（括号内的锚固长度l_{aE}用于梁板式转换层的板）

1. 关于该构造规定的上部贯通纵筋连接区。

有梁楼盖板上部贯通纵筋的连接区，在 04G101-1 中规定 $l_0/2$ (16G101-1 改为 $l_n/2$)。应当指出的是，平法首推的非接触搭接连接研究成果已证明十几年前的规定应当修改。当板纵筋采用 50%连接百分率的非接触搭接连接时，极限承载力反而高于配置同样规格的贯通纵筋，说明非接触搭接可有效、可靠地足强度传递钢筋应力。既然能够足强度传力且可提高极限承载力，就无必要对科学合理的非接触搭接设定连接区，即当采用 50%连接百分率可在任何部位包括节点内进行连接，这样能充分用足钢筋的定尺长度或现有长度，减少钢筋下脚料浪费，实现科学用钢。

原来规定在 $l_0/2$ 范围内连接，是考虑到采用接触绑扎搭接未准确地承载钢筋与混凝土共同工作的基本原理，劣化了混凝土对钢筋的粘结强度，仅可传力 60%左右，因此必须在受力较小的跨中 1/2 范围内连接。

当板纵筋采用 50%连接百分率进行搭接连接时，按现行规定搭接长度取 $1.4l_{aE}$。应当指出的是此搭接长度规定适用于接触绑扎搭接，搭接长度过长且虽如此亦不能足强度传力。采用科学合理的非接触搭接方式后，建议当 50%连接百分率时搭接长度取 $1.2l_{aE}$。若对此搭接长度缺少经验，施工部门可进行构件试验予以证实。采用 50%连接百分率的非接触搭接每一个接头可减短 1/5 锚固长度，足以证明科学技术就是生产力，就是经济效益。

2. 关于该构造所示支座宽度与净跨的问题。

首先指出，16G101-1 将原创平法对板表达以跨度 l_0 为基本参数改为以净跨 l_n 为基本参数，是对平法缺乏深度理解的错误改动。

无论何种支承方式，支座构件对其所支承的构件将存在程度不同的刚域。当刚域较强时，诸如框架柱支承框架梁，构件最大内力在支座边缘，进入支座后的构件内力（不是钢筋应力）将急剧减小甚至消失（当刚域无穷大时）；当刚域较弱时，诸如梁对楼面板的支承，构件最大内力也在支座边缘，但进入支座后的构件内力通常不会急剧减小，略有降低甚至平走。

当板由梁支承且入支座后，梁对板提供的刚域显著小于框架柱对框架梁提供的刚域。因框架柱为框架梁提供的刚域大，故平法规定框架梁本体纵筋的度量以净跨 l_n 为基本参数；且因梁对楼板提供的刚域相对较小，故平法规定以跨度 l_0 为基本参数。对此概念平法早已进行过深入思考。16G101-1 将 l_0 改为 l_n 没有充分的科学依据，且更无理由将其用于无梁楼盖板，因无梁楼盖板根本不存在支座梁，无支座梁则无“支座宽度”，所谓的净跨 l_n 便成为纯粹的虚构。

【解评 10.2】关于房屋结构的有梁楼盖楼面与屋面板端支座锚固构造中的伪命题

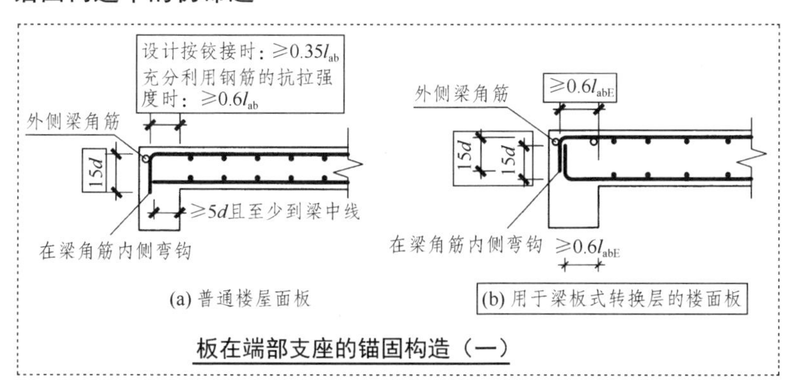

板在端部支座的锚固构造（一）

上图为 16G101-1 第 99 页的有梁楼盖楼面与屋面板端支座锚固构造的相关截图。

由梁支承的现浇板端支座，令其上部纵筋达到“充分利用钢筋的抗拉强度”水准，对于房屋结构中的主体结构而言属于虚构的伪命题。

在满足安全性、适用性和耐久性的前提下，房屋结构设计应考虑经济性，主体结构的构件截面通常不大以减小自重。构件的截面尺寸适中，则构件的线刚度有限，有限的线刚度所能提供的抗侧扭刚度不高，尤其是梁的抗侧扭刚度并不大。因此，现浇板的端支座只能实现铰接不可能实现刚接，在这点上并不由现浇板决定，而由支承现浇板的梁来决定。

房屋结构中的现浇楼板，几乎全部是双向板。双向板的受力特征，为任意一个板边的支座梁沿板支座线提供的约束呈非线性变化，如在板端作用下支座梁跨中部位朝板方向的顺时针转角最大，而梁的支座端转角最小甚至为零；此外，由于板端侧面与支座梁铰接肯定存在“构造负弯矩”，由于是双向板，“构造负弯矩”沿支座梁亦呈非线性变化。在配筋方面，无论板下部还是板上部配筋，设计方面采用按最大正弯矩、最大负弯矩、以及最大可能存在的“构造负弯矩”配筋，目前双向板尚未做到按对应内力分布的变化配筋。这样的受力特征和配筋方式，决定了双向板的板端不存在使抗负弯矩配筋达到极限抗拉强度即达到所谓的“充分利用钢筋的抗拉强度”水准的条件。将不存在的状况列为结构设计的目标，就是无任何科学依据的伪命题。

此外，板端部支座的锚固按铰接时，图中要求锚固钢筋的水平段$\geqslant 0.35l_{aE}$，弯钩长 $15d$，已经超出铰接即半刚接，达到“准刚接”程度（水平锚固段$\geqslant 0.4l_{aE}$弯钩长 $15d$ 为刚接锚固水准）；若想达到准刚接锚固水准，并不取决于现浇板自身，而取决于梁支座的抗侧扭刚度是否足够大和沿板端支座全长是否分布均匀；综上所述，这两个条件均不存在。

实现板端在两支座的铰接并不复杂，仅需将锚固钢筋伸至过梁支座中线至对面梁角筋内侧，在这段范围中的某一点将锚固钢筋向下弯钩 $12d$ 即可实现半刚接。因为半刚接不是一个确定的量值，而是其锚固的刚性程度相当于刚接的 25%至 75%之间，该范围的中位数为 50%。要求锚固钢筋水平段$\geqslant 0.35l_{aE}$弯钩长 $15d$ 已经超出 75%刚接程度，达到准刚接水准，而房屋结构中主体结构的支座梁不具备对双向板端支座提供准刚接的条件。

【解评 10.3】关于 16G101-1 第 100 页有梁楼盖楼面板和屋面板端部纵筋锚入剪力墙构造

下面截图为第 100 页提供的楼板端部支座为剪力墙中间层和端部支座为剪力墙墙顶构造.

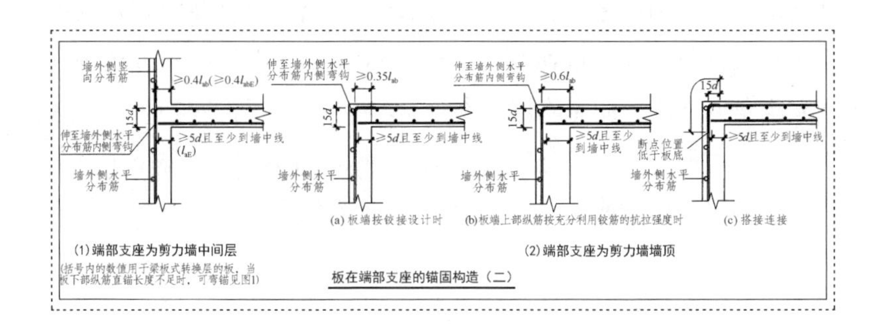

在有梁楼盖板构造中插入板支承在剪力墙上的构造，是传统构造的混合系统思路，不符合平法解构原理为基础的整合系统模式。对有梁楼盖进行结构分解，分解不出剪力墙来。这类构造应另立条目，不应混在有梁楼盖板构造中表示。

图中的构造方式，明显存在逻辑上的矛盾。“（1）端部支座为剪力墙中间层”时有抗震锚固构造要求，而“（2）端部支座为剪力墙墙顶”时却没有抗震锚固构造要求，违反了逻辑基本原理中的同一律。

【解评 10.4】关于 16G101-1 第 101 页的不等跨上部纵筋连接构造

在 04G101-4 中，对不等跨上部纵筋连接构造的设计思路是确保中间支座两边的连接位置距离支座中心线不小于大跨跨度的 1/3（16G101-1 将其改为不小于大跨净跨的 1/3，见【解评 10.1】）。

如在【解评 10.1】所论，当板纵筋采用50%连接百分率的非接触搭接连接时，板的极限承载力反而高于配置相同规格的贯通纵筋，说明非接触搭接可有效、可靠地足强度传递钢筋应力。既然能够足强度传力且可以提高极限承载力，便无必要对不等跨上部纵筋连接限定连接位置。

【解评 10.5】关于16G101-1第112页悬挑板阳角放射筋Ces构造中的问题

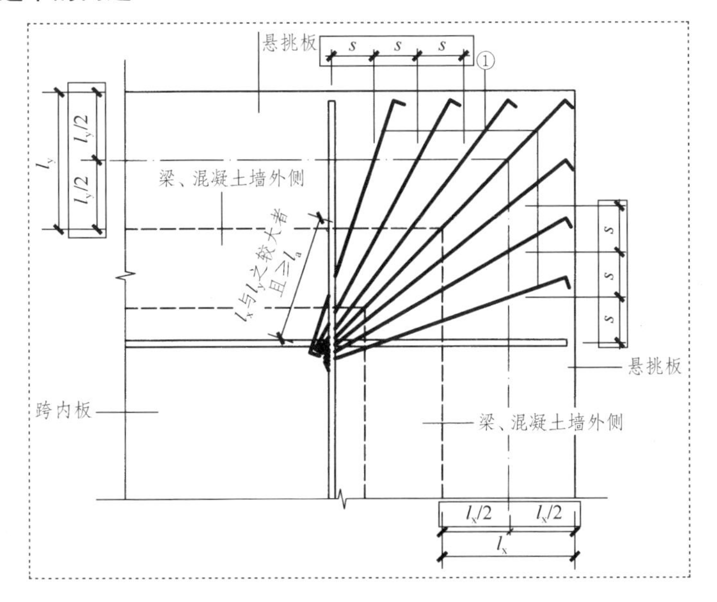

上图为16G101-1第112页悬挑板阳角放射筋Ces构造截图。

但编制者不了解关于放射型配筋的注写规定，误在原创图中添加了悬挑中分线“$l_y/2 \mid l_y/2$”和“$l_x/2 \mid l_x/2$”，此举将导致施工错误（图中放射筋所处层面错夹在了两向钢筋之间）。

平法制图规则关于放射筋的注写，明确要求注写“放射配筋间距的度量定位尺寸”而不是免于注写由构造包办（16G101-1将其错改为“放射配筋间距的定位尺寸”，见【解评5.1.6】，在该构造中又忘记了注写规定）。

制定设计制图规则时，平法创建者在具有几十年丰富设计经验基础上，又对许多同行做了充分调查研究。结构设计者通常对放射筋间距有不同的表达方式，多数以放射筋远端度量间距，但也有规定间距度量定位尺寸的做法（实际为指定度量弧线半径）。为防止出现设计失误，平法制图规则规定，由设计者注写度量定位尺寸。

由于具体工程设计经常有x、y两向悬挑尺寸不相同的情况，此时以放射筋远端连线度量间距比较合理，且当两向悬挑尺寸不同时若按16G101-1第112页图示分别以两向悬挑尺寸的中分线度量放射筋间距，将导致长悬挑方向的放射筋配置小于短悬挑方向的配筋错误，这种错误通常并非设计者导致，而是施工构造错误使然。

平法是经过缜密研究的科技成果，理解掌握平法需要一定的设计经验，具有高端设计经验者深入理解后甚至可优化平法。